U0737860

高职高专机电类专业系列教材

AutoCAD 2014 中文版
工程制图实用教程

主　编　赵剑波　孟　强

副主编　孙玉新

参　编　王金参　孙素梅　隋晓朋　宗爱玲

机械工业出版社

本书以各类 AutoCAD 考证题和实际工程零部件为例,将系统理论知识融汇到图形的绘制过程中。全书共分 16 章,前 5 章为图形绘制步骤和理论知识基础,主要介绍 AutoCAD 的基本知识,着重培养学生良好的绘图习惯;第 6 至第 9 章着重介绍绘图技巧,所选题目大多来自各类考证和大赛题目,可提高学生的学习积极性,使其掌握灵活的绘图思路;第 10至第 13 章结合考证题和企业的实际产品,为机械、电子和建筑专业的学生介绍绘制专业工程图的方法,培养学生的空间想象和计算能力。第 14、15 章以机械零部件图样的绘制方法为主,训练学生的绘图速度。第 16 章介绍了 AutoCAD 三维绘图的基本命令和绘图步骤,为学生学习三维绘图打下基础。

本书由多年从事 AutoCAD 教学的一线教师编写,打破了"满堂灌"的教学模式,将各命令有针对性地融入到一个个图形中,内容充实,实例丰富,前后呼应,便于学生复习和巩固。本书既可以作为高等学校、高职高专院校的教材,也可作为工程技术人员自学 AutoCAD 软件的参考书。

本书的配套资源包括 PPT 课件及书中所有例题、习题的答案和部分操作视频,凡使用本书作为教材的教师可登录机械工业出版社教育服务网www.cmpedu.com 注册后下载。咨询邮箱:cmpgaozhi@sina.com。咨询电话:010-88379375。

图书在版编目(CIP)数据

AutoCAD2014 中文版工程制图实用教程/赵剑波,孟强主编. —北京:机械工业出版社,2015.2(2025.8 重印)

高职高专机电类专业系列教材

ISBN 978-7-111-49053-1

Ⅰ.①A⋯ Ⅱ.①赵⋯②孟⋯ Ⅲ.①工程制图-AutoCAD 软件-高等职业教育-教材 Ⅳ.①TB237

中国版本图书馆 CIP 数据核字(2014)第 306744 号

机械工业出版社(北京市百万庄大街 22 号 邮政编码 100037)
策划编辑:薛 礼 责任编辑:薛 礼
版式设计:霍永明 责任校对:樊钟英
封面设计:陈 沛 责任印制:李 昂
涿州市般润文化传播有限公司印刷
2025 年 8 月第 1 版第 9 次印刷
184mm×260mm · 15.75 印张 · 382 千字
标准书号:ISBN 978-7-111-49053-1
定价:42.00 元

电话服务 网络服务
客服电话:010-88361066 机 工 官 网:www.cmpbook.com
010-88379833 机 工 官 博:weibo.com/cmp1952
010-68326294 金 书 网:www.golden-book.com
封底无防伪标均为盗版 机工教育服务网:www.cmpedu.com

前　　言

随着版本的不断更新，AutoCAD 软件的功能也在不断增加，说明书式的教材编排易造成概念、命令、操作的脱节，学生在学习过程中经常会出现学后忘前的情况。本书根据教育部关于国家骨干高职院校教材建设的要求编写而成，贯彻简明实用的编写原则，以 AutoCAD 2014 经典界面为例，介绍了机械、电气和建筑专业的工程绘图思路和步骤。

本书以学生为中心，以大量的典型考证题目和企业工程图样为实例，将基础理论和命令融入到绘图过程中，手把手教给学生每个例题的绘制过程；细致的绘图流程和步骤让学生更容易理解和掌握；大量的专项练习帮助学生强化和巩固所学知识点和绘图步骤；项目间的对应更便于学生复习和巩固，从而培养学生的设计思想和创造性思维。

本书的可操作性强，编写过程中弱化了理论介绍，把重点放在实用性上，将繁琐的命令分散到各个图形之中，结合专业特点，提高学生读图、绘图能力。通过规范的绘图操作，反复训练，学生能够快速入门，并能在短时间内掌握软件的主要功能。

本书适用于 40~80 学时的教学，不同专业可选择不同内容组织教学，机械类专业应保证 60 学时以上。建议采用多样、互动的教学模式，充分尊重学生的个体差异，运用多种教学手段来激发学生的学习兴趣，引导学生提高绘图能力和熟练程度，培养良好的绘图习惯和细致严谨的工作作风，同时锻炼学生的操作灵活性和语言表达能力。

本书由赵剑波、孟强任主编，参加本书编写的有赵剑波（第 1~7 章和第 16 章）、孟强（第 13 章）、孙玉新（第 8 章）、王金参（第 10 章）、孙素梅（第 11 章）、隋晓朋（第 9 章）和宗爱玲（第 12、14、15 章）。本书在编写过程中，得到了单位领导、同事及家人的支持和帮助，在此表示衷心的感谢。

本书的配套资源包括 PPT 课件及书中所有例题、习题的答案和部分操作视频，供读者学习和参考。

由于编者水平有限，书中难免会有不妥之处，希望各位读者不吝赐教。

编　者

目　录

绪　　论

0.1　AutoCAD 的发展历程

AutoCAD 是目前应用最广泛的计算机辅助设计和绘图软件之一。1982 年，AutoCAD 之父 John Walker、Dan Drake 及 Greg Lutz 编写了 AutoCAD 1.0 版本，图 0-1 就是刻在 5.25 寸软盘上最早的 CAD 版本。1983 年，Autodesk 公司又分别推出了 AutoCAD1.2 版本、1.3 版本和 1.4 版本。从 2.0 版本开始，AutoCAD 的绘图能力有了质的飞跃，同时改善了其兼容性。图 0-2 所示为 AutoCAD 2.18 版本绘制的航天飞机模型。如果能找到这个版本的 DWG 文件，它仍然可以在最新版的 AutoCAD 中打开。从 1987 年到 1997 年，AutoCAD 改用了 Rx 的编号形式。1999 年，AutoCAD 2000 发布了，在接下来的几年间，一直到 2008 版，AutoCAD 在性能及与其他软件的交互性方面得到了极大的改善。AutoCAD 2009 首次采用了与微软 Office 2007 类似的 Ribbon 界面，AutoCAD 2010、AutoCAD 2011 直到 AutoCAD 2015 则在 3D 建模上达到了新高度，引入了多种新特性。

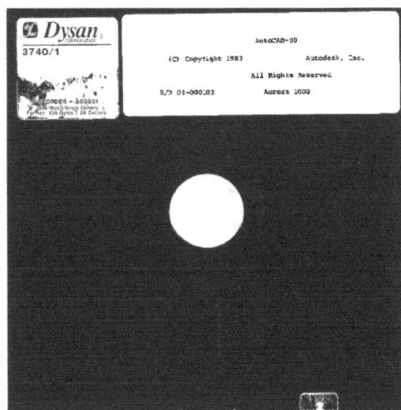

图 0-1　AutoCAD 1.0 版本

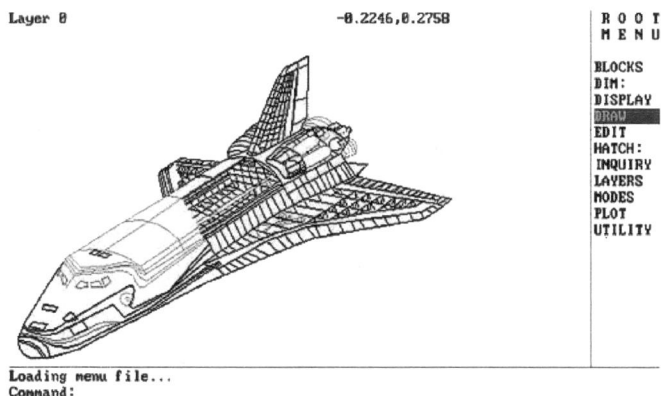

图 0-2　用 AutoCAD 2.18 版本绘制的航天飞机模型

自 AutoCAD 2004 以来，Autodesk 公司每年都推出新版本。2014 年 3 月 28 日，AutoCAD 2015 上市发售了。面对不断更新的 AutoCAD 功能，很多用户对是否及时更新软件产生了困惑。其实，新版本在赋予软件新功能的同时，也对计算机配置提出了更高要求，例如，2011 年发布的 32bit 的 AutoCAD 2012 就需要 2GB 内存、1.8GB 空闲磁盘空间以及 128MB 以上独立图形卡等配置；而 AutoCAD 2004 只需要 128MB 内存和 300MB 空闲磁盘空间。虽然各个版本的默认绘图界面略有差异，但用户可以通过将工作空间选择为"AutoCAD 经典"，转换至熟悉的界面，当然也就不必为学习哪个版本而烦恼了。因此，本书选用 AutoCAD 2014 版本的经典界面来介绍该软件的使用方法，其中的命令格式和绘图思路与其他版本基本相同，用户在学习时不必担心版本的限制。

AutoCAD 2014 在前期版本基础上进行了扩展，增强部分绘图和文件功能。默认与 Auto-CAD 一起安装的 Autodesk ReCap，可将扫描文件数据转换成点云格式，使其能在其他产品中查看和编辑。Autodesk ReCap 能够处理大规模的数据集，使用户能够聚合扫描文件，并对其进行清理、分类、空间排序、压缩、测量和形象化。AutoCAD 2014 增强了点云功能，除了以前版本支持的 PCG 和 ISD 格式外，还支持插入由 Autodesk ReCap 产生的点云投影（RCP）和扫描（RCS）文件。AutoCAD 2014 在支持地理位置方面也有较大的增强，在地理位置图形中输入地理位置数据时，AutoCAD 会基于图形的地理位置进行转换，用户可以看到自己的设计位于相对应的位置，渲染该模型后，它将有正确的太阳角度。输出图形到地图服务器，它会自动显示在正确的位置。

0.2　AutoCAD 的基本功能

长期以来，AutoCAD 以其易于掌握、使用方便、体系结构开放等优点而广泛应用于机械、建筑、电子、园林、航天、造船、石油化工、冶金、地质、气象、纺织、轻工及商业等领域。AutoCAD 软件的主要功能有：绘制平面图形、三维建模设计、标注尺寸、渲染图形、打印图样以及二次开发等。

1. 绘制及编辑平面图形

AutoCAD 的"绘图"和"修改"菜单中包含有丰富的命令，利用这些命令可以绘制直线、构造线、多段线、圆、矩形、多边形和椭圆等基本图形，通过修改工具加以编辑后可绘制各种平面图形，如图 0-3 所示。

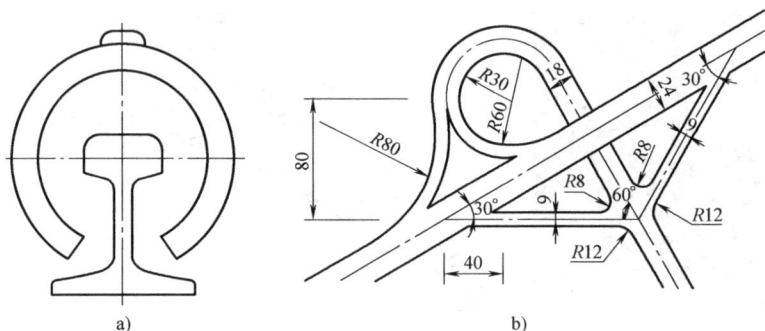

图 0-3　使用 AutoCAD 绘制的平面图形

2. 绘制轴测图

轴测图（图 0-4）是模拟三维投影效果的二维图形，但绘制方法不同于一般的二维图形。在等轴测图中，绘制的直线与坐标轴夹角是 30°、90°或 150°，需要将圆绘制成椭圆。

3. 绘制立体图

对于部分二维图形，通过拉伸、设置标高和厚度等操作就可以方便地将其转换为三维图形。使用"绘图"菜单或工具栏中的各命令，可以绘制圆柱体、球体和长方体等基本模型。再结合"实体编辑"的相关命令，就可以绘制出各种各样的复杂三维图形，如图 0-5所示。

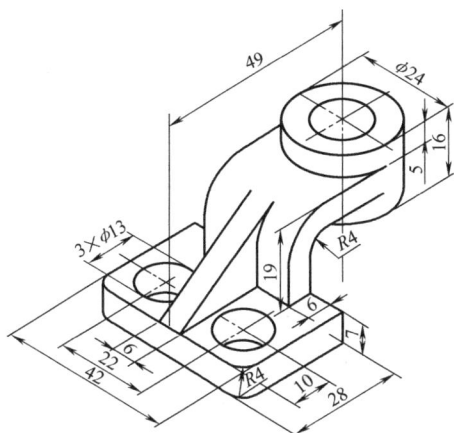

图 0-4　使用 AutoCAD 绘制的轴测图

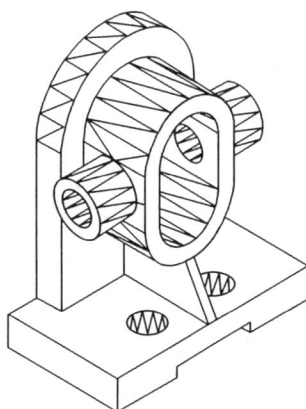

图 0-5　使用 AutoCAD 绘制的三维图形

4. 绘制装配图

使用 AutoCAD 绘制装配图时，可以把各个零件绘制在不同的图层，也可制作成块。通过对图层和块的控制，可以较为方便地分离出零件图，对其进行编辑、修改和拼装。零件序号可以使用"快速引线"来绘制，标题栏及明细栏可采用表格命令或使用偏移、直线等命令绘制，如图 0-6 所示。

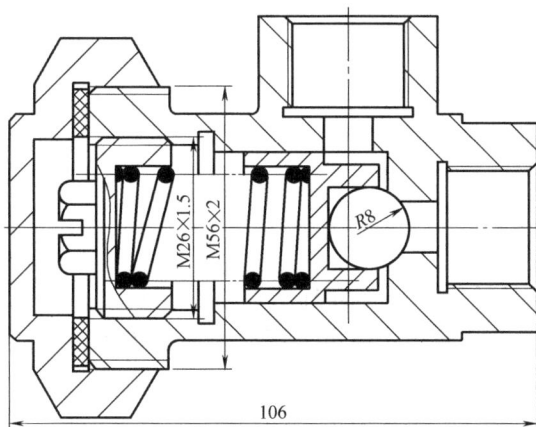

图 0-6　使用 AutoCAD 绘制的装配图

5. 注释和尺寸标注

AutoCAD 的"标注"菜单中包含了一套完整的尺寸标注和编辑命令，使用它们可以在图形的各个方向上创建各种类型的标注。标注的对象可以是二维图形或三维图形，也可以方便地以一定格式创建符合行业或项目标准的标注，如图 0-7 所示。

6. 图形的渲染

在 AutoCAD 中，简单的渲染效果可以通过消隐或设置视觉样式实现。若要表达更丰富的实体效果，可以运用雾化、光源和材质等渲染工具，将模型渲染为具有真实感的图像，如图 0-8 所示。

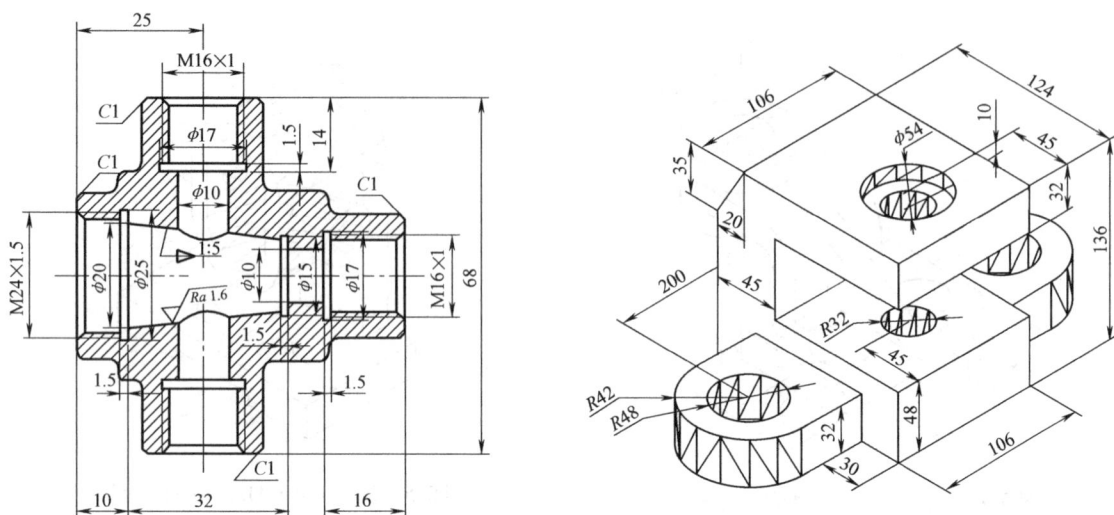

图 0-7　使用 AutoCAD 为图形标注尺寸

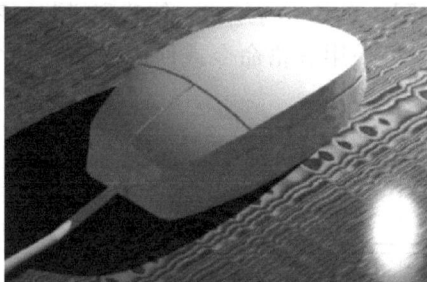

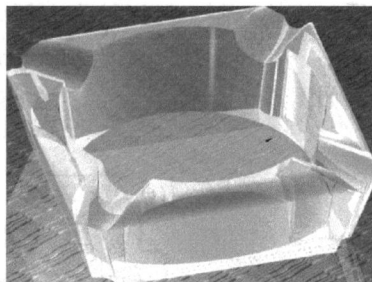

图 0-8　渲染图形

7. 打印和输出图形

AutoCAD 不仅允许将所绘图形以不同样式通过绘图仪或打印机输出，还能够将个别格式的图形导入 AutoCAD 或以其他格式输出。用户一般在模型空间绘图和设计，在图纸空间设置图纸和添加注释，两种空间都可以进行打印和输出。

8. 二次开发功能

AutoCAD 具有良好的二次开发性，用户可根据需要，使用 Autolisp、Lisp、ARX 和 VBA 等语言开发适合特定行业的 CAD 应用软件。

0.3　学习本课程的目的与方法

AutoCAD 是机械、电气和建筑类专业学生必修的一门课程，培养学生利用计算机进行辅助绘图与设计的技能，提高学生的空间想象和思维能力，从而强化识图、绘图和出图能力。

1. 本课程的教学目标

（1）知识目标

1）熟悉 AutoCAD 中文版界面，掌握设置绘图环境和文件管理。

2）熟悉各种不同的命令输入方式，掌握基本绘图流程及原则。

3）熟练运用基本绘图和编辑命令绘制平面图形和产品零件图。

4）会建立符合要求的尺寸标注、文字、表格和技术要求等注释。

5）掌握利用块命令建立的常用图形的方法，了解图形文件库的创建方法。

6）掌握图形打印的设置步骤和操作方法。

7）基本掌握装配图和简单三维图形的绘制方法。

8）了解三维图形的编辑和渲染方法。

（2）能力目标

1）培养学生遵守国家标准的意识以及运用国家标准的初步能力。

2）培养学生认真负责的工作态度和精益求精的工作作风。

3）提高学生阅读零件图和装配图的基本能力。

4）培养学生运用 AutoCAD 绘图软件绘制和编辑图形的思路和方法。

5）培养学生相互配合完成任务的团队能力和语言表达能力。

2. 学习方法提示

为提高使用 AutoCAD 的绘图速度，学生必须熟练掌握绘图命令和图形的编辑命令，尽量多地使用复制、阵列、偏移及创建图块等命令。输入参数时，除鼠标左键、右键外，要充分利用小键盘及鼠标滚轮，并掌握一些常用命令的快捷键设置，强化左、右手的配合，做到分工明确。

学习 AutoCAD 要学练结合，以练为主，加强与同学及老师的交流，及时解决绘图过程中的疑问，并做到定时复习。当然，要想得心应手地使用 AutoCAD，单纯提高绘图速度是不够的，学习时要经常提醒自己画图的目的是什么，即所绘制的图样要直观、准确、醒目，而且要便于交流。

因此，为了能够准确高效地设计和绘图，学生应掌握良好的绘图步骤和作图习惯，例如，进行各种设置，包括图层、线形、字体及标注的设置；绘图时多看命令提示行的提示；养成经常存盘等习惯。其次，学生应发挥想象力和创造力，尽量用不同的命令和步骤绘制同一个图形，并将这些方法加以总结，从而拓展绘图的思维方式，掌握适合自己的操作技巧。绘制复杂的图形要从一些已知条件得到一些绘图信息，一层一层地分析，直至能够正确地绘制出图形。

第1章　AutoCAD2014 基础知识

　　本书前五章主要介绍使用 AutoCAD 进行绘图及打印的基本流程，即设置绘图环境并保存为模板（包括图形界限、单位、对象捕捉方式、图层、尺寸和文字样式等）、绘制图形、图形注释（文字和尺寸）、图案填充、打印输出。

　　本章主要介绍 AutoCAD2014 用户界面的组成、绘图环境的设置方法以及绘制简单图形并进行保存的操作步骤。由于认识绘图环境和用户界面需要一个熟悉的过程，对刚开始接触 AutoCAD 的初学者，重点应放在图层设置和绘图步骤上，以养成良好的绘图习惯。通过对本章的学习，学生应达到以下要求：

　　1）掌握 AutoCAD 的启动方法，认识其用户界面。

　　2）了解 AutoCAD 绘图环境的设置方法，掌握图层的作用和设置方法。

　　3）掌握使用 AutoCAD 绘制图形的一般流程，掌握文件的新建、打开和保存方法。

1.1　认识 AutoCAD

　　本节介绍 AutoCAD 的启动方法、用户界面的组成，使学生认识和熟悉软件界面各区域的位置和作用，能对常用工具栏进行简单的调整。

1.1.1　启动 AutoCAD

　　AutoCAD 2014 版本分 32 位和 64 位两种，这里简要介绍一下 64 位 AutoCAD 2014 对计算机配置的官方要求：Windows 8 标准版、企业版、专业版，或 Windows 7 企业版、旗舰版、专业版、家庭高级版，或 Windows XP 专业版（SP2 或更高版本）；支持 SSE2 技术的 AMD Opteron 处理器，支持英特尔 EM64T 和 SSE2 技术的英特尔至强处理器，支持英特尔 EM64T 和 SSE2 技术的奔腾 4 的 Athlon 64；2 GB RAM（推荐使用 4 GB），6 GB 的安装空间，分辨率为 1024 × 768 的真彩色显示（推荐 1600 × 1050）；Explorer7 及以上的浏览器。

图 1-1　AutoCAD 2014 的桌面快捷方式

　　AutoCAD 2014 安装完成后，可直接双击桌面上的快捷图标（图 1-1）进入 AutoCAD，也可单击"开始"菜单→"所有程序"→"Autodesk"→"AutoCAD2014-中文版"，打开 AutoCAD。

　　打开 AutoCAD 2014 后，软件先进入"Autodesk 客户参与计划"的询问窗口（图 1-2a），在用户选择是否参与后，AutoCAD 会弹出"欢迎"窗口（图 1-2b）。用户可直接选择"关闭"，进入图 1-3 所示的"草图与注释"工作空间。

　　用户若选择单击"欢迎"窗口中的"新建"，AutoCAD 则弹出图 1-4 所示的"选择样板"对话框。默认图形样板为"acadiso. dwt"，直接单击打开即可进入图 1-3 所示的界面。选择"打开"和"打开样例文件"，弹出的对话框类似，图 1-5 所示为"选择文件"对话框。

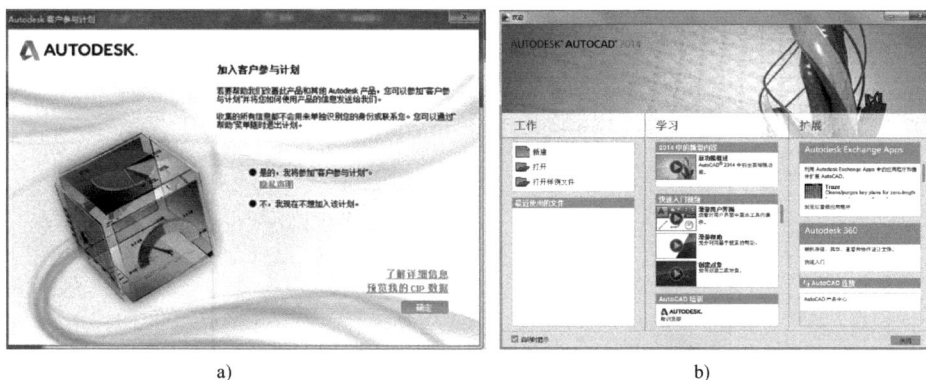

a)　　　　　　　　　　　　　　　b)

图 1-2　询问和欢迎窗口

a) 询问窗口　b) 欢迎窗口

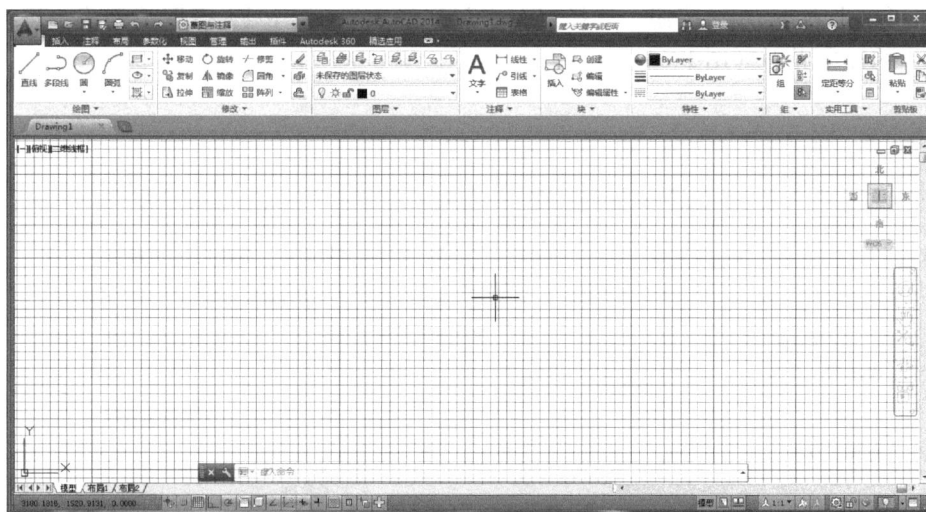

图 1-3　"草图与注释"工作空间

图 1-4　"选择样板"对话框

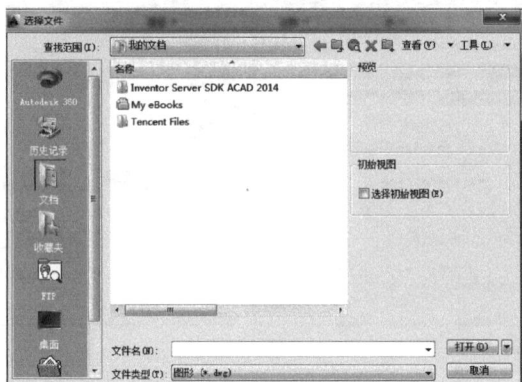

图 1-5 "选择文件"对话框

用户可单击右下方 ⚙ 按钮，选择"AutoCAD 经典"，按下 F7 键取消栅格，进入 Auto-CAD 2014 的经典界面（图 1-6）。

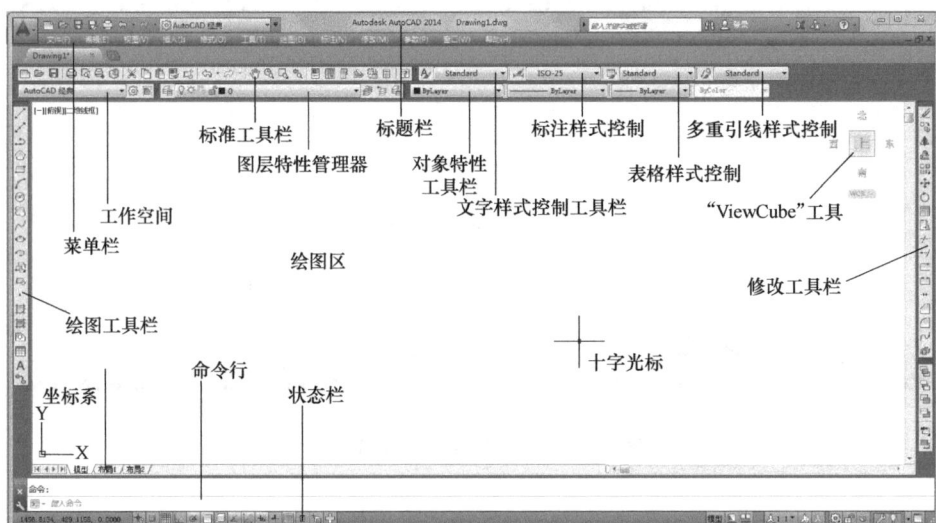

图 1-6 经典界面

若需更改界面背景，可进行以下设置：在绘图区单击右键，在弹出的菜单（图 1-7a）中选择"选项"，或在菜单栏中选择"工具"，在下拉菜单中选中"选项"（图 1-7b）。随后 AutoCAD 弹出"选项"对话框，如图 1-8 所示。单击"显示"选项卡的"颜色"按钮，打开"图形窗口颜色"对话框，选择白色，单击"应用并关闭"，在"选项"对话框单击确定退出，就可获得图 1-6 所示的背景了。

1.1.2 AutoCAD 的经典界面

AutoCAD 2014（图 1-6）的经典界面由标题栏、菜单栏、工具栏（包括浮动面板）、绘图区、命令区、状态栏及工具选项板等组成。

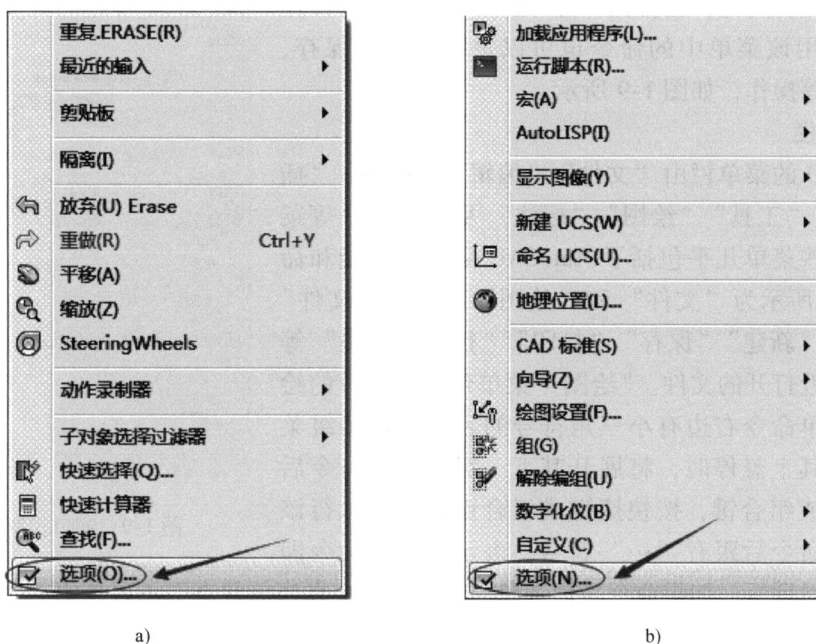

a)　　　　　　　　　　　　　　　b)

图 1-7　调用"选项"对话框

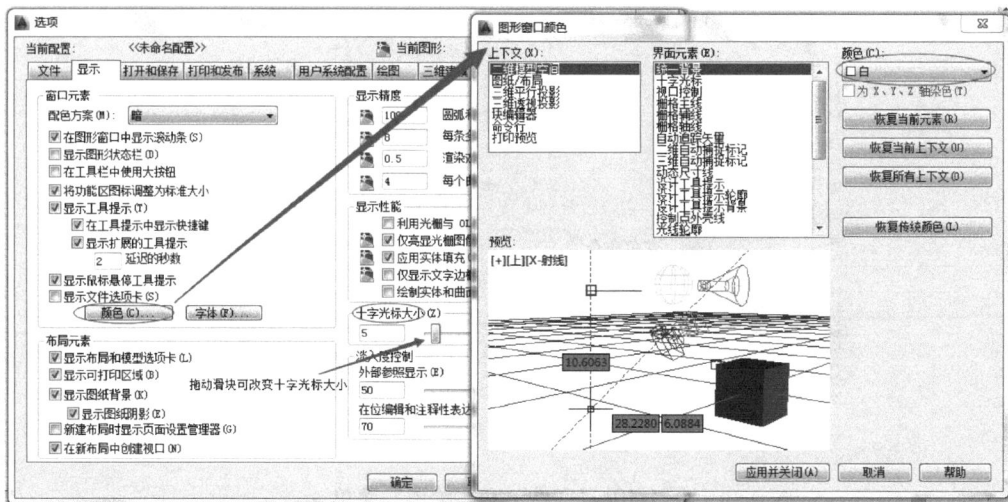

图 1-8　更改背景的设置过程

1. 标题栏

标题栏位于工作界面的最上方（图 1-6），用来显示 AutoCAD 图标和当前正在运行的文件名字，也提供了新建、打开、保存及工作空间切换等快捷命令。打开 AutoCAD 后，图形文件的默认名称为"DrawingN. dwg"（其中 N 是数字），"dwg"是 AutoCAD 特有的文件后缀。文件名从 Drawing1 开始，第二个文件为 Drawing2，依次类推。单击标题栏最左边 Auto-

CAD 2014 的图标 ，会弹出一个 AutoCAD 2014 窗口控制菜单，利用该菜单中的命令也可以进行新建、保存、发布或关闭等操作，如图 1-9 所示。

2. 菜单栏

AutoCAD 的菜单栏由"文件""编辑""视图""插入""格式""工具""绘图""标注"及"修改"等菜单组成，这些菜单几乎包括了 AutoCAD 全部的功能和命令。图 1-10 所示为"文件"和"绘图"菜单。"文件"菜单包含了"新建""保存""打印""打开图纸集"等命令以及最近打开的文件。"绘图"菜单包含了所有的绘图命令。菜单命令右边有小三角符号的表示其为多级菜单，鼠标在其上悬停时，将展开其下一级菜单。命令后跟有快捷键或组合键，按快捷键或组合键，也可执行该命令。如果命令后跟有"…"符号，表示选择该命令即

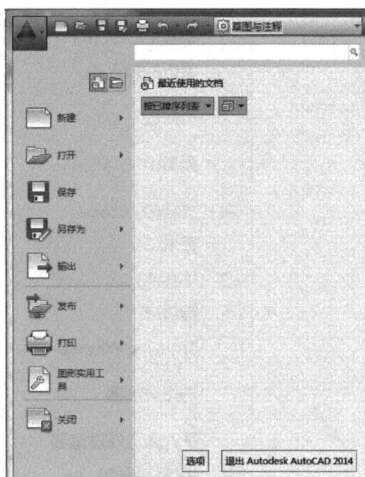

图 1-9　窗口控制菜单

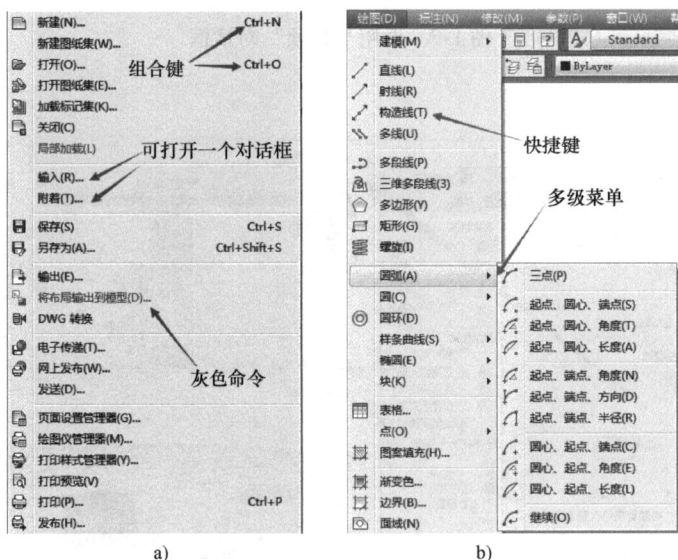

可打开一个对话框；如果命令呈现灰色，表示该命令在当前状态下不可使用。

a)　　　　　　　　　　　　　b)

图 1-10　"文件"和"绘图"菜单

用户可以自己定制 AutoCAD 菜单：选择"工具"→"自定义"→"界面"命令，弹出图 1-11 所示的"自定义用户界面"对话框。选择对话框左侧的"菜单"，可在此处单击鼠标右键删除或新建菜单命令。另外，选择"键盘快捷"，出现"快捷方式"选项组，在此可以定义命令的快捷键。

3. 工具栏

工具栏是 AutoCAD 提供的一种调用命令的方式，是一种可代替命令和下拉菜单的简便工具。工具栏包含多个由图标表示的命令按钮，单击这些图标按钮，就可以调用相应的 Au-

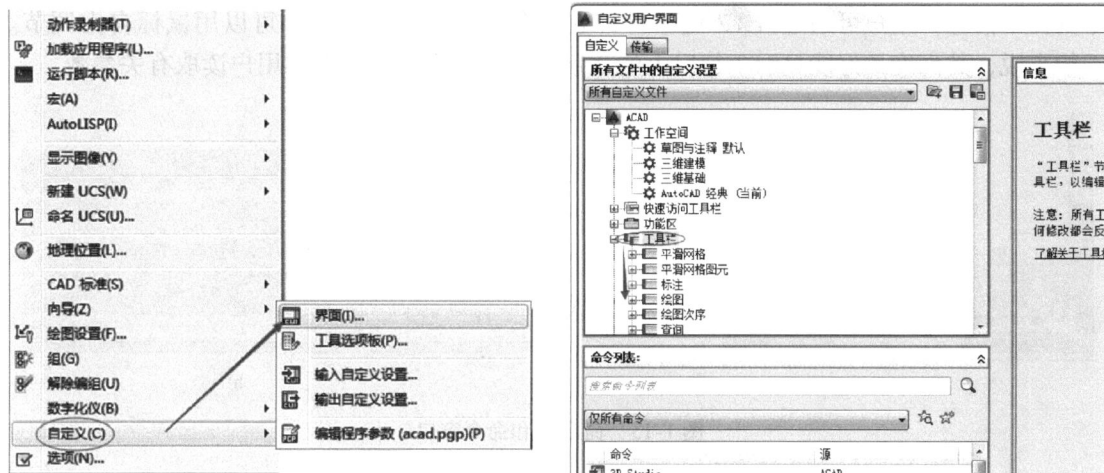

图 1-11　打开"自定义用户界面"对话框

toCAD 命令。AutoCAD 2014 标准菜单为用户提供了 46 个工具栏。

　　在图 1-6 所示的经典界面中，"绘图"工具栏和"修改"工具栏分别位于窗口两侧。"绘图"工具栏与"绘图"菜单相比，虽然并不全面，但包含了常用的绘图命令。系统默认显示的工具栏为"常用"工具栏、"图层"工具栏、"对象特性"工具栏、"样式"工具栏、"绘图"工具栏及"修改"工具栏等，其余大部分工具栏在默认状态下是关闭的，用户可根据需要自由地开启或关闭。

　　如果要显示当前隐藏的工具栏，或恢复误关的工具栏，可在任意工具栏上单击鼠标右键，系统会弹出图 1-12 所示的工具栏快捷菜单。通过选择相应命令即可显示对应的工具栏。若要隐藏工具栏，则取消其前面的"√"。工具栏的大小和位置可通过鼠标更改，通过调整"锁定位置"选项，用户也可将工具栏设为固定状态或浮动状态。

4. 绘图区

　　绘图区也称为视图窗口，是用户进行绘图和显示图形的区域，类似于手工绘图时的图纸，理论上该区域无限大。在绘图区左下方有坐标系图标，图标箭头分别表示 X 轴和 Y 轴的正方向。当鼠标指针位于绘图区时，会变成十字光标，其中心有一个小方块，称为目标框，可以用来选择对象，使其变成可编辑状态。在图 1-8 所示的"选项"对话框中，可通过拖动滑块来改变十字光标的大小，通过"草图选项"选项卡的"靶框大小"设置目标框。

5. 命令区

　　命令区在绘图区的下方，包括命令行和命令窗口。命令行（图 1-13a）用于显示用户从键盘、菜单或工具栏中的按钮输入

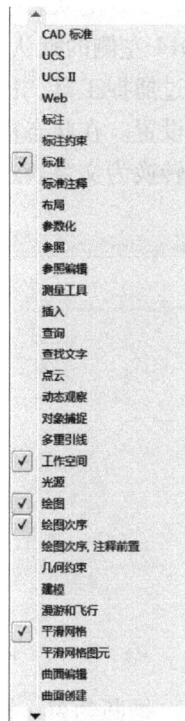

图 1-12　工具栏快捷菜单

的命令内容。命令窗口也叫文本窗口（图 1-13b），包含了 AutoCAD 启动后所用过的全部命令及提示信息，用户可通过按 F2 键来打开它。命令区的位置和大小可以用鼠标自由调节。一般来说，其高度最好能显示 3 行以上的文字，便于完全显示命令和用户读取有关参数。

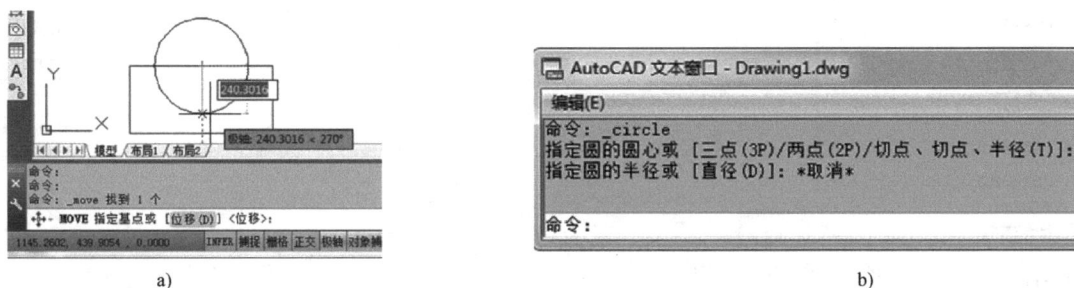

图 1-13　命令行和命令窗口

AutoCAD 2014 的命令行可以提供更智能、更高效的访问命令和系统变量。如果命令输入错误，AutoCAD 会自动更正成最接近且有效的命令。通过输入对应名称，用户可以使用命令行找到阴影图案、可视化风格以及联网帮助等其他内容。单击命令行左侧的设置按钮，可对输入和透明度等进行设置。初学者应特别注意命令区的提示信息，窗口中的提示信息（如命令选项、错误信息及下一步操作等）对快速掌握 AutoCAD 的操作方法和命令格式很有帮助。

6. 状态栏

AutoCAD 的状态栏又称为应用程序状态栏，位于界面的最下方。图 1-14a 所示为 AutoCAD 2014 左侧的默认状态栏，用于显示坐标值以及绘图、导航、快速访问、注释工具等工具，通过捕捉工具、极轴工具、对象捕捉工具和对象追踪工具的快捷菜单，可更改这些绘图工具的设置。在状态栏功能图标上单击右键，在弹出的菜单中取消"使用图标"选项，状态栏可转换为文字表达形式，如图 1-14b 所示。

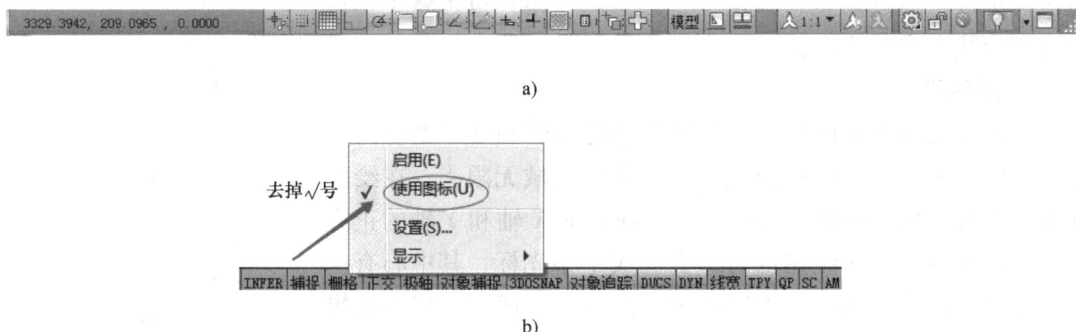

a)

b)

图 1-14　状态栏

a) AutoCAD 2014 的默认状态栏　b) 状态栏按钮的文字表达形式

（1）推断约束　推断约束功能会自动为正在创建、编辑的对象与对象捕捉的关联对象、点之间应用约束，约束只在对象符合约束条件时才会应用，推断约束后不会重新定位对象。右键单击"INFER"按钮可打开图 1-15 所示的"约束设置"对话框，进行几何、标注和自

图 1-15 "约束设置"对话框

动约束的设置。

（2）捕捉、栅格和正交　单击"捕捉"可打开捕捉模式。该按钮在打开状态下呈亮色，再次单击则关闭，按钮呈灰色。打开状态下，可以使光标按指定的步距移动，距离可以通过"草图设置"进行设置。"栅格"按钮与"捕捉"按钮类似，单击后屏幕上布满用于绘图的网格。打开"正交"后，AutoCAD 只能绘制垂直直线或水平直线。默认状态下，这三个按钮和"INFER"按钮是关闭的。

（3）极轴和对象追踪　AutoCAD 的"极轴"功能可用于绘制特定角度的直线，当光标移动至设定角度时，极轴可显示为高亮度虚线，用户可右键单击"极轴"按钮，进行角度设置（图 1-16）。打开"对象追踪"，可捕捉关键点，并沿正交或极轴方向滑动鼠标，寻找符合要求的点。

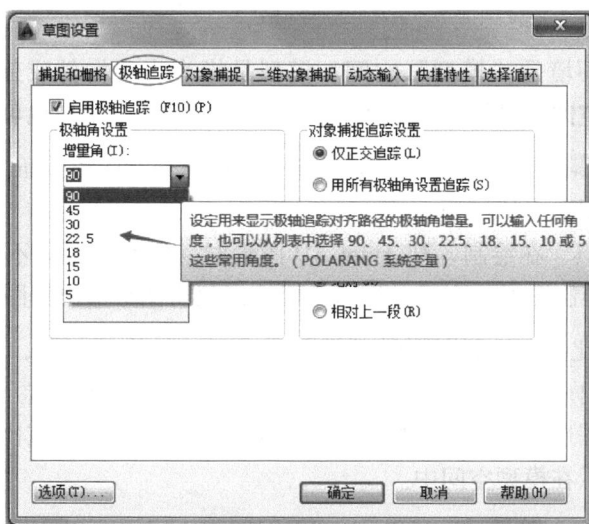

图 1-16 "极轴追踪"选项卡

（4）对象捕捉和3DOSNAP　右键单击"对象捕捉"按钮，可单个拾取图形上的中点、圆心和节点等关键点，从而进行精确绘图。若一次进行多个选取关键点，可选择"对象捕捉"→"设置"，打开"草图设置"对话框，在"对象捕捉"选项卡（图1-17）中选取需要的关键点。"3DOSNAP"按钮用于三维空间点的捕捉设置。

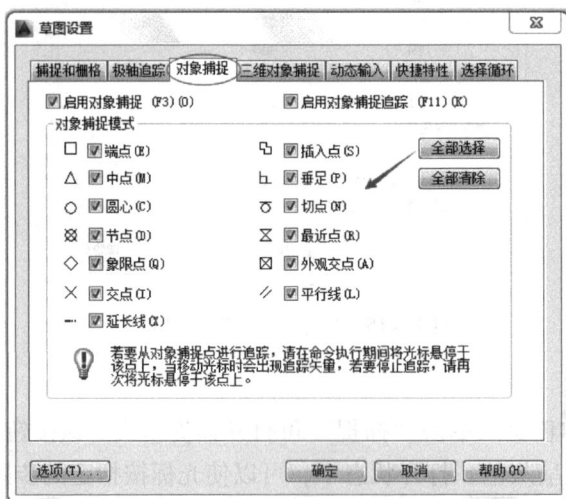

图1-17　"对象捕捉"选项卡

（5）其他绘图辅助工具　UCS 允许或禁止使用用户坐标系。DYN 用于自动显示动态输入文本框，文本框提示一般在十字光标左下方显示。通过单击"线宽"按钮，可打开或关闭不同线宽的显示（默认不显示）。"TPY""QP""SC"和"AM"分别用于透明度、快捷特性、循环以及注释监视器的选择。

（6）布局和视图工具模型/布局选项卡　在绘图区左下方，有"模型""布局1""布局2"3个选项。

AutoCAD 的绘图环境是"模型"空间。模型是指为表现构件或建筑物所绘制的图形，布局是用于表现模型空间所描绘的图形而预备出图用的图纸。用户也可使用绘图区右下方的模型或图纸空间按钮、快速查看布局按钮和快速查看图形按钮，在打开的图形之间进行切换以及查看图形中的模型。

（7）注释缩放工具　在绘制各种 AutoCAD 图形时，经常需要以不同的比例绘制。用户可以直接按 1:1 比例绘制图形，当通过打印机或绘图仪将图形输出到图纸时，通过注释比例按钮选择输出比例。绘制图形时不需要考虑尺寸的换算问题，而且同一幅图形可以按不同的比例多次输出。AutoCAD2014 可以将文字、尺寸、几何公差等指定为注释性对象。将注释性对象添加到图形中时，它们将支持当前的注释比例，根据该比例设置进行缩放，并自动以正确的大小显示在模型空间中。

（8）工作空间自定义工具　通过工作空间按钮，用户可以切换工作空间。锁定按钮可锁定工具栏和窗口的当前位置。要展开图形显示区域，可单击"全屏显示"按钮。

1.1.3　习题与巩固

1. 界面设置练习

设置 AutoCAD2014 的工作空间为图 1-18 所示的经典界面（背景为白色），其中有些工具栏已被删除，完成后恢复原始布局。

图 1-18　题 1 图

2. 填空题

1）AutoCAD 的主要功能有_____、_____、_____、_____、_____和_____。

2）AutoCAD 的主要界面元素有_____、_____、_____、_____、_____、_____和_____。

1.2　设置 AutoCAD 的绘图环境

像手工绘图一样，设置 AutoCAD 绘图环境前需要确定单位及所绘图形的大小等内容，当然也包括工作空间的设置，这一准备过程称为绘图环境的设置。本节主要介绍 AutoCAD 的坐标输入方式、图形界限和图层设置等绘图环境的基础设置。

1.2.1　AutoCAD 的坐标系统

1. 世界坐标系

AutoCAD 建立的平面模型和立体模型都是在一个虚拟的三维世界中进行的，其中的每一个点都用坐标形式表示。按原点是否可变，AutoCAD 的坐标系统坐标系分为世界坐标系（WCS）和用户坐标系（UCS）。AutoCAD 的默认坐标系为世界坐标系（图 1-19），它由三个互相垂直并相交的坐标轴 X、Y、Z 组成，如 P（x，y，z）。在经典模式下，AutoCAD 默认在 Z 坐标等于 0 的平面上绘图。

进入 AutoCAD 后，在绘图区的左下角有指示当前坐标的 WCS 图标，当用户移动十字光

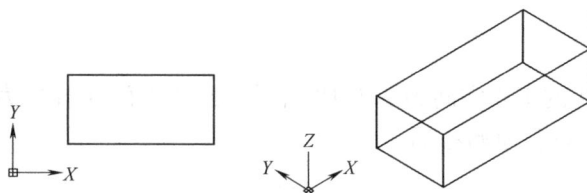

图 1-19　世界坐标系示例

标时，光标当前所在位置的坐标就会动态地显示在状态栏的左边。开始绘图时，该显示就会切换到相对坐标状态（图 1-20）。

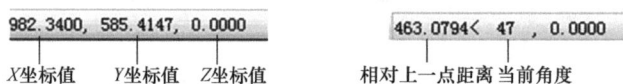

图 1-20　AutoCAD 坐标显示

2. 用户坐标系

通常，AutoCAD 构造新图形时将自动使用世界坐标系，WCS 不可更改。用户可根据需要建立自己的坐标系，即 UCS。用户可以使用 UCS 从任意角度、任意方向来观察或旋转。用户可使用 UCS 命令来对 UCS 进行定义、保存、恢复和移动等一系列操作。这部分内容将在三维绘图中详细讲解（见第 16 章）。

1.2.2　绘图范围与单位

1. 图形界限

AutoCAD 的绘图区域在理论上讲是无穷大的。但有些时候，特别是多人合作绘制复杂图形时，定义有效的绘图区域，可以避免绘制时出现偏差。图形界限是 AutoCAD 绘图空间中的一个假想的矩形绘图区域，相当于所选图纸的大小，用于确定栅格和缩放的显示区域。命令打开方式如下：

1）命令：Limits。

2）菜单："格式"→"图形界限"图标▦。

执行命令后，AutoCAD 的命令行提示：

"重新设置模型空间界限：

指定左下角点或［开（ON）/关（OFF）］<0.0000, 0.0000>：　　回车确认左下角点。

指定右上角点 <420.0000, 297.0000>：　　　　输入坐标指定右上角点并回车。

重复 Limits 命令，在命令行输入"on"，打开界限检查。若绘制图时超出界限，系统将给出"＊＊超出图形界限"的提示，并禁止将目标点定位在图形界限之外。为了对绘图区重新进行规整，在绘图前，应执行"缩放"命令来显示图形界限区域。操作如下：

命令：Zoom 或 Z。

AutoCAD 的命令行提示：

指定窗口的角点，输入比例因子（nX 或 nXP），或者［全部（A）/中心（C）/动态（D）/范围（E）/上一个（P）/比例（S）/窗口（W）/对象（O）］<实时>：输入"a"并回车。

2. 绘图单位

手工绘图或测量时，都必须根据特定单位进行。AutoCAD 绘图时，也与绘图单位有一定的对应关系。"绘图单位"的打开方式如下：

1）命令：Units。

2）菜单："格式"→"单位"按钮 **0.0**。

AutoCAD 弹出图 1-21 所示的"图形单位"对话框。对话框包括长度计数格式和精度、角度计数格式和精度、单位及方向选项的设置。

1）长度：计量单位及显示精度位。

2）角度：角度制及角度显示精度。

3）拖放比例：控制从工具栏或设计中心拖入当前图形块的测量单位，若块或图形创建时使用的单位与此指定的不同，则在插入这些块或图形时将对其按比例缩放。

4）输出样例：显示当前计数制和角度下的例子。

5）方向：设置起始角度的方向。默认正右侧为 0°，顺时针方向为负，如图 1-22 所示。

图 1-21　"图形单位"对话框

图 1-22　"方向控制"对话框

1.2.3　视图缩放与平移

绘制过程中，经常需要对视图进行缩放和平移。AutoCAD 提供了"视图"菜单，用户可根据需要调用（图 1-23a）。标准工具栏上也提供了"实时平移""实时缩放""窗口缩放"和"缩放上一个"四个按钮（图 1-23b）。

1）实时平移 ：单击该按钮，按住鼠标左键可平移图形。

2）实时缩放 ：单击该按钮，按住鼠标左键拖动光标，可以缩放视图。

3）窗口缩放 ：可以对部分视图进行放大，用鼠标左键按住 按钮不放，出现"全部缩放""范围缩放"等下拉按钮。其中，"全部缩放"用于将图形和坐标原点全屏显示，范围缩放用于全部图形的全屏显示。

4）缩放上一个 ：视图回到上一个缩放的视图。

利用鼠标滚轮对视图缩放也非常方便，按下滚轮不放，可对图形进行平移。

注意：有时视图无法进一步缩放，可以使用这些命令或视图中的重生成命令继续缩放。

1.2.4　图层设置

AutoCAD 的图层像透明的胶片一样，将复杂的图形分离在不同的透明纸上并叠加在一起，一层挨一层，每一层都可以有自己的颜色、线型、线宽。凡是具有某一相同线型、颜色

a)　　　　　　　　　　　　　　　　b)

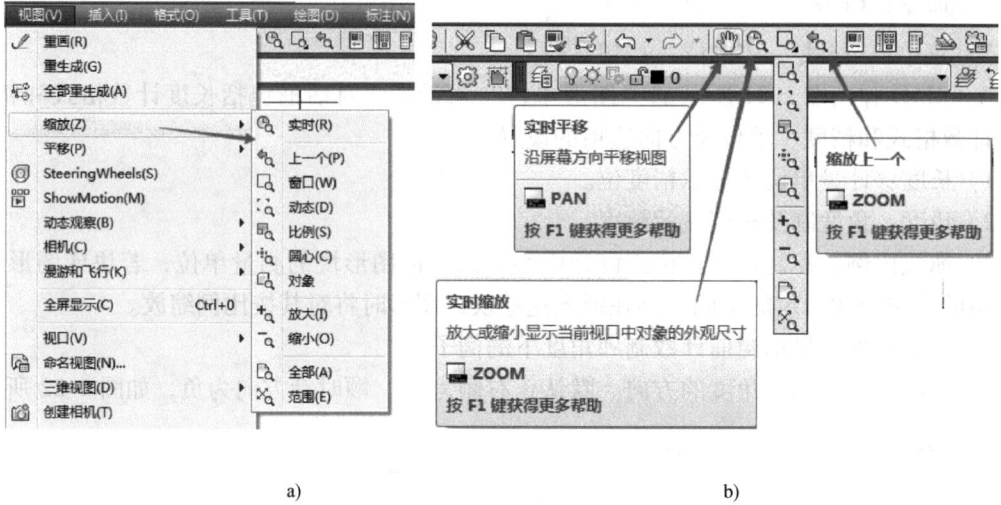

图 1-23　视图缩放与平移

和状态的实体，就放到相应的图层上，从而节省图层空间。AutoCAD 通过图层特性管理器对图层的特性进行设置、修改等管理。图层特性管理器的菜单命令打开方式如下：

1）命令：Layer。

2）菜单："格式"→ 图层(L)…。

3）工具栏："图层"→ 按钮。

执行命令后，弹出图 1-24 所示的"图层特性管理器"对话框。对话框中列出了图层的名称、状态等图层的特性。设置前，管理器中只有一个 AutoCAD 默认的 0 图层，其颜色为白色，线型为 Continuous（连续实线），线宽为"默认"，用户可以新建所需图层。

注意：0 层为自动产生的特殊层，不能被删除或重新更名。

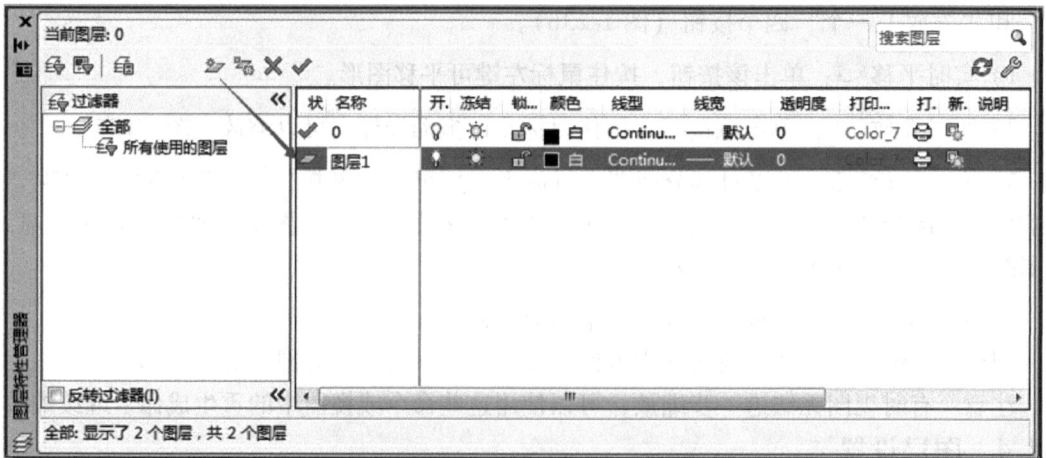

图 1-24　"图层特性管理器"对话框

在"图层特性管理器"中单击"新建"按钮，会在图层列表中创建一个新的图层，该图层自动命名为"图层1"，用户可以键入新的图层名。图层名可由汉字、字母、数字、下划线等组成，但不可包含空格。图层名最多可包含255个字符，但命名时应尽量使其简单易记。

在"图层特性管理器"中单击"线型"按钮，弹出图1-25所示的"选择线型"窗口。通过该窗口可以对线型进行设置、修改等管理。默认状态下只有一个连续实线，单击"加载"按钮，出现"加载或重载线型"窗口，选择一个或多个要加载的线型，然后选择"确定"按钮，返回"选择线型"窗口。选择完成后，单击"确定"按钮退出。

图 1-25　"选择线型"和"加载或重载线型"窗口

在"图层特性管理器"中单击"线宽"按钮，出现"线宽"窗口。在"线宽"窗口中选择需要的线宽，然后选择"确定"按钮。此时，绘图区并不显示线的粗细程度。需要在屏幕上显示线宽时，单击状态栏上的"线宽"按钮即可。AutoCAD 2014 在图层管理器上新增了合并选项，按住 Ctrl 键并选择多个图层后右击，选择"将选定图层合并到…"，在弹出的"合并图层"对话框中选择目标图层，就可将对象合并到目标图层中，被合并的图层将会自动被图形清理掉。

1.2.5　习题与巩固

1. 图形界限设置练习

应用图形界限设置（1000×2000）的绘图区域，并打开。

2. 按表 1-1 对图层进行设置。

表 1-1　设置图层

层名	颜色	线型	线宽	说明
粗实线	白色	实线	0.5mm	用于绘制轮廓线
细实线	绿色	实线	默认线宽	用于绘制剖面线、尺寸线等
虚线	黄色	虚线	默认线宽	用于绘制虚线
中心线	红色	点画线	默认线宽	用于绘制中心线、分度圆
文字	白色	实线	0.2mm	用于写文字

1.3　绘制简单图形

本节主要介绍绘制图形的一般过程、AutoCAD 的文件管理以及创建图形样板的方法。学生应在绘制图 1-26 的基础上，养成良好的绘图习惯。

1.3.1 AutoCAD 的文件管理

1. 创建新图

在启动 AutoCAD 时，系统会自动创建一个名为"Drawing1. dwg"的文件。如果用户需要自己创建新的图形文件，可采用以下方式打开"新建"命令：

1）命令：New。

2）菜单："文件"→"新建"。

图 1-26　箭头图

3）工具栏："标准"工具栏或标题栏→ 按钮。

打开"选择样板"对话框（图 1-4），默认样板文件为 acadiso. dwt。AutoCAD 为用户提供了一些样板，但 AutoCAD2014 提供的样板较少，用户可根据需要自行建立样板（详见1.3.2 节）或导入一些专业样板。

2. 打开已有的图形

1）命令：Open。

2）菜单："文件"→"打开"。

3）工具栏："标准"工具栏或标题栏→ 按钮。

在 AutoCAD 中，可以使用多种方法打开已有的 AutoCAD 图形文件，包括"打开""以只读方式打开""局部打开"和"以只读方式局部打开"4 种方式。当以"打开""局部打开"方式打开图形时，可以对打开的图形进行编辑，如果以"以只读方式打开""以只读方式局部打开"方式打开图形时，则无法对打开的图形进行编辑。

3. 保存和另存图形文件

AutoCAD 可以保存为文件扩展名为 dwg 的格式，也可保存为其他格式。保存为其他格式后，可利用其他程序进行进一步的绘图操作。系统默认图形文件的名称为 DrawingN. dwg，使用保存命令可以修改名称和保存路径。

"保存"和"另存为"命令在首次使用时比较类似，两个命令可按照下列方法打开：

1）命令：Save。

2）菜单："文件"→"保存（S）"或"另存为（A）…"。

3）工具栏："标准"工具栏或标题栏→ 按钮或 按钮。

启动命令后，打开图 1-27 所示的对话框。用户可选择要保存的格式和版本，如图形样板 dwt 文件。第一次保存新建的文件时，系统会弹出对话框要求命名和选择路径，一旦保存好后，以后的保存将直接覆盖此文件，不再弹出对话框；若不想覆盖原文件，需要使用"另存为"命令更改保存路径。

为了方便不同用户之间的信息交流，保存时可适当降低保存版本。保存完成后，AutoCAD 会自动生成 bak 备份文件。在非正常关闭时，bak 文件能保存部分信息。若用户丢失了 dwg 原文件，可将 bak 文件后缀改成 dwg 恢复部分文件。在实际工作中，难免会因为意外断电、死机或程序出现致命错误等问题而导致文件异常关闭，因此，用户必须养成随时存盘的良好习惯，以免造成数据丢失。

1.3.2 图形样板的创建和使用

1. 创建图形样板

在完成对绘图环境的设置以及对工具栏、菜单栏的调整后，用户可以参照 GB、JIS（日

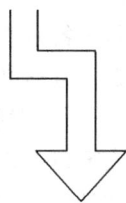

本标准）及 ANSI（美国标准）等标准，绘制一些常用的标准图纸模板，然后建立符合自己绘图习惯的图形样板，以便提高绘图效率。

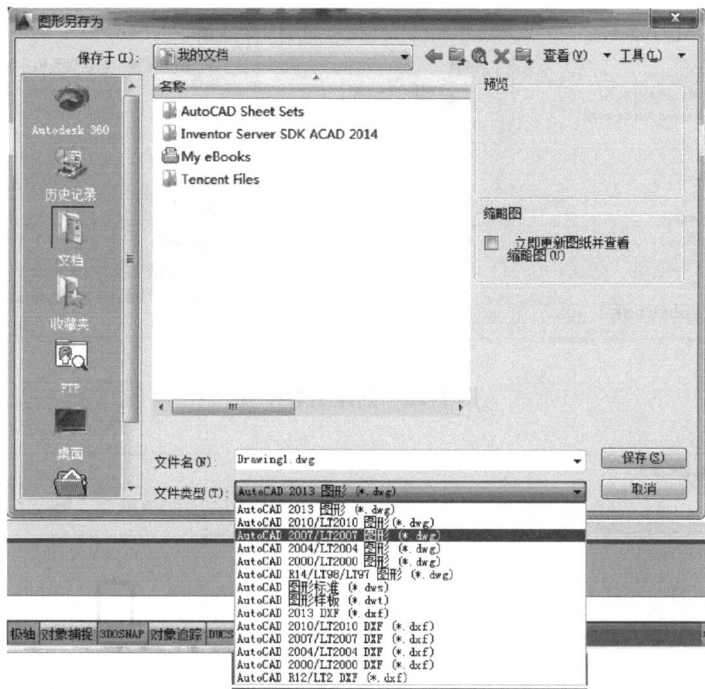

图 1-27 "图形另存为"对话框

在设置好所需参数后，选择"文件"→"另存为"，弹出"图形另存为"对话框。在"文件类型"中选择"AutoCAD 图形样板（＊. dwt）"，如图 1-28 所示。输入名称（如GBA4）后，单击"保存"按钮，弹出"样板选项"对话框。用户可在此键入文字加以说明，然后单击"确定"按钮保存图形样板。初学者可在逐步熟悉 AutoCAD 的基础上，对自己的模板逐步加以完善。

2. 使用图形样板

将创建好的图形样板保存完成后就可以使用了：单击"新建"按钮，选择创建好的图形样板"GBA4"，单击"打开"按钮即可（图 1-29）。实际上，使用图形样板创建新图形时，AutoCAD 是将图形样板的内容复制到新图中，并不打开图形样板文件，因此，图形样板可以反复使用。完成图形绘制，并需要保存时，系统会提示用户输入新的文件名，并将文件自动保存为 dwg 格式。部门内部人员使用统一的图形样板，可以达到统一图纸规范的目的。

1. 3. 3 例题解析

1）单击"新建"按钮，在"选择样板"对话框中选择 acadiso. dwt，单击"打开"按钮，选择工作空间为"AutoCAD 经典"。

2）绘制图形前，进行绘图环境的设置（如工作空间、单位和图形界限等）、工作环境的设置（如工具栏的调整、界面颜色及图层等）、确定数据输入方式等工作。保证状态栏的"极轴""对象捕捉""对象追踪""DYN"和"线宽"按钮处于打开状态。

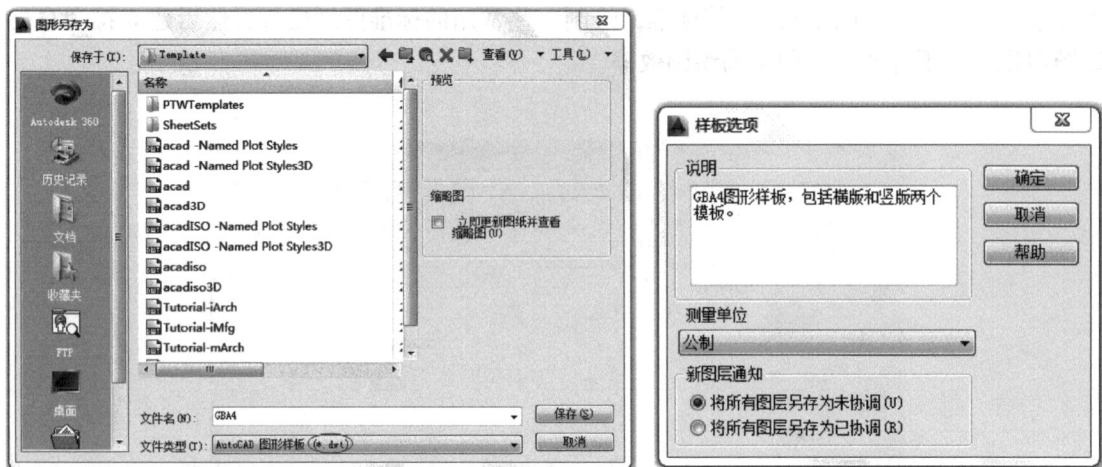

图 1-28　创建图形样板

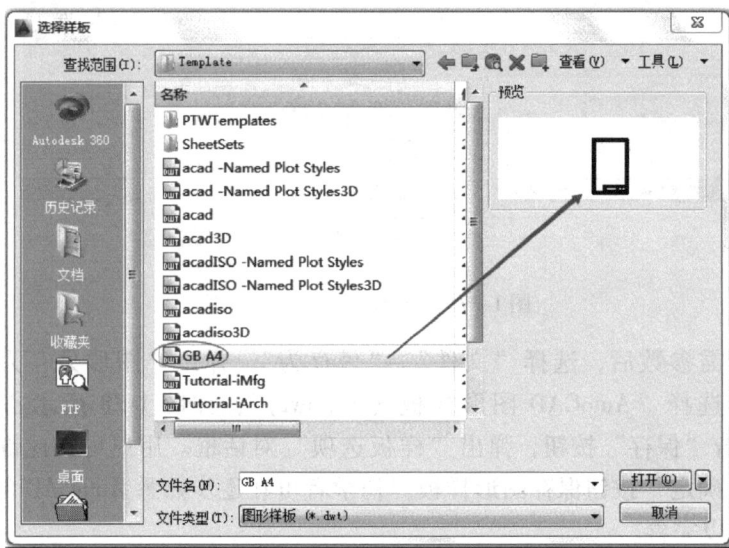

图 1-29　选择图形样板

3）单击"图层特性管理器"按钮，新建粗实线和细实线图层，并将粗实线图层置为当前图层。

4）单击"绘图"工具栏的"直线"命令 ✐，在绘图区任意单击一点，按照图 1-30 所示顺序绘制箭头图。对不需要的线，使用键盘的 Delete 键加以删除。

5）使用 ✋🔍🔍🔍 各命令观察和调整视图。

6）单击"保存"图标，输入文件名"箭头"，单击"保存"按钮。

1.3.4　习题与巩固

1. 文件管理练习

新建一个 AutoCAD 文档，保存到规定目录（如"C：\ Mydocuments \ "）中，文件名保存为"班级＋学号＋姓名"（例如，09 汽车一班的王帆同学，学号为 18 号，其文件名为

32.432

90°

极轴: 32.430 < 270°

25.0356

0°

极轴: 25.0356 < 0°

48°

31.0053

指定下一点或

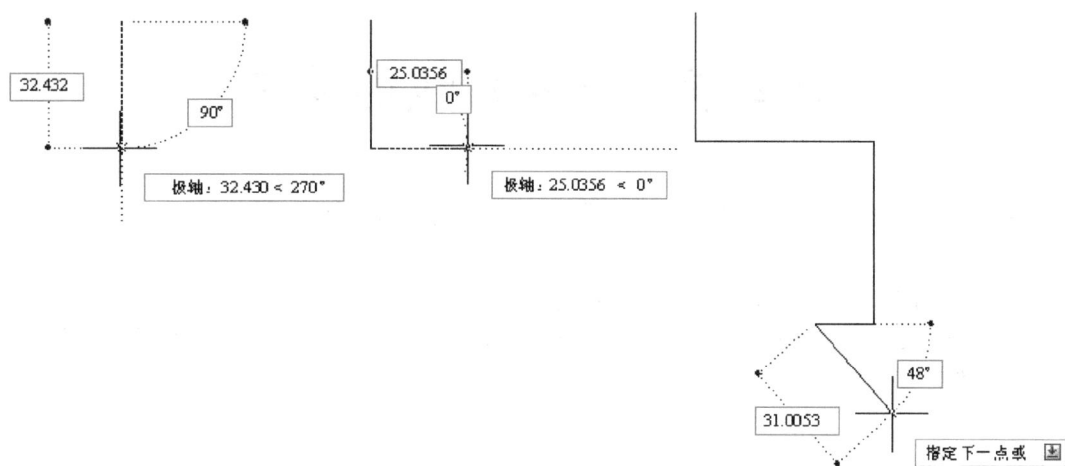

图 1-30　箭头的绘制过程

09QC118 王帆 . dwg）。

2. 绘图练习

建立一个符合自己绘图习惯的图形样板文件，进行必要的绘图环境设置，并使用该图形样板绘制图 1-31 ~ 图 1-35。

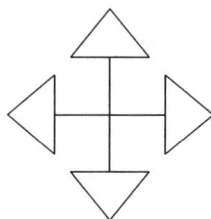

图 1-31　题 2 图（一）

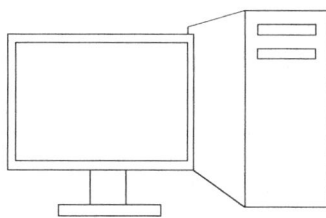

图 1-32　题 2 图（二）

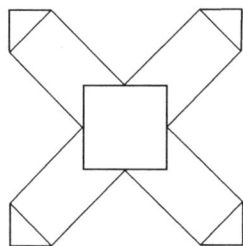

图 1-33　题 2 图（三）

图 1-34　题 2 图（四）

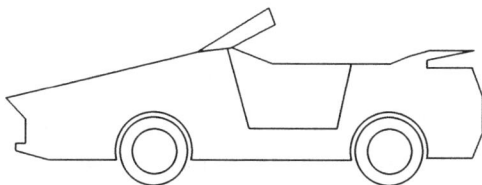

图 1-35　题 2 图（五）

第 2 章　点和直线的绘制

本章主要介绍点和直线的绘制方法，除了基本的绘线命令外，对缺乏基本条件直线的画法做了重点介绍。通过学习，学生需要达到以下要求：

1）掌握调用 AutoCAD 命令的方法，熟练掌握绘制点和直线的方法。

2）掌握定数等分的操作方法，会绘制有长度和角度要求的直线，会结合其他条件绘制只有长度或只有角度要求的直线。

2.1　绘制五角星

本节绘制图 2-1 所示的五角星，主要通过点和直线命令来完成。绘制该图需要用到"圆""直线""定数等分""修剪"等命令。另外，为顺利捕捉等分点，需要对"对象捕捉"进行必要的设置。

图 2-1　五角星

2.1.1　如何使用命令

AutoCAD 启动命令的方法有两种：键盘键入命令和鼠标单击命令。

1. 键盘键入命令

键盘键入命令即在命令行中键入命令的英文或命令快捷键，使系统执行相应的命令。如直线命令全称为 Line，快捷键为字母 L（不区分大小写）；圆命令的全称为 Circle，快捷键为字母 C。

采用快捷键调用命令非常方便，用一个或几个简单的字母来代替常用的命令，使我们不用去记忆很多长长的命令。要查看和修改快捷键，可以选择菜单"工具（D）"→"自定义（C）"→"编辑程序参数（acad. pgp）（P）"，打开 acad. pgp 文件（图 2-2）。acad. pgp 是一个纯文本文件，是 AutoCAD 的编辑程序参数文件，主要用来说明和编辑修改 AutoCAD 的系统和操作命令，其中很重要的是设置快捷命令。用户可以使用 ASCII 文本编辑器或直接使用记事本来进行编辑，自行添加一些 AutoCAD 命令的快捷方式到文件中。常用的绘图和修改命令及快捷键见附录。

2. 鼠标单击命令

利用 AutoCAD 绘图时，用户多数情况下是通过鼠标发出命令的。通过鼠标单击主菜单中的命令选项，或直接单击工具栏图标命令，AutoCAD 就可执行相应命令。两者相比，应用工具栏图标速度更快，但有些命令不出现在工具栏中，就需要在菜单中选择了。

鼠标各按键功能定义如下：

（1）左键的方法　在 AutoCAD 中，左键为拾取键，用于单击工具栏按钮、选取菜单命令，以及在绘图过程中指定点和框选图形对象等。其中，框选图形对象出现的频率最高，即便是在无命令状态下，在绘图区任意左键单击一次就会出现。此时，AutoCAD 提示："指定对角点或 X，Y"，X、Y 为随十字光标变化的坐标值。

执行命令时，拖动鼠标向对角方向移动，单击左键进行选择，根据拖动方向的不同，出

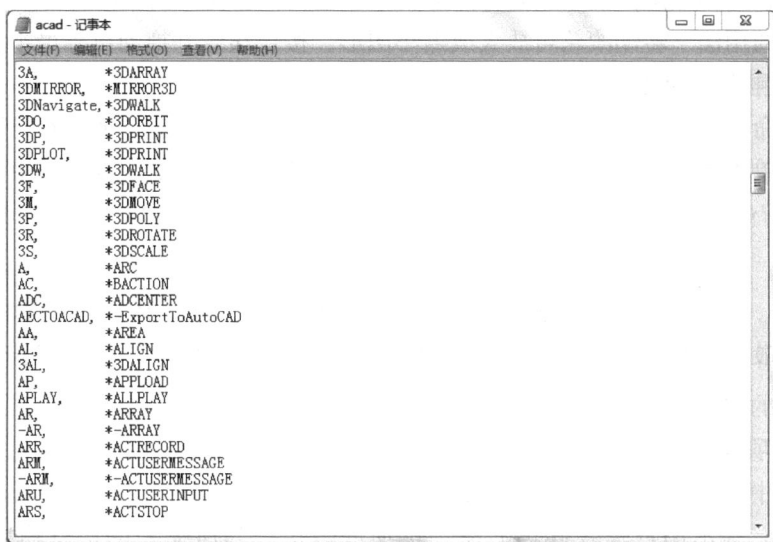

图 2-2　acad. pgp 文本文件

现的窗口略有不同。若从左上方或左下方往对角方向拖动鼠标，窗口为实线，称为矩形窗口，此时，必须把要选图形全部包含在内才能选中。若从右下方或右上方往对角方向拖动鼠标，窗口为虚线，称为交叉窗口，此时，只要窗口包含要选图形的一部分，即可选中该图形。

（2）右键的用法　　右键在大部分情况下等同于回车键，即命令执行完成时，单击右键结束命令。单击右键还可调出快捷菜单。

设置鼠标右键功能的方法如图 2-3 所示，选择"工具"菜单的"选项"命令，单击

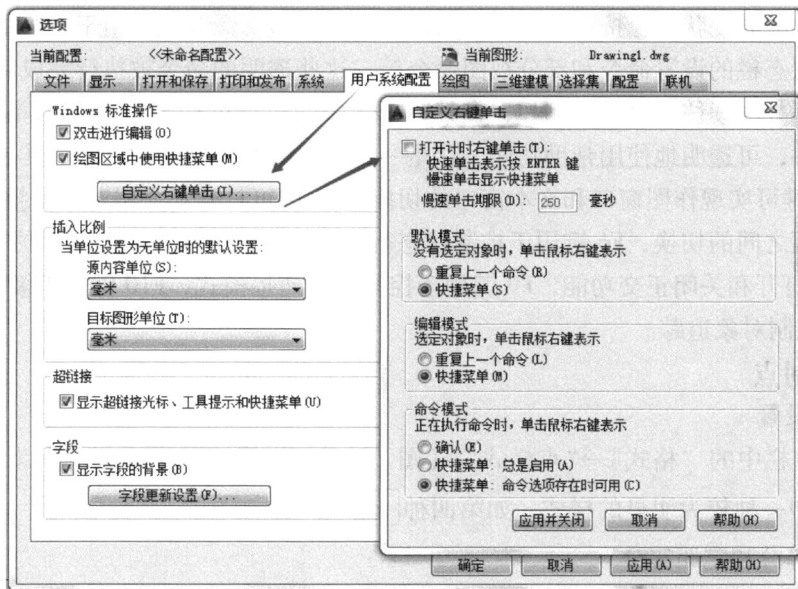

图 2-3　自定义鼠标右键功能

"用户系统配置"选项卡中的"自定义右键单击"选项，可在对话框中自行更改。

（3）滚轮的用法　转动滚轮可放大或缩小图形，按住滚轮并拖动鼠标可平移图形。

3. 命令的重复和中止

完成一个命令后，若还继续使用这个命令，按空格键或回车键，或者在绘图区右击，从弹出的快捷菜单中选择上一条命令名，都将激活上一条命令。在命令执行结束前，可随时按 Esc 键中断当前命令的运行，系统重新返回到命令提示状态；也可以直接选择新命令中断正在执行的命令，并激活新的命令；还可单击标准工具栏的"放弃"工具按钮 ⇦ ，或按 Ctrl + Z 组合键。若一次撤销多步操作，可利用 UNDO 命令，输入要撤销的操作步数并回车。若重做放弃的最后一个操作，可使用 REDO 命令，或选择"编辑"中的"重做"，或"标准"工具栏上的"重做"工具按钮 ⇨ 。

4. 命令选项操作

AutoCAD 中的命令大多以人机对话的方式执行。当输入命令后，系统就会出现下一步的命令提示，提示用户输入候选的命令选项或数值。当所需要的信息输入完毕后，这个命令就被执行。例如，单击圆命令按钮 ⊘ ，或在命令行输入 Circle 并回车后，命令行提示：

"circle 指定圆的圆心或 [三点 (3P)/两点 (2P)/相切、相切、半径 (T)]"。

命令默认方式是指定圆心位置，方括号 [ ] 中的内容以"/"隔开，表示用户可以通过输入圆括号内的字母选中这个选项。一般尖括号 < > 中的内容为默认选项，若所需选项与默认选项相同，可直接回车。输入命令、命令选项和命令参数后，应使用回车键或空格键结束输入。

5. 命令的透明使用

有些 AutoCAD 命令允许在其他命令的对话过程中使用，这些命令称为透明命令，如草图设置、视图缩放、状态栏按钮及图形界限的设置等。透明命令经常用于更改图形设置或显示选项，如状态栏的设置命令和部分视图命令等。这些透明的命令被执行完成后将返回原执行命令的中断处继续往下执行。例如，在某一个命令的执行过程中，按下 F1 键将激活该命令的帮助文件，可透明地使用帮助功能，这是一种很好的获得帮助的方法。其他功能键的作用如下：F2 键可实现作图窗口和文本窗口的切换，F3 键可打开和关闭对象捕捉，F5 键可实现等轴测平面之间的切换，F6 键用于控制状态行上坐标的显示方式，F7 键可打开和关闭栅格，F8 键可打开和关闭正交功能，F9 键用于控制栅格捕捉模式，F10 键用于极轴模式控制，F11 键用于控制对象追踪。

2.1.2　绘制点

1. 点的设置

选择菜单栏中的"格式"→"点样式"（图 2-4a），在弹出的"点样式"对话框（图 2-4b）中，选中一种较为明显的样式，如第四种 ⊠ 。

2. 定数等分和定距等分

（1）定数等分　定数等分是指在指定对象上均匀放置指定数量的点。选择"绘图"菜单→"点"命令→"定数等分"命令（图 2-5），命令行提示：

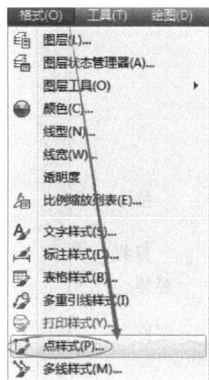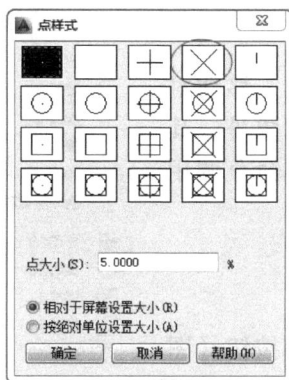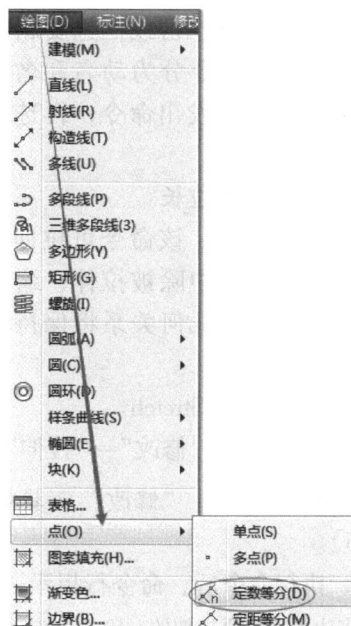

图 2-4　点样式的设置图　　　　　　　图 2-5　选择"定数等分"命令
a) 调用点样式命令　b) "点样式"对话框

"选择定数等分的对象"，左键单击要等分的图元。

"输入线段数目或 [块 (B)]"，输入等分数目并回车。

（2）定距等分　定距等分是指将点对象在指定的对象上按指定的间隔放置。选择"绘图"→"点"→"定距等分"命令，命令行提示："选择要定距等分的对象"。左键单击等分的图形，输入长度值，AutoCAD 在对象上的对应位置绘制出点。同样，可以利用"点样式"对话框设置所绘制点的样式。如果在"指定线段长度或 [块 (B)]:"提示下执行"块 (B)"选项，则表示将在对象上按指定的长度插入块。

2.1.3　绘制直线和圆

1. 绘制圆

在绘图工具栏上单击圆命令按钮 ⊘ ，在绘图区任意一点单击左键，输入圆的半径，或通过移动鼠标确定圆的大小。

2. 绘制直线

在绘图工具栏上单击直线命令按钮 ✎ ，在绘图区左键单击确定起点，单击第二点或通过输入坐标值确定下一点位置，水平、垂直方向的直线可结合状态栏的"正交"绘制。

2.1.4　修剪、延伸、拉伸和删除操作

1. 删除

1）命令：Erase。

2）菜单："修改"→"删除"。

3）工具栏："修改"工具栏→ ✎ 按钮（图 2-6）。

　　左键单击"删除"命令，命令行提示"选
择对象"，左键单击或框选要删除的图元并回车
即可。修改命令分为动名和名动两种形式，动
名形式就是先发出命令，再选择对象；名动形
式恰好相反。

2. 拉伸和拉长

　　（1）拉伸　该命令可拉伸、缩短、移动对
象，编辑过程中除被拉伸、缩短的对象外，其
他图元之间的几何关系将保持不变。命令调用
方式如下。

　　1）命令：Stretch。

　　2）菜单："修改"→"拉伸"。

　　3）工具栏："修改"工具栏→按钮（图
2-6）。

　　执行命令后，命令行提示："以交叉窗口或交
叉多边形选择要拉伸的对象……选择对象"。

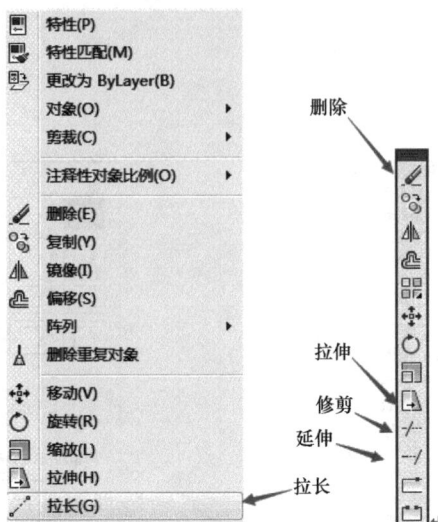

图 2-6　删除、修剪和延伸

　　选取某一个对象后，系统提示："找到一个选择对象"。可以继续选择需要拉伸的对象，
如果不再选择，回车或单击右键确认即可。命令行提示："指定基点或位移"。拾取拉伸的起
始点，命令行提示："指定位移的第二点或＜用第一点作位移＞"。

　　若拾取拉伸的第二点，则系统将把所选对象按第一点和第二点之间的距离和两点连线方
向作为位移进行拉伸；如果直接按回车键，则系统会将第一点的各坐标分量作为位移来拉伸
对象。

　　注意：拉伸对象时，只能用交叉窗口或交叉多边形的方法选择要拉伸的对象。如果所选
的对象都在窗口内，那么所选的对象被移动，这时拉伸命令的功能类似于移动命令；如果有
直线、圆弧、多段线以及样条曲线等与窗口的边界相交，那么位于窗口内的端点被移动，位
于窗口外的端点保持不变。

　　（2）拉长　该命令将改变线段的长度，或改变圆弧的长度和圆心角，但不改变圆弧的半
径。命令调用方式如下：

　　1）命令：Lengthen。

　　2）菜单："修改"→"拉长"（图2-6）。

　　执行命令后，命令行提示："选择对象或［增量（DE）/百分数（P）/全部（T）/动态（DY）]："。

　　选项说明如下：

　　1）选择对象：当选择一个线段对象后，AutoCAD 显示其长度值；若选择一个圆弧对象
后，则显示其长度值（弧长）和角度值（圆心角），且上述提示继续出现。

　　2）增量（DE）：以输入的数值（长度或角度）为增量来改变对象的长度。当 DE 响应
后，命令行提示："输入长度增量或［角度（A）]"。如果直接输入长度数值，则被选对象（可
以是线段也可以是圆弧）按指定的长度增量在离拾取点近的一端变长或变短；输入 A 并回
车，再输入一角度值，则被选圆弧对象按指定的角度值在离拾取点近的一端变长或变短。输
入值（长度或角度）为正时，对象变长；输入值为负时，对象变短。

3）百分数（P）：选项以百分比改变对象的长度。当选择该选项后，命令行提示："输入长度百分数"。输入一个大于 100（实际为大于 100%）的数，则对象在离拾取点近的一端变长；反之，则变短。

4）全部（T）：该选项使对象按指定的长度或角度改变。当选择该选项后，命令行提示："指定总长度或［角度（A）］"。如果直接输入一总长度数值，则被选对象（可以是线段也可以是圆弧）的总长度将变为指定的长度值；输入 A 并回车，再输入一总角度值，则被选圆弧对象的总角度将变为指定的角度值。

5）动态（DY）：该选项动态地改变对象的长度。当选择该选项后，命令行提示："选择要修改的对象或［放弃（U）］"。选择对象，命令行提示："指定新端点"。移动光标确定对象的新长度；选择"放弃（U）"，取消上一次的操作。

3. 修剪和延伸

1）命令：Trim 和 Extend。

2）菜单："修改"→"修剪"和"延伸"。

3）工具栏："修改"→━/┄┄和━┄┄/按钮（图 2-6）。

左键单击"修剪"或"延伸"命令，命令行提示"选择对象"，右键单击或回车，选择要修剪或延伸的部分。若修剪或延伸对象较多，在命令行提示"选择对象"后，单击用来修剪对象的"剪刀"或延伸对象的"目标靶"对象，回车后，选择要修剪或延伸的图形。如图 2-7a 所示，线 a 与四条线相交。得到图 2-7b 所示图形有两种方法。

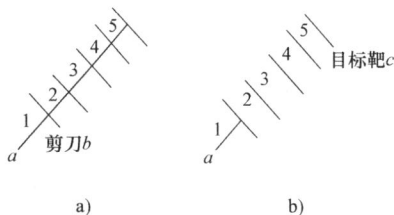

图 2-7　修剪和延伸命令的使用
a）相交线　b）修剪后的线

1）单击"修剪"按钮后，命令行提示：

"当前设置：投影＝UCS，边＝无　选择剪切边…选择对象或＜全部选择＞："，回车。

"选择要修剪的对象，或按住 Shift 键选择要延伸的对象，或［栏选（F）/窗交（C）/投影（P）/边（E）/删除（R）/放弃（U）]："，单击线 5。

然后分别单击线 4、线 3、线 2 进行逐段修剪，回车。

2）单击"修剪"按钮后，命令行提示：

"当前设置：投影＝UCS，边＝无　选择剪切边…选择对象或＜全部选择＞："

单击线 b 并回车，命令行提示："找到 1 个 选择要修剪的对象，或按住 Shift 键选择要延伸的对象，或［栏选（F）/窗交（C）/投影（P）/边（E）/删除（R）/放弃（U）]："，单击线 2 并回车。

方法二中，线 b 作为"剪刀"，一次就把线 b 上方的线都剪掉了。同理，要从图 2-7b 恢复到图 2-7a，需要用延伸命令，也有两种方法：单击"延伸"按钮后，直接单击右键，然后分别单击线 1、线 2、线 3、线 4，逐段延伸；单击"延伸"按钮后，左键单击线 c 作为"目标靶"，单击右键或回车，然后单击线 1，即可一次延伸至线 c。

2.1.5　例题解析

1）新建文件，设置界面，新建粗实线图层。

2）右键单击"状态栏"中的"对象捕捉"→"设置"，弹出图 2-8 所示的窗口，选择要捕捉的关键点，或单击"全部选择"，单击"确定"按钮退出。

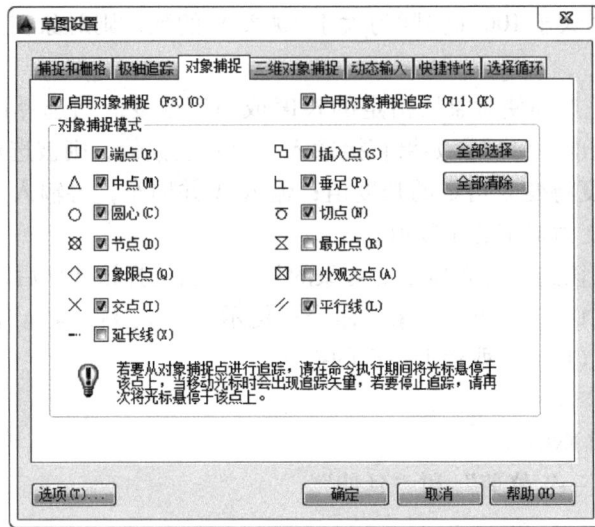

图 2-8　"对象捕捉"窗口

3）选择"格式"→"点样式"，在弹出的"点样式"对话框选择样式 $\boxed{\times}$，如图 2-4 所示。

4）选择粗实线图层，在绘图工具栏上单击圆命令按钮 ⊘，在绘图区任意左键单击一点，绘制圆，如图 2-9a 所示。

5）选择"绘图"→"点"→"定数等分"，单击选择绘制好的圆，输入等分数目为 5 并回车，效果如图 2-9b 所示。

6）单击直线命令按钮 ✓，捕捉节点，间隔一点连接各等分点，如图 2-9c 所示。

7）使用"修剪"命令修剪掉多余线段，删除圆和点，结果如图 2-9d 所示。

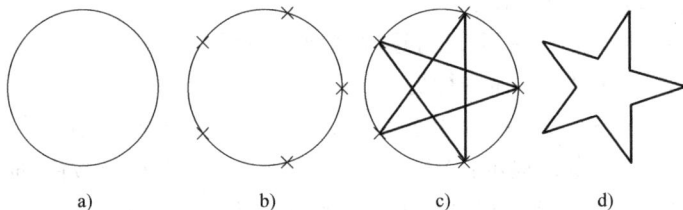

图 2-9　五角星的绘制过程

a）绘制圆　b）定数等分　c）间隔相连　d）修剪和删除

本例题的步骤可灵活进行，但不能遗漏对"对象捕捉"和"点样式"的设置。使用命令时，先选命令、后选对象称为动名形式，也可采用名动形式，即先选对象，再选择命令。

2.1.6　习题与巩固

根据所学知识，绘制下列图形，尺寸可自行拟订。

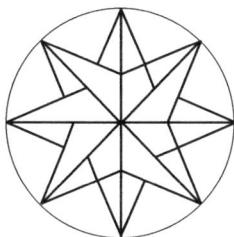

图 2-10　习题图（一）　　　　　　图 2-11　习题图（二）　　　　　图 2-12　习题图（三）

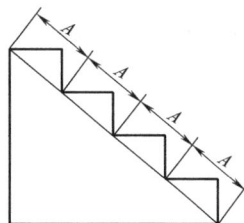

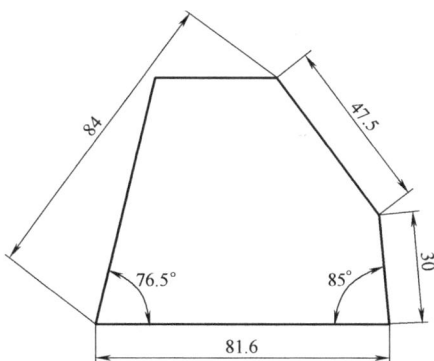

图 2-13　不规则五边形

2.2　绘制五边形

本节绘制图 2-13 所示的不规则五边形，主要通过"直线"命令来完成。本节重点介绍如何绘制有角度要求和长度要求的直线。

2.2.1　输入坐标绘制直线

在 AutoCAD 中，点的坐标有绝对直角坐标、绝对极坐标、相对直角坐标和相对极坐标 4 种表示方法，它们的特点如下：

1）绝对直角坐标：是从点（0，0）或（0，0，0）出发的位移，可以使用分数、小数或科学记数等形式表示点的 X、Y、Z 坐标值。坐标间用逗号隔开，如点（6.7，5.4）和（7.0，9.2，8.8）等。

2）绝对极坐标：是从点（0，0）或（0，0，0）出发的位移，但给定的是距离和角度，其中距离和角度用"<"分开，且规定 X 轴正向为 0°，Y 轴正向为 90°，如点（4.27 < 60）、（34 < 30）等。

3）相对直角坐标：相对坐标是指相对于某一点的 X 轴和 Y 轴位移。它的表示方法是在绝对坐标表达方式前加上"@"，如（@ – 13，8）。

4）相对极坐标：相对坐标是指相对于某一点的距离和角度。它的表示方法是在绝对坐标表达方式前加上"@"，角度前加"<"，如（@ 11 < 24）。其中，角度是新点和上一点连线与 X 轴的夹角。输入绝对直角坐标时，需要先关闭"动态输入"。下面以图 2-14 所示的图形为例，介绍绝对直角坐标和相对极坐标的输入方法。图 2-14a 采用绝对直角坐标方式绘制，先启动直线命令：

1）命令：Line 或快捷键 L。

2）菜单："绘图"→"直线"。

3）工具栏："绘图"→按钮 ✏。

输入命令后，命令行提示：

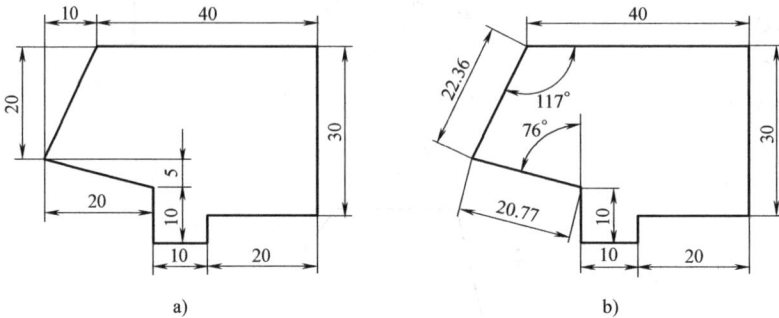

图 2-14　坐标输入方法

a）用绝对直角坐标方式绘图　b）用相对极坐标方式绘图

"指定第一点:"，输入 0，0 并回车。＊指定坐标原点为第一点，也可任意单击一点

"指定下一点或［放弃（U）］:"输入 20，0 并回车。＊绘制水平线 20mm。

"指定下一点或［放弃（U）］:"输入 20，30 并回车。＊绘制竖直线 30mm。

"指定下一点或［闭合（C）/放弃（U）］:"输入 −20，30 并回车。＊绘制水平线 40mm。

"指定下一点或［闭合（C）/放弃（U）］:"输入 −30，10 并回车。＊绘制斜线。

"指定下一点或［闭合（C）/放弃（U）］:"输入 −10，5 并回车。＊绘制斜线。

"指定下一点或［闭合（C）/放弃（U）］:"输入 −10，−5 并回车。＊绘制竖直线 10mm。

"指定下一点或［闭合（C）/放弃（U）］:"输入 0，−5 并回车。＊绘制水平线 10mm。

"指定下一点或［闭合（C）/放弃（U）］:"输入 0，0 并回车或输入 c 并回车。＊回到初始点，结束命令

　　绘制过程中可直接按回车键或空格键结束命令，或执行"放弃（U）"选项取消前一次操作，或执行"闭合（C）"选项创建封闭多边形。用直线命令绘制出的一系列直线段中的每一条线段均是独立的对象。

　　下面介绍用相对极坐标的方式绘制图 2-14b 所示图形的方法。

　　输入直线命令后，命令行提示：

"指定第一点:"，在绘图区任意单击一点作为第一点。

"指定下一点或［放弃（U）］:"，水平方向追踪，输入 20 并回车　＊绘制水平线 20mm。

"指定下一点或［放弃（U）］:"，垂直方向追踪，输入 30 并回车　＊绘制竖直线 30mm。

"指定下一点或［闭合（C）/放弃（U）］:"，水平方向追踪，输入 40 并回车 ＊绘制水平线 40mm。

"指定下一点或［闭合（C）/放弃（U）］:"输入 @22.36 < −117 并回车　＊绘制斜线。

"指定下一点或［闭合（C）/放弃（U）］:"输入 @20.77 < −14 并回车　＊绘制斜线。

"指定下一点或［闭合（C）/放弃（U）］:"，垂直方向追踪，输入 10 并回车　＊绘制竖直线 10mm。

"指定下一点或［闭合（C）/放弃（U）］：", 水平方向追踪, 输入 10 并回车   ＊绘制水平
线 10mm。

"指定下一点或［闭合（C）/放弃（U）］：", 输入 c 并回车   ＊ 回到初始点, 结束命令。

学生可尝试用绝对极坐标和相对直角坐标方式绘制图 2-14 所示的图形。

2.2.2 动态输入绘制直线

动态输入功能是随鼠标位置提供的数据输入框, 替代在命令行中的输入。单击 DYN
按钮, 启动动态输入功能。执行直线命令后, AutoCAD 一方面在命令行提示"指定第一
点：", 同时在光标附近显示出一个提示框, 命令行提示"指定第一点："和光标的当前坐标
值, 如图 2-15a 所示。指定第一点后, 命令行提示："指定下一点"。移动十字光标, 工具提
示将在光标附近显示信息, 该信息会随着光标的移动而动态更新, 为用户提供输入的位置,
如图 2-15b 所示。"动态输入"有三个组件：指针输入、标注输入和动态提示。通过"草图
设置"中的"动态输入"选项卡可以进行修改和设置。

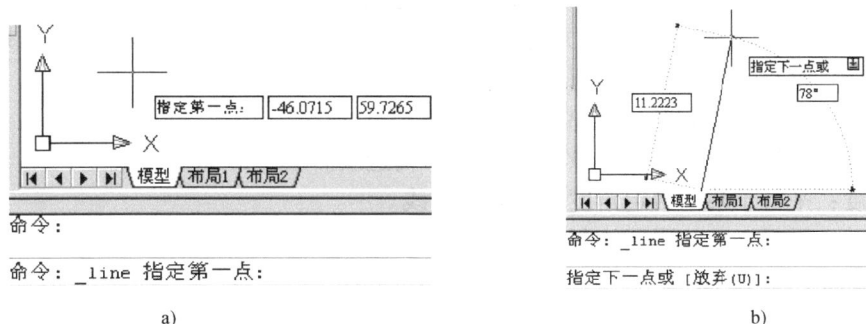

图 2-15 动态输入绘制直线
a) 指定第一点 b) 动态输入第二点

"动态输入"默认采用相对坐标输入方式, 先在输入第一字段处键入数值, 按 Tab 键
后, 该字段将显示一个锁定图标, 并且光标会受输入值的约束。随后可以在第二个字段中键
入数值。如果输入第一字段后按回车键, 则角度输入字段将被忽略, 且被视为按照当前数值
直接输入。

要输入相对直角坐标, 输入 "x, y" 并按回车键。通过右键单击"最近的输入", 从快
捷菜单中访问刚才输入的坐标。要输入相对极坐标, 输入距离后按 Tab 键, 输入角度。

1. 绘制有角度和长度要求的直线

在"动态输入"模式下, 绘制有角度和长度要求的直线比较方便, 这也是常用的绘制
直线方法。方法为输入与第一点距离并按 Tab 键, 输入的距离被锁定, 然后输入角度并回
车。注意：角度值默认为与 X 轴正方向的夹角。如图 2-16 所示, BA 线的角度应为 95°
（180° − 85° = 95°）, 指定起点后, 输入 45, 按 Tab 键, 输入 95 后按回车键完成。十字光标
所在位置也影响角度的输入, 图 2-16 中, 十字光标在 X 轴下方, BC 线的角度为 45°, 若十
字光标在 X 轴上方, BC 线的角度为 − 45°。

2. 绘制只有角度或长度要求的直线

当直线没有长度要求, 只有角度要求时, 如图 2-13 中角度为 76.5°的线, 可通过鼠标任
意拖拽来控制长度, 或给定一个估值, 按 Tab 键输入角度, 按回车键确定。图 2-17 所示的

等腰三角形中，两个腰长度为 48mm，没有角度要求，可分别以 A 和 B 为圆心，绘制半径为 48mm 的圆，以两圆交点 O 为顶点，连接 AOB 即可。

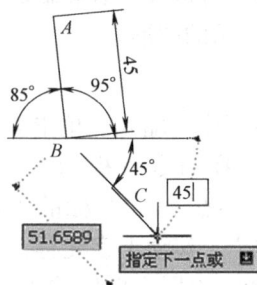

图 2-16　角度输入

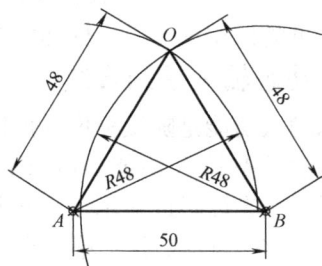

图 2-17　绘制无角度要求直线

3. 绘制构造线

构造线是一种通过一个定点、方向和角度确定且两端均无终点的直线。默认的构造线绘制方法是选择构造线上一点和指定方向，用户也可以利用下列任一方法绘制构造线：

1) 等分：垂直于已知图元绘制等分构造线。

2) 水平：平行于当前 UCS 的 X 轴绘制水平构造线。

3) 竖直：平行于当前 UCS 的 Y 轴绘制水平构造线。

4) 角度：平行于某一给定角度，绘制构造线。

5) 偏移：平行于已知图元绘制平行构造线。

2.2.3　移动和偏移命令

1. 复制

复制命令可以按照指定方向和距离创建多个源对象的副本，为了精确复制到目标位置，应将状态栏中的"捕捉""极轴""对象追踪"等按钮按下。

1) 命令：Copy 或快捷键 Cp。

2) 菜单："修改"→"复制"。

3) 工具栏："修改"→ 按钮。

命令需要指定两点（基点和第二点）定义一个矢量，从而指定复制后副本的移动方向和距离。启动命令后，命令行提示"选择对象"，单击或框选源对象后，命令行继续提示："指定基点或 [位移（D）] <位移>"，单击拾取参考点或输入坐标，命令行提示"指定第二个点或 [退出（E）/放弃（U）]"，单击拾取目标点或输入新坐标，复制命令可在多个位置连续创建副本。水平或垂直复制时，第二点可在水平或垂直方向追踪，输入复制的距离即可。

2. 移动

1) 命令：Move 或快捷键 M。

2) 菜单："修改"→"移动"。

3) 工具栏："修改"→ 按钮。

移动命令可按照指定角度和方向移动对象，命令的使用步骤与复制命令相近。与复制命令不同的是，执行一次移动命令只能移动一次位置。

3. 偏移

如图 2-18 所示，直线 CD 与 AB 平行，且垂直距离为 20mm，可用偏移命令绘制。该命令用于创建与选定对象造型平行的新对象，偏移圆、圆弧或多边形时可以创建更大或更小的图形。绘制图 2-18 时，先启动偏移命令。

1）命令：Offset 或快捷键 O。

2）菜单："修改"→"偏移"。

3）工具栏："修改"→ ⬦ 按钮。

启动偏移命令后（图 2-19），命令行提示：

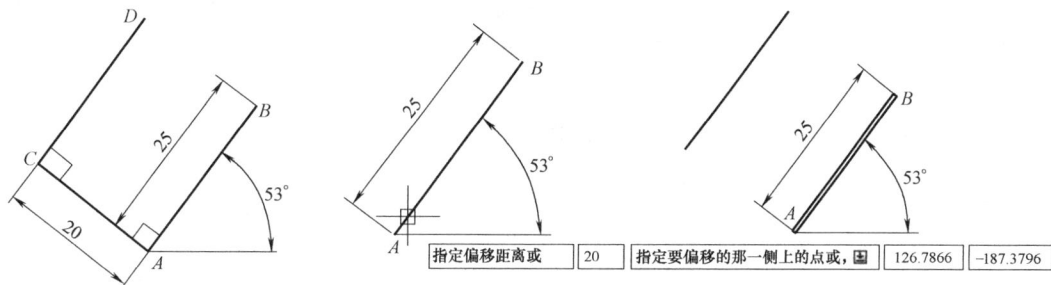

图 2-18　绘制平行线

图 2-19　偏移命令的使用

"当前设置：删除源 = 否 图层 = 源 OFFSETGAPTYPE = 0，指定偏移距离或 [通过 (T)/删除 (E)/图层 (L)] <通过 >"，输入偏移距离数值 20 并回车。

"选择要偏移的对象，或 [退出 (E)/放弃 (U)] <退出 >:"，单击绘制好的线 AB。

"指定要偏移的那一侧上的点，或 [退出 (E)/多个 (M)/放弃 (U)] <退出 >:"。在 AB 左侧任意单击一点。

"选择要偏移的对象，或 [退出 (E)/放弃 (U)] <退出 >:"，按回车键。

偏移距离也可以在视图中单击两点，两点间的距离就是偏移距离。

2.2.4　例题解析

图 2-13 所示图形的绘制步骤如下：

1）图层设置，新建粗实线图层。选择直线命令，在绘图区任意单击一点作为起始点，向右水平方向追踪，输入长度 81.6 并回车，继续输入直线长度 30，按 Tab 键输入角度 95°。

2）继续选择直线命令，左键单击直线 81.6 左端点，鼠标拖拽任意长度，按 Tab 键输入角度 77°，结果如图 2-20a 所示。

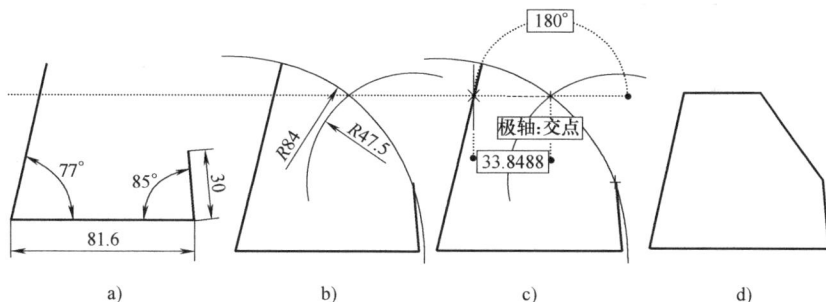

图 2-20　绘图过程

a）绘制直线　b）绘制圆找交点作水平线　c）修剪　d）连接

3）选择圆命令，左键单击直线 81.6 左端点作为圆心，输入半径 84 并回车。继续选择圆命令，左键单击直线 30 上端点作为圆心，输入半径 47.5 并回车。

4）选择直线命令，左键单击两圆交点作为起始点，向左水平追踪，与76.5°线形成交点，单击鼠标左键，如图2-20b所示。

5）选择修剪命令，修剪掉多余线段，删除圆，如图2-20c所示。

6）连接完成，如图2-20d所示。

绘制直线是 AutoCAD 最常用的命令，要熟练掌握没有角度或长度要求直线的绘制方法。画图过程中，要进一步熟悉对象捕捉和对象追踪的应用方法。AutoCAD 中，空格键、鼠标右键和回车键都可输入确认命令，操作时，可根据情况灵活选择。

2.2.5　习题与巩固

根据尺寸绘制图2-21~图2-26所示的图形。

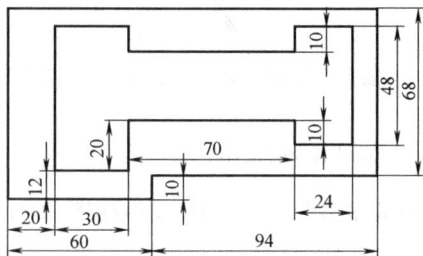

图 2-21　习题图（一）

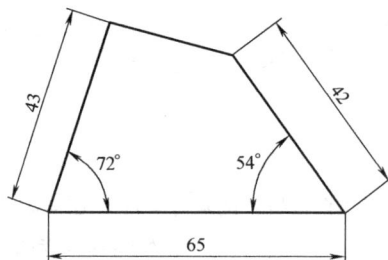

图 2-22　习题图（二）

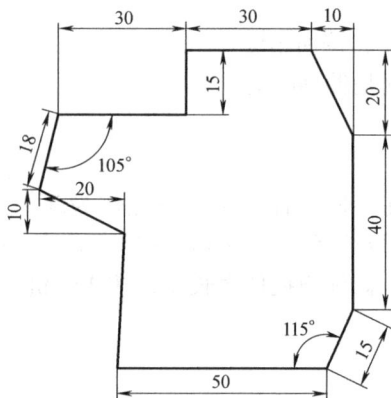

图 2-23　习题图（三）

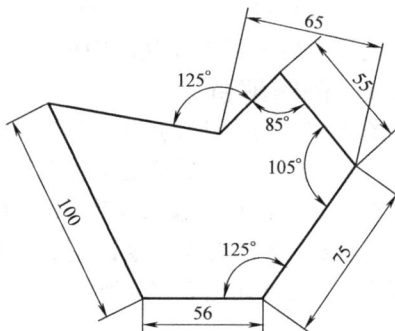

图 2-24　习题图（四）

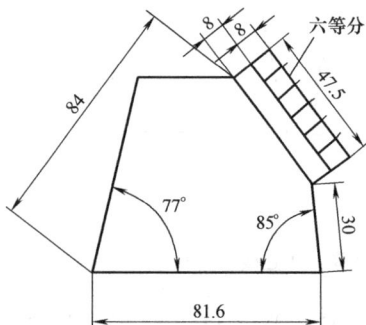

图 2-25　习题图（五）

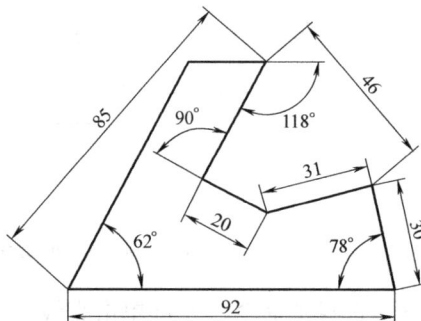

图 2-26　习题图（六）

第3章   圆与圆弧的绘制

本章主要介绍圆及圆弧命令的基本操作，以及倒角和多段线命令的使用方法。通过学习，学生要达到以下要求：

1）熟悉圆及圆弧的绘制方法，会应用圆及圆弧命令绘制习题与巩固中的图形。

2）掌握倒角和多段线命令的使用方法，会使用镜像和旋转命令修改图形。

3.1   绘制吊钩图

本节绘制图 3-1 所示的吊钩图，主要通过圆命令来完成。图中的圆大多都有固定的圆心位置，但 $R59$mm 和 $R48$mm 没有明确的圆心位置，需要用到画圆的其他命令。

3.1.1   圆命令

圆命令有以下调用方式：

1）命令：Circle 或快捷键 C。

2）菜单："绘图" → "圆"（图 3-2）。

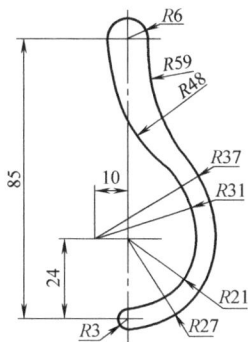

图 3-1   吊钩图

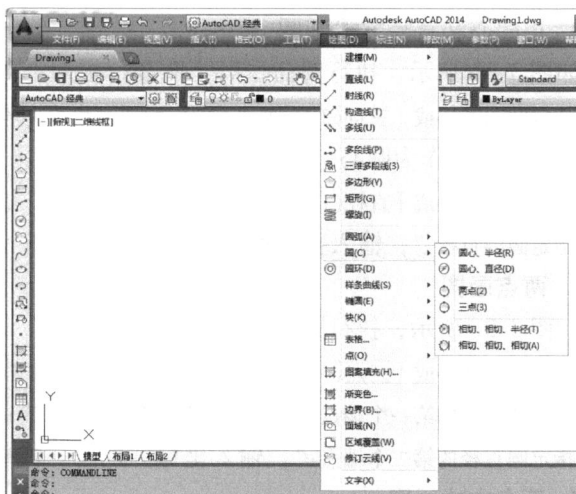

图 3-2   圆命令的菜单调用方式

3）工具栏："绘图"工具栏→ ⊙ 按钮。

根据所绘圆的特点，常用绘制圆的方法有以下 6 种。

1. 用圆心和半径方式画圆

如图 3-3a 所示，执行圆命令后，命令行提示：

"指定圆的圆心或 [三点(3P)/两点(2P)/相切、相切、半径(T)]："，输入坐标并回车，或在绘图区任意单击一点作为圆心。

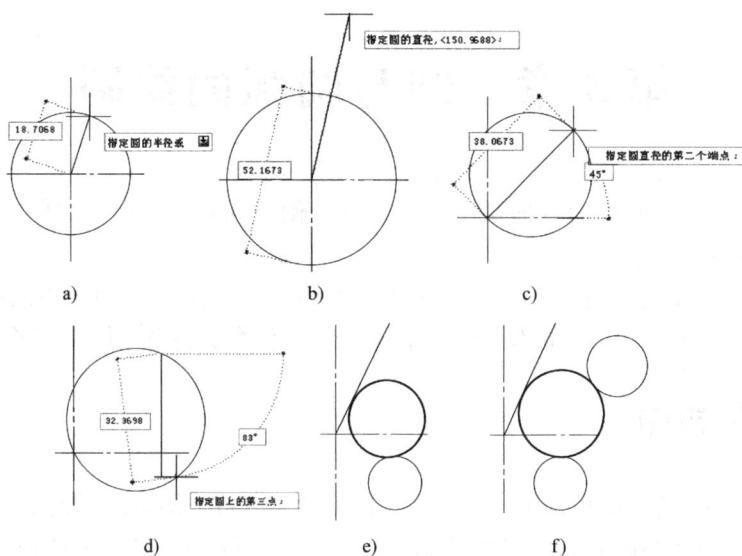

图 3-3   绘制圆的各种方法

a）圆心和半径方式画图   b）圆心和直径方式画图   c）两点画图

d）三点画图   e）相切、相切、半径画图   f）相切、相切、相切画图

"指定圆的半径或［直径(D)］:"，输入半径值并回车。

2. 用圆心和直径方式画圆

如图 3-3b 所示，执行圆命令后，命令行提示：

"指定圆的圆心或［三点(3P)/两点(2P)/相切、相切、半径(T)］:"，输入坐标并回车，或在绘图区任意单击一点作为圆心。

"指定圆的半径或［直径(D)］:"，输入 D 并回车。

"指定圆的直径:"，输入直径值并回车。

3. 两点画圆

如图 3-3c 所示，执行圆命令后，命令行提示：

"指定圆的圆心或［三点(3P)/两点(2P)/相切、相切、半径(T)］:"，输入 2P 并回车。

"指定圆直径的第一个端点:"，输入坐标并回车，或单击选择已有点。

"指定圆直径的第二个端点:"，输入坐标并回车，或单击选择已有点。

4. 三点方式画圆

如图 3-3d 所示，执行圆命令后，命令行提示：

"指定圆的圆心或［三点(3P)/两点(2P)/相切、相切、半径(T)］:"，输入 3P 并回车。

"指定圆上的第一个点:"，输入坐标并回车，或单击选择已有点。

"指定圆上的第二个点:"，输入坐标并回车，或单击选择已有点。

"指定圆上的第三个点:"，输入坐标并回车，或单击选择已有点。

5. 相切、相切、半径方式画圆（图 3-3e）

1）菜单："绘图"→"圆"→"相切、相切、半径（T）"。

2）"圆"命令→T 回车。

图 3-4 中 *R*30mm 的绘制方法为：启动圆命令，命令行提示：

"指定圆的圆心或 ［三点(3P)/两点(2P)/相切、相切、半径(T)］:"，输入 T 并回车。

"指定对象与圆的第一个切点:"，单击 *R*40mm 下半部分任意一点。

"指定对象与圆的第二个切点:"，单击 *R*25mm 下半部分任意一点。

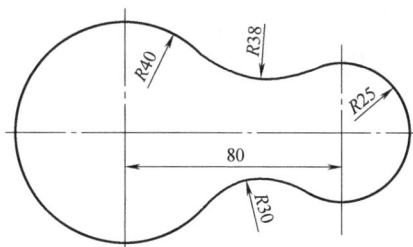

图 3-4　相切、相切、半径方式画圆

"指定圆的半径 <44.4197 >:"，输入 30 并回车。

绘制 *R*38mm 时，单击的切点位置应选取两圆弧的上半部分。

6."相切、相切、相切"方式画圆

菜单："绘图"→"圆"→"相切、相切、相切"。

如图 3-3f 所示，执行圆命令后，命令行提示：

"指定圆的圆心或 ［三点(3P)/两点(2P)/相切、相切、半径(T)］:_3p 指定圆上的第一个点:"，单击选择第一个相切对象。

"指定圆上的第二个点:_tan 到"，单击选择第二个相切对象。

"指定圆上的第三个点:_tan 到"，单击选择第三个相切对象。

"相切、相切、相切"绘圆方式比较单一，但很多图形没有足够的相切图元可供使用，这就需要画辅助线来构造出必要的相切关系。

图 3-5 中的等边三角形中有三个相切圆，绘制第一个圆时，需要先绘制一条中线 *AB*，三条相切线就一目了然了。

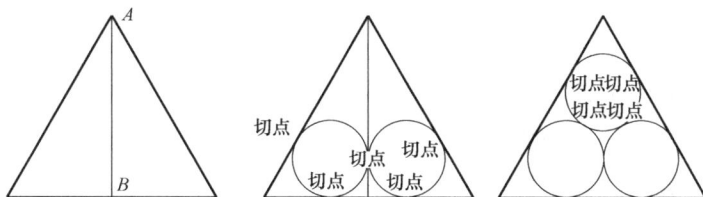

图 3-5　构造辅助线

3.1.2　倒角命令与圆角命令

1. 倒角命令

倒角命令可以连接两个不平行的对象，如线、多边形等，通过延伸或修剪使这些对象相交，也可用斜线连接。该命令有以下调用方法：

1) 命令：Chamfer 或快捷键 Cha。

2) 菜单："修改"→"倒角"。

3) 工具栏："修改"→ 按钮。

图 3-6a、图 3-6b 所示倒角的绘制方法如下：

执行倒角命令后，命令行提示：

"（"修剪"模式）当前倒角距离 1 = 0.0000，距离 2 = 0.0000，选择第一条直线或 ［放弃(U)/多段线(P)/距离(D)/角度(A)/修剪(T)/方式(E)/多个(M)］"，输入 D 并回车。＊"距离(D)"是倒角

的两个角点与两条直线的交点之间的距
离，在构造倒角时，可以先响应此选项
重新指定倒角距离。

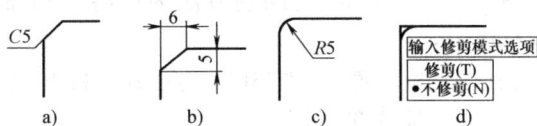

图 3-6　倒角和圆角
a）相等距离的倒角　b）不相等距离的倒角
c）修剪后的圆角　d）不修剪的圆角

"指定第一个倒角距离 < 0.0000 >"，输
入 5 并回车。

"指定第二个倒角距离 < 1.0000 >"，输
入 5 并回车（图 3-6a）或输入 6 并回车
（图 3-6b）。

"选择第一条直线或［放弃（U）/多段线（P）/距离（D）/角度（A）/修剪（T）/方式（E）/多个（M）］"。

左键单击要倒角的一条直线，命令行继续提示：

"选择第二条直线，或按住 Shift 键选择要应用角点的直线："，左键单击另一条线，完成倒角。
命令行中其他选项的含义如下：

1）放弃（U）：恢复在命令中执行的上一个操作。

2）多段线（P）：表示对整个二维多段线倒角，倒角后相交多段线线段在每个多段线顶
点被倒角，且倒角成为多段线的新线段。如果多段线包含的线段过短，以至于无法容纳倒角
距离，则不对这些线段倒角。

3）角度（A）：需指定第一条线的倒角距离和第二条线的角度。

4）方式（E）：选择使用两个距离还是一个距离和一个角度来创建倒角。

5）多个（M）：为多组对象的边倒角。

6）修剪（T）：是否将选定的边修剪到倒角直线的端点。

2. 圆角命令

圆角命令按照指定的半径，把两个对象（如线、多边形、圆弧）光滑地连接，也可连
接相互平行的线。

1）命令：Fillet 或快捷键 F。

2）菜单："修改"→"圆角"。

3）工具栏："修改"→按钮。

图 3-6c 所示圆角的绘制方法如下：

执行圆角命令后，命令行提示：

"当前设置：模式＝修剪，半径＝0.0000，选择第一个对象或［放弃（U）/多段线（P）/半径（R）/修剪
（T）/多个（M）］"，输入 R 并回车。

"指定圆角半径 < 0.0000 >"，输入 5 并回车。

"选择第一个对象或［放弃（U）/多段线（P）/半径（R）/修剪（T）/多个（M）］："，左键单击第一条
直线。

"选择第二个对象，或按住 Shift 键选择要应用角点的对象："，左键单击另一条线。

不管是倒角命令还是圆角命令，默认模式下都会自动修剪掉倒角后的部分，如果要保
留，就需要进行设置。如图 3-6d 所示，只倒圆角而不需要修剪，执行命令后，输入 T 并回
车，命令行提示：

"输入修剪模式选项［修剪（T）/不修剪（N）］ < 修剪 >："，在动态输入中单击"不修剪"，或在
命令行中输入 N，再按要求分别左键单击两条边，完成圆角。

3.1.3　绘制多段线

多段线是由多个首尾相连的直线段或圆弧组成的。其线宽可以不同，但作为一个单一的整体对象使用。多段线命令的启动方法如下：

1）命令：Pline 或快捷键 PL。

2）菜单："绘图"→"多段线"。

3）工具栏："绘图"→ 🔲 按钮。

绘制如图 3-7a 所示的图形，执行多段线命令后，拾取一点为起始点，命令行提示：

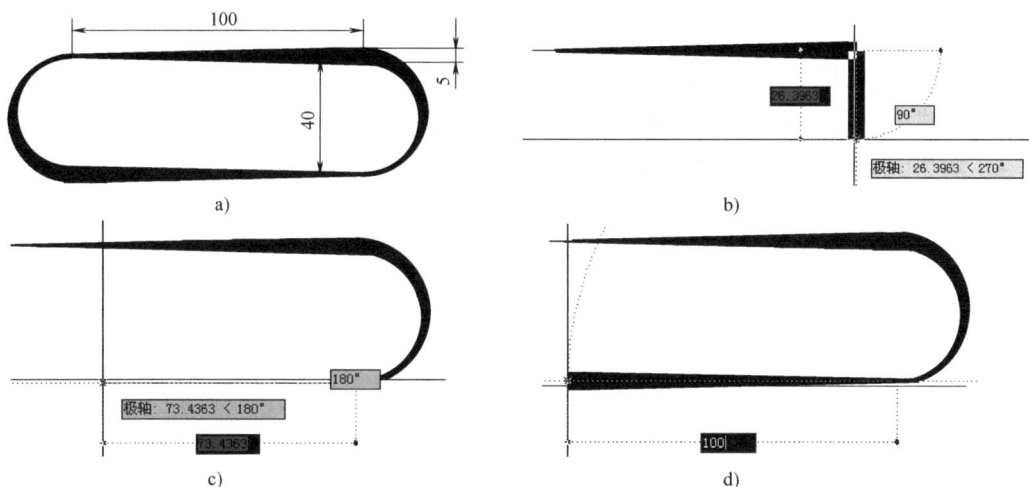

图 3-7　多段线的使用

a）不等宽长圆槽　b）绘制 100mm 直线段　c）绘制 φ40mm 圆弧　d）绘制下方 100mm 直线

"指定下一个点或［圆弧(A)/半宽(H)/长度(L)/放弃(U)/宽度(W)］"，输入 W 并回车。

"指定起点宽度 <0.0000>"，回车。

"指定端点宽度 <0.0000>"，5 回车。

"指定下一个点或［圆弧(A)/半宽(H)/长度(L)/放弃(U)/宽度(W)］"，输入 100 并回车（图 3-7b）。

"指定下一个点或［圆弧(A)/半宽(H)/长度(L)/放弃(U)/宽度(W)］"，输入 A 并回车。

"指定圆弧的端点或［角度(A)/圆心(CE)/闭合(CL)/方向(D)/半宽(H)/直线(L)/半径(R)/第二个点(S)/放弃(U)/宽度(W)］"，输入 W 并回车。

"指定起点宽度 <5.0000>"，回车。

"指定端点宽度 <5.0000>"，输入 0 并回车。

"指定圆弧的端点或［角度(A)/圆心(CE)/闭合(CL)/方向(D)/半宽(H)/直线(L)/半径(R)/第二个点(S)/放弃(U)/宽度(W)］"，向下垂直追踪并输入 40 并回车（图 3-7c）。

"指定圆弧的端点或［角度(A)/圆心(CE)/闭合(CL)/方向(D)/半宽(H)/直线(L)/半径(R)/第二个点(S)/放弃(U)/宽度(W)］"，输入 L 并回车。

"指定下一个点或［圆弧(A)/半宽(H)/长度(L)/放弃(U)/宽度(W)］"，输入 W 并回车。

"指定起点宽度 <0.0000>"，回车；

"指定端点宽度 <0.0000>"，5 回车（图 3-7d）。

"指定下一个点或［圆弧(A)/半宽(H)/长度(L)/放弃(U)/宽度(W)］,"，输入 100 并回车。

"指定下一个点或［圆弧（A）/半宽（H）/长度（L）/放弃（U）/宽度（W）］，"，输入 A 并回车。

"指定圆弧的端点或［角度（A）/圆心（CE）/闭合（CL）/方向（D）/半宽（H）/直线（L）/半径（R）/第二个点（S）/放弃（U）/宽度（W）］"，输入 W 并回车。

"指定起点宽度 <5.0000 >"，回车。

"指定端点宽度 <5.0000 >"，输入 0 并回车。

"指定圆弧的端点或［角度（A）/圆心（CE）/闭合（CL）/方向（D）/半宽（H）/直线（L）/半径（R）/第二个点（S）/放弃（U）/宽度（W）］"，输入 CL 并回车，完成绘制过程。

在 AutoCAD 2014 中，用户可以使用圆角或倒角命令来闭合开放的多段线。

3.1.4　例题解析

图 3-1 所示的吊钩图绘制步骤如下：

1）新建中心线图层和粗实线图层，设置对象捕捉。

2）选择中心线图层，绘制各圆的中心线，绘制结果如图 3-8a 所示。

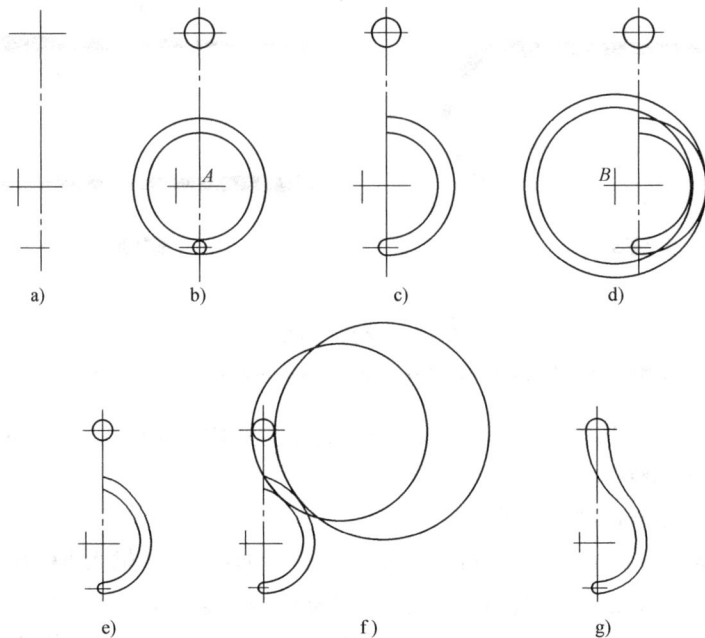

图 3-8　拨叉绘制过程

a）绘制中心线　b）绘制各圆　c）修剪圆　d）绘制中间圆
e）修剪各圆弧　f）绘制 $R48$mm 和 $R59$mm　g）修剪完成

3）选择粗实线图层，单击圆命令按钮，捕捉各中心点，绘制 $R3$mm、$R6$mm、$R21$mm、$R27$mm 4 个圆，如图 3-8b 所示。

4）单击修剪按钮，使用修剪命令对 $R3$mm、$R6$mm、$R21$mm 3 个圆进行修剪，结果如图 3-8c 所示。

5）选择圆命令，以 B 为圆心，绘制 $R31$mm 和 $R37$mm，如图 3-8d 所示。

6）选择修剪命令，修剪 $R21$mm、$R27$mm、$R31$mm、$R37$mm 各圆至图 3-8e 所示。

7）选择"绘图"→"圆"→"相切、相切、半径（T）"命令，分别单击 $R6$mm 圆和

$R37$mm 圆，输入 59 并回车，绘制 $R59$mm 圆；重复上述命令，分别单击 $R6$mm 圆和 $R37$mm 圆，输入 48 并回车，绘制 $R48$mm 圆，如图 3-8f 所示。

8）选择修剪命令，将 $R6$mm、$R21$mm、$R27$mm、$R31$mm、$R37$mm 各圆弧修剪至图 3-8g 所示，单击状态栏的线宽按钮➕或 **线宽**，完成吊钩图的绘制。

绘制圆及圆弧时，只有根据图形特点选择命令，才能又快又准地绘出图形。使用"相切—相切—半径"命令时，若得到的圆不符合要求，应更换切点的位置。使用"相切—相切—相切"命令时，应根据相切位置，作出辅助线。如果将倒角命令两个距离均设定为零（默认为 0），可连接或延伸两条不平行的直线，以使它们终止于同一点。

3.1.5　习题与巩固

1. 根据所学的绘图命令绘制图 3-9 ～图 3-13 所示的图形。

图 3-9　题 1 图（一）

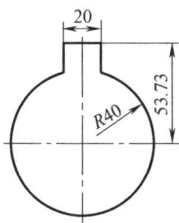

图 3-10　题 1 图（二）

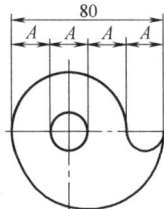

图 3-11　题 1 图（三）

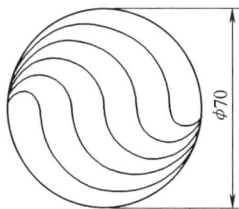

图 3-12　题 1 图（四）

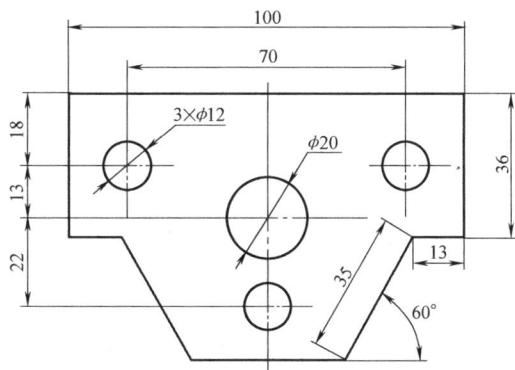

图 3-13　题 1 图（五）

2. 用"多段线"命令绘制图 3-14、图 3-15 所示的图形。

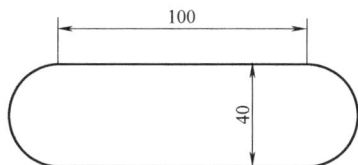

图 3-14　题 2 图（一）

图 3-15　题 2 图（二）

3. 应用"相切—相切—半径"和"相切—相切—相切"命令绘制图 3-16 ～图 3-17 所示的图形。

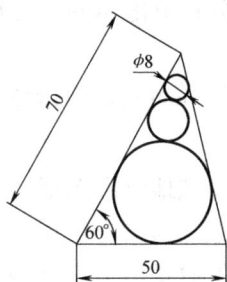

图 3-16 题 3 图 （一）   图 3-17 题 3 图 （二）

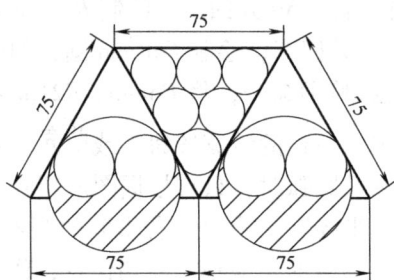

3.2 圆弧的绘制

在制图过程中，除了大量使用圆命令外，圆弧命令的使用频率也较高。本节通过绘制图 3-18 所示的图形，介绍绘制圆弧的多种命令和方法，另外也介绍了镜像和旋转两个常用的修改命令。

3.2.1 镜像和旋转命令

制图中经常遇到对称图形，可以只画一半甚至 1/4 的图形，再使用镜像命令得到完整的图形，达到事半功倍的效果。旋转命令可使对象围绕指定基点按照指定方向旋转指定角度。

1. 镜像命令

调用镜像命令的方法如下：

1）命令：Mirror。

2）菜单："修改"→"镜像"。

图 3-18 绘制圆弧示例

3）工具栏："修改"→镜像按钮 。

执行镜像命令后，命令行提示：

"选择对象"，选择绘制好的 1/2 或 1/4 图形。

"指定镜像线的第一点"，在镜像线上单击一点。

"指定镜像线的第二点"，拾取镜像线上第二点。

"是否删除对象？［是（Y）/否（N）］＜N＞"，默认选项为"否（N）"，回车或者右键确认；如果只需要得到新镜像的对象，选择"是（Y）"，回车或者右键确认。

2. 旋转命令

调用旋转命令的方法如下：

1）命令：Rotate 或快捷键 Ro。

2）菜单："修改"→"旋转"。

3）工具栏："修改"→旋转按钮 。

执行命令后，命令行提示：

"UCS 当前的正角方向：ANGDIR＝逆时针 ANGBASE＝0，旋转对象"，表示默认逆时针方向为正方向，并提示选择要旋转的图形，单击或框选对象后回车，或右键确定。

"指定基点"，单击旋转中心点。

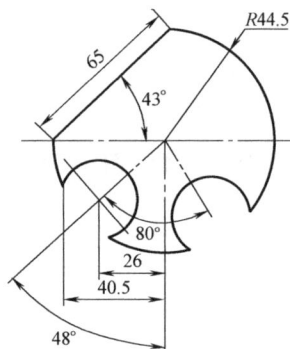

"指定旋转角度，或 ［复制（C）/参照
（R）］<0>"，输入角度并回车（注意：顺
时针旋转需输负值）。

提示中的其他选项的含义如下：

1）复制（C）：旋转并复制，即保留原
图形，同时复制一个旋转的副本。输入 C 并
回车，再输入角度即可。

2）参照（R）：拖动旋转，即围绕基点
拖动对象并指定第二点，这种选项适合于旋

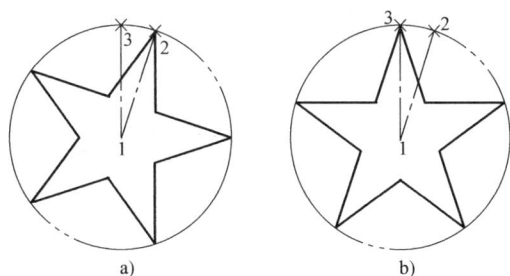

图 3-19　拖动旋转对象

转角度并不明确的情况。如图 3-19 所示，输入 R 并回车，顺序单击 1、2、3，完成旋转。

3.2.2　圆弧命令

AutoCAD 中绘制圆弧的命令比较多，在"绘图"菜单栏中"圆弧"的级联菜单里。图
3-20 所示为绘制圆弧的 11 种命令。圆弧命令的启动方法如下：

1）命令：Arc。

2）菜单："绘图"→"圆弧"。

3）工具栏："绘图"→ 按钮。

启动命令后，默认为三点画弧，各种圆弧命令的使用方法如下：

1. 三点

如图 3-21 所示，把圆进行三等分，选择圆弧或三点命令，命令行提示：

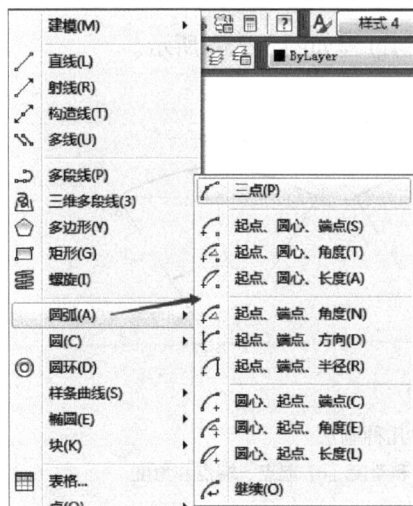

图 3-20　圆弧命令

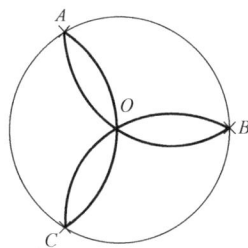

图 3-21　三叶草图

"_arc 指定圆弧的起点或 ［圆心（C）］:"，单击 A 点。

"指定圆弧的第二个点或 ［圆心（C）/端点（E）］:"，单击 O 点。

"指定圆弧的端点:"，单击 B 点。

按照此方法，绘制其他两个圆弧，完成此图。

2. 起点、端点、半径

如图 3-22 所示，绘制好直线后，选择"绘图"→"圆弧"→"起点、端点、半径

（R）"，命令行提示：

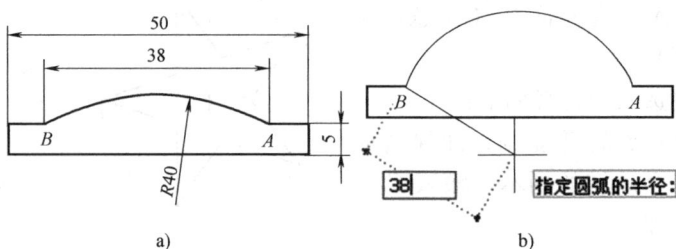

图 3-22　起点、端点、半径方法绘制圆弧

"_arc 指定圆弧的起点或［圆心（C）］："，单击 A 点（先选 B 点，则圆弧向下）。

"指定圆弧的第二个点或［圆心（C）/端点（E）］：_e 指定圆弧的端点："，单击 B 点。

"指定圆弧的圆心或［角度（A）/方向（D）/半径（R）］：_r 指定圆弧的半径："，滑动鼠标，出现预览后，输入 40 并回车。注意：半径值为正值，用于绘制小于 180°的圆弧；当圆弧大于 180°时，需要输入负值。

此处滑动鼠标的目的是为了调整圆弧角度，只有在合理绘图角度内才能绘制出规定半径的圆弧。出现了预览的圆弧，表明是在合理的角度范围内，就可以输入半径值了，否则会出现"起点角度与端点角度必须不同 ＊无效＊"的错误提示。

3. 起点、圆心、端点和圆心、起点、端点

两个命令类似，只是选取点的顺序不同，绘制过程如图 3-23a 所示。

4. 起点、圆心、角度和圆心、起点、角度

两个命令类似，只是选取点的顺序不同，绘制过程如图 3-23b 所示。

5. 起点、端点、角度

如图 3-23c 所示，执行命令后，单击 A、B 点，再输入角度值。

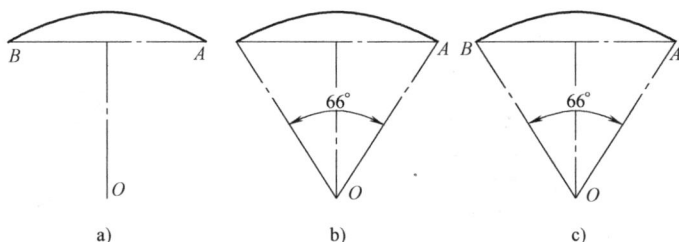

图 3-23　圆弧的几种画法

a）起点、圆心和端点　b）起点、圆心和角度　c）起点、端点和角度

6. 起点、圆心、长度和圆心、起点、长度

两个命令类似，只是选取点的顺序不同，长度为弦长，绘制过程如图 3-24a 所示。

7. 起点、端点、方向

如图 3-24b 所示，A 为起点，B 为终点，AC 为切线方向。

8. 继续（O）

该命令可创建连接圆弧。执行该命令后，

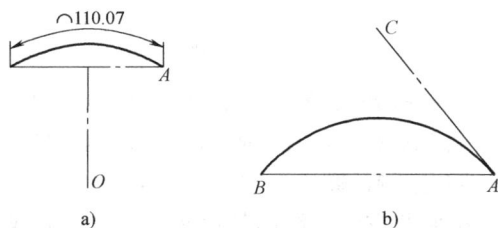

图 3-24　弦长和方向

a）起点、圆心和长度　b）起点、端点和方向

则以上次所画线或圆弧的终点及方向作为本次所画弧的起点及起始方向绘制与该线或圆弧相切的圆弧，且只需指定圆弧的端点。同样，执行圆弧命令后，直接回车，也可执行相同的命令。这两种方法特别适用于与上次线或圆弧相切的情况。AutoCAD 2014 增强了绘图功能，绘制圆弧时，按住 Ctrl 键可切换所要绘制的圆弧的方向，从而绘制不同方向的圆弧。

3.2.3　例题解析

图 3-18 所示图形的绘制步骤如下：

1）新建中心线图层和粗实线图层，设置对象捕捉。

2）选择粗实线图层，绘制长度为 65mm、角度为 43° 的直线，绘制结果如图 3-25a 所示。

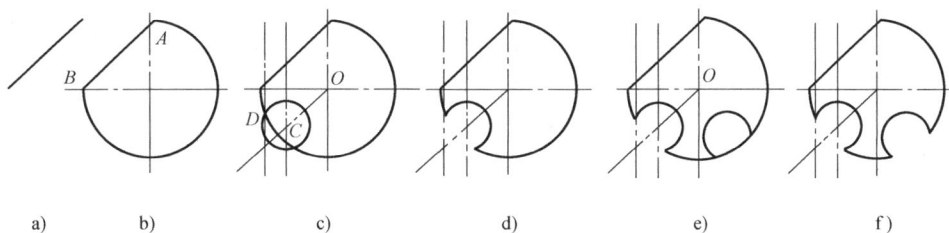

图 3-25　例题图的绘制过程

3）选择"绘图"→"圆弧"→"起点、端点、半径（R）"，根据命令行提示，先单击 B 点，后单击 A 点，出现预览后，输入半径 -44.5 并回车。选择中心线图层，绘制圆的中心线，如图 3-25b 所示。

4）选择直线命令，单击 O 点，按下 Tab 键，输入角度 138 并回车。选择偏移命令，输入偏移距离 26 并回车，单击垂直中心线，在左侧单击指定偏移方向，与第一条线交于 C 点。回车重复偏移命令，输入偏移距离 40.5 并回车，单击左侧垂直中心线，与 R44.5 圆弧交于 D 点。选择粗实线图层，选择圆命令，以 C 为圆心，D 为圆上一点，绘制圆，如图 3-25c 所示。

5）选择修剪命令，单击两个圆后回车，单击要修剪的部分，完成后如图 3-25d 所示。

6）选择旋转命令，单击修剪后的圆弧，指定 O 为基点，输入 C 并回车，输入旋转角度 80 回车，如图 3-25e 所示。

7）选择修剪命令，单击要修剪的部分，修剪完成后如图 3-25f 所示。

AutoCAD 中默认设置的圆弧正方向为逆时针方向，圆弧沿正方向生成。图 3-22 所示的圆弧是以 A 点为绘制起点的；若以 B 点为起点，绘制出的圆弧为向下的凹弧。绘图过程中，若所画圆弧不符合需要，可以将起始点及终点倒换次序后再画。

3.2.4　习题与巩固

使用所学的命令绘制图 3-26 ~ 图 3-31 所示的图形。

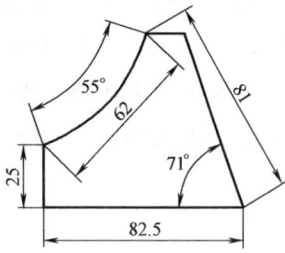

图 3-26　习题图（一）

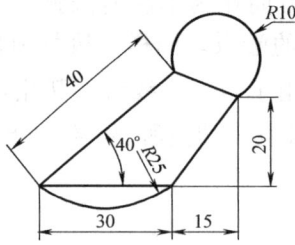

图 3-27　习题图（二）

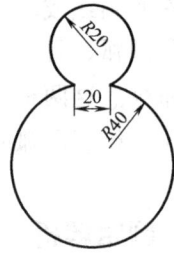

图 3-28　习题图（三）

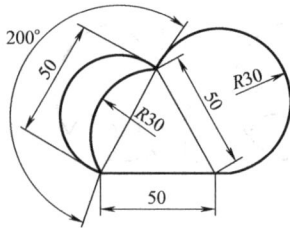

图 3-29　习题图（四）

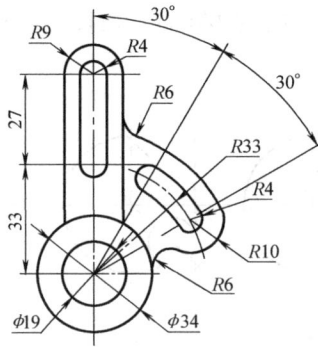

图 3-30　习题图（五）

图 3-31　习题图（六）

第4章 文字、表格与标注

一幅完整的工程图样的设计和绘制，不仅需要使用相关的绘图命令、编辑命令以及绘图辅助工具，为了清晰地表达设计者的构思和意图，还要加注一些必要的文字、表格和尺寸标注，从而增加图形的可读性。

本章详细介绍了 AutoCAD 文字和表格的使用方法及编辑技巧，重点介绍创建文字样式、创建单行文字和多行文字、输入特殊字符、文字修改等内容，以及表格的制作与应用，并简要介绍了基本的尺寸标注命令。通过学习本章内容，学生应达到以下要求：

1）掌握文字和表格的使用方法及编辑技巧。

2）掌握基本的标注命令，能够结合文字和表格，表达图形的各种文本信息。

3）进一步完善绘图和设计思路，使所绘制的图形表达清晰、图面整洁。

4.1 文字的输入

文字是机械制图和工程制图的重要部分，图样中的明细栏和技术要求等非图形信息也很重要。AutoCAD 提供了单行文字和多行文字注写命令，用于在图中添加文本。与手工绘制图略有不同，在 AutoCAD 中输入文字，应首先定义好文字样式，再通过单行、多行文字命令来创建文字。本节将完成图 4-1 所示文字的输入。

技术要求：

1.箱体铸造成型后，应进行清砂和时效处理，不允许有砂眼；

2.未注圆角R2~R3；

3.未注倒角C2。

图 4-1 铸件技术要求

4.1.1 文字样式的创建与设置

定义文字样式既可以规范文字，又便于修改，只要修改了文字样式，图形中的文字就会自动更新。文字样式可以定义文字的字体、高度、角度、宽度系数等特征，一幅图形中可定义多种文字样式。"文字样式"对话框的调用方法如下：

1）命令：Style。

2）菜单："格式"→"文字样式"。

3）工具栏："格式"→"文字样式"按钮 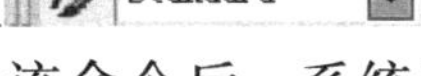 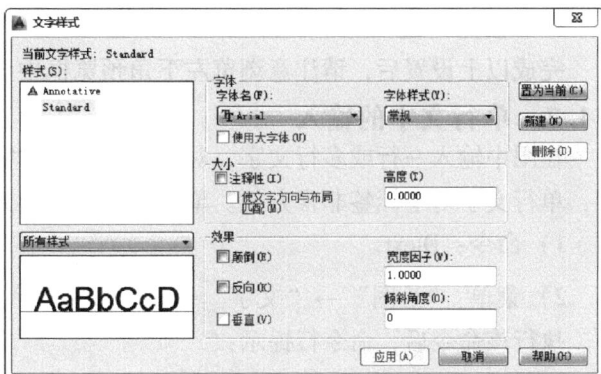。

执行该命令后，系统弹出"文字样式"对话框（图 4-2）。

1. "样式"区

首次使用时，列表中只有一个系统默认的 Standard 文字样式（图 4-2）。若已设置过文字样式，该列表框中会列出其样式名。选择所需样式，单击

图 4-2 "文字样式"对话框

"置为当前"按钮，就将激活该样式，AutoCAD 默认使用当前样式进行文字书写。

1）"新建"按钮：用于建立一个新的文字样式。单击"新建"按钮，AutoCAD 弹出"新建文字样式"窗口，系统自动推荐一个名为"样式 N"的文字样式名（N 为从 1 开始排列的自然数）。用户可以在文本框中键入样式名称，然后单击"确定"按钮，即可创建一个新的文字样式。

2）字体名按钮：用于选择字体。新建一种文字样式后，字体种类需要在字体列表中选择：单击字体按钮，弹出字体名下拉列表（图 4-3），在下拉列表中选择所需样式。True-Type 字体名前面附有 **T** 符号，是 Windows 系统提供的字体，光滑美观，而且缩放也不会改变文字精度。Shx 字体名前附有 符号，是 AutoCAD 特有的字体。这些字体都保存在 Standard 安装目录下的 Fonts 文件夹中，用户可以自己添加更新。

3）字体样式按钮：用于选择指定的字体样式。单击字体样式按钮，弹出字体样式下拉列表（图 4-4），在下拉列表中选择所需样式。中文字体的样式只能选择常规。

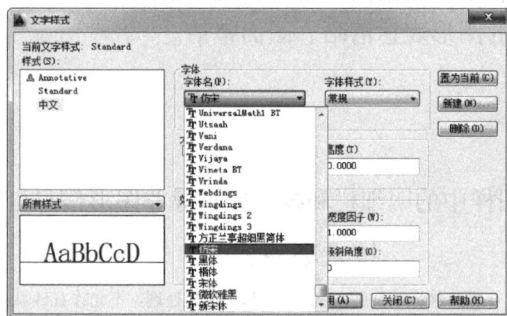

图 4-3　选择字体样式

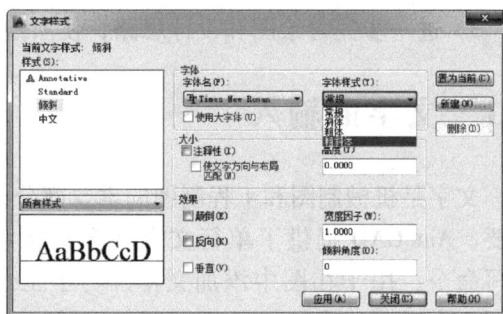

图 4-4　文字样式重命名

2. "效果"区

1）"颠倒"复选框：将文字颠倒放置。

2）"反向"复选框：将文字反向放置。

3）"垂直"复选框：将文字垂直放置，但 TrueType 字体不可用。

4）"宽度因子"：用于确定宽度因子，即字符宽度与高度之比。默认宽度因子为 1。

5）"倾斜角度"：用于指定文字的倾斜角度（默认为不倾斜，即 0）。

3. "预览"区

完成以上设置后，请注意浏览左下角预览框中显示的文字外观，并确定是否保存。

4.1.2　单行文字的输入

在图中输入一行或多行文字，对于不需要多种字体或多行的短输入项，可以使用单行文字，单行文字对于标签非常方便。单行文字的调用方法如下：

1）命令：Dtext。

2）菜单："绘图"→"文字"→ **A| 单行文字(S)** 。

执行该命令后，命令行提示：

"当前文字样式：Standard 当前文字高度：2.5000 指定文字的起点或［对正(J)/样式(S)］："，单击一点作为文字起点。

"指定高度 <2.5000>:"，输入字体高度，如输入 5 并回车。

"指定文字的旋转角度 <0>:"，输入文本行的旋转角度后并回车。

"输入文字:"，输入文本内容。输入一串文字后，如果要输入下一行，按回车键即可；如果要在另一处输入文字，可在该处单击鼠标；如果希望退出文字输入，可在新起一行时不输入任何内容回车。

若执行该命令后，需要对格式或样式进行设置，输入 J 或 S。

（1）对正选项 选择此项需输入 J 并回车，命令行会提示："输入选项［对齐(A)/调整(F)/中心(C)/中间(M)/右(R)/左上(TL)/中上(TC)/右上(TR)/左中(ML)/正中(MC)/右中(MR)/左下(BL)/中下(BC)/右下(BR)］:" 同时动态输入框也会有提示，主要选项的含义如下：

1）对齐（A）：需要指定文字的起点和终点，AutoCAD 会按照设定的宽度比例，根据指定的两点自动调整文本，使文本均匀放在两点之间。因此，文字的高度和角度不需指定，而是取决于指定点间的距离及字符串长度。字符串越长，字符越矮。

2）调整（F）：需要指定文本的起点、终点和文本高度，使文本均匀分布在两点间。

3）中心（C）：指定文本基线的水平中点。

4）中间（M）：指定文本基线的水平中点和垂直中点。

5）右（R）：指定文本基线右端点。

6）左上（TL）：文字对齐在第一个字符的文本单元的左上角。

7）中上（TC）：文字对齐在文本单元的顶部，字符串向中间对齐。

8）右上（TR）：文字对齐在字符串最后一个文本单元的右上角。

9）左中（ML）：文字对齐在第一个文本单元左侧的垂直中点。

10）正中（MC）：文字对齐在第一个文本单元的垂直中点和水平中点。

（2）样式选项 用于选择设置好的文字样式，Text 命令的操作与 Dtext 命令类似，但 Text 命令只能标注一行文本。

4.1.3 多行文字的输入

此功能用于在图中输入一段文字。AutoCAD 通过多行文字编辑器命令 Mtext（Multi text）来增强对创建文字的支持，Mtext 很像一个 Windows 的字处理程序，通过该命令可以处理成段的文字，并将其作为一个对象处理。多行文字以段落的方式来处理所输入的文字，段落宽度由用户指定的矩形框来确定。调用该命令的方法如下：

1）命令：Mtext 或 T。

2）菜单："绘图"→"文字"→"多行文字"。

3）工具栏："绘图"→按钮 **A**。

执行该命令后，命令行提示：

"当前文字样式:"Standard "当前文字高度:2.5 指定第一角点:"，点取文本标注区域的第一点。

"指定对角点或［高度(H)/对正(J)/行距(L)/旋转(R)/样式(S)/宽度(W)］:"，点取文本标注区域的第二点，系统将弹出多行文字编辑器，它由"文字格式"栏和带标尺的文字输入框组成，如图 4-5 所示。

在文字输入框中可以输入文字，并且可像 Word 软件一样对文字进行编辑。"文本格式"栏中有样式、字体、高度、颜色、排列、编号、大小写和宽度比例等多个选项，具体使用方法如下：

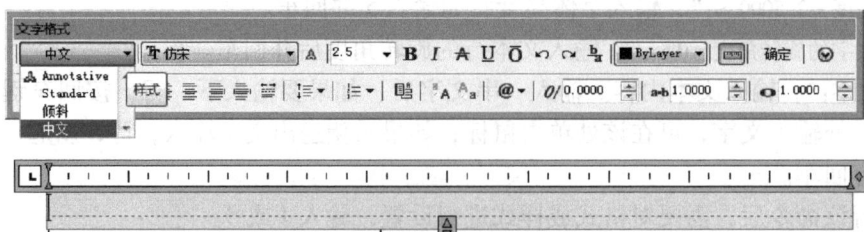

图 4-5　多行文字编辑器窗口

1）样式下拉列表：用于设定多行文字样式。如果将新样式应用到现有的多行文字对象中，字体、高度和粗体或斜体属性的字符格式将被替代。堆叠、下划线和颜色属性将保留在应用了新样式的字符中。

2）字体下拉列表：用于为新输入的文字指定字体或改变选定文字的字体。多行文字中可以包含不同字体。

3）文字高度框：用于设置或更改文字高度。可直接从下拉列表中选择高度值，也可在文本框中输入高度值。

4）**B** 按钮：用于为新建文字或选定文字打开和关闭粗体格式。此选项仅应用于 True-Type 字体的字符。

5）"*I*"按钮：用于为新建文字或选定文字打开和关闭斜体格式，此选项仅应用于 TrueType 字体的字符。

6）**A** 按钮：是否对文字添加删除线，单击 **A** 按钮可在两种状态间切换。

7）**U** 按钮：用于为新建文字或选定文字打开和关闭下划线。

8）**Ō** 按钮：用于为文字加上划线。

9）按钮：堆叠控制字符，可将选定文字进行堆叠，如 $\frac{1}{2}$、$20^{+0.02}_{-0.03}$。AutoCAD 中的堆叠控制字符有"/"、"^"和"#"，分别用于分数、公差和斜线三种形式。堆叠文字输入的方式为：左边文字 + 堆叠控制符 + 右边文字。选择文字后，单击按钮，左边文字将放在右边文字上，具体方法如下：

① 尺寸公差：％％c35 +0.031^-0.019 →单击按钮→$\phi 35^{+0.01}_{-0.019}$。

② 分数：32 4/5 →单击按钮→$32\frac{4}{5}$；32 4#5 →单击按钮→$32\frac{4}{5}$。

③ 上标：120m3^ →单击按钮→$120m^3$。

④ 下标：A^1 →单击按钮→A_1。

10）**ByLayer** 按钮：用于为新建文字或选定文字设置颜色。

11）按钮：用于标尺的打开与关闭。

12）按钮：用于设置文字的栏数，如图 4-6a 所示。

13）![按钮图标]按钮：用于设置文字的对齐方式，如图4-6b所示。

14）![按钮图标]按钮：用于文字的段落设置，如图4-6c所示。

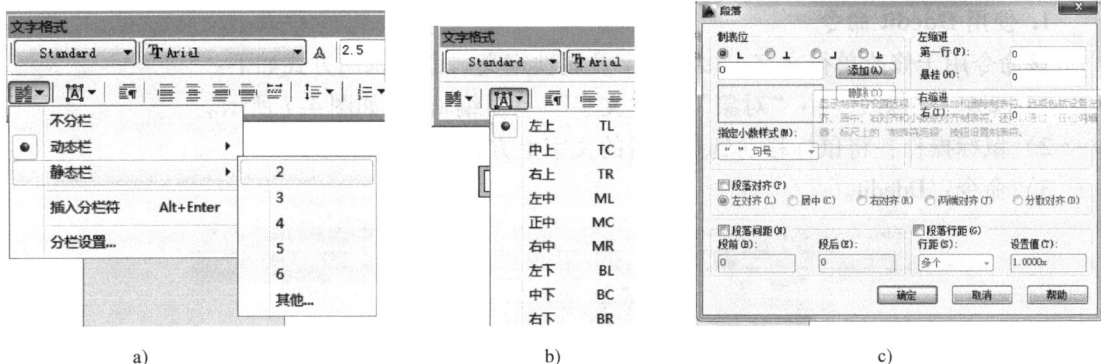

图4-6 多行文字的部分设置窗口

15）![对齐按钮图标]按钮：用于设定文字的对齐方式，从左到右依次为左对齐、居中、右对齐、对正和分布。分布按钮可使段落文字沿两端分散对齐。

16）![行间距按钮图标]按钮：用于设置行间距，可从对应的列表中选择和设置。

17）![列表按钮图标]按钮：用于创建列表，可通过弹出的下拉列表进行设置。

18）![插入字段按钮图标]按钮：用于插入字段。在下拉菜单中选择要插入到文字中的字段，可以输入图纸大小、日期等。

19）![大写按钮]、![小写按钮]按钮：用于将选定的字符更改为大写或小写。

20）![特殊符号按钮]按钮：用于插入特殊符号。"±"和"φ"等符号不能直接用键盘输入，可以在"多行文字编辑器"中单击![按钮图标]按钮，在弹出的下拉列表中选择需的符号。注意："±"要选择中文样式才能在完成输入以后显示出来，在西文格式下显示的是"?"。特殊符号也可以通过输入相应的用数字或字母表示的控制码来设置。例如：

%%C—φ   %%D—角度（°）   %%P—±
%%0—上划线   %%u—下划线   %%%—%

21）![0/ 0.0000 框]框：用于确定文字是向前倾斜还是向后倾斜。角度值为正时，文字向右倾斜；角度值为负时，文字向左倾斜。倾斜角度表示相对于垂直方向的偏移角度，变化范围为 $-85° \sim 85°$。

22）![a·b 1.0000 框]框：用于增大或减少选定字符之间的空间。1.0为常规间距，大于1.0可增大间距，小于1.0可减小间距。

23）![● 1.0000 框]框：用于扩展或收缩选定字符。1.0代表此字体中的字母为常规宽度，可以增大该宽度（例如，宽度因子设为2，则宽度加倍）或减小该宽度（例如，宽度因子设为0.5，则宽度减半）。

完成文字编辑后，单击编辑器范围外部，即可退出多行文字编辑器。

4.1.4　文本的编辑

文本编辑涉及两个方面：修改文本内容和修改文本特性，AutoCAD 提供了四种文本编辑方式。

1. 使用 Ddedit 命令

该命令用于修改单行文字、多行文字及属性定义。命令调用方式如下：

1）菜单："修改"→"对象"→"文字"→"编辑"，如图4-7 所示。

2）鼠标操作：将鼠标移动到要编辑的文字上方，直接双击文字。

3）命令：Ddedit。

图4-7　其他编辑文字命令

执行该命令后，命令行提示选择要修改的对象，并根据不同的修改对象显示不同的对话框。当选择单行文字对象时，系统将打开编辑文字窗口，用户可在此修改文本内容。当选择多行文字对象时，系统将弹出多行文字编辑器，用户可在此修改文本的内容及特性。

2. 比例和对正

菜单："修改"→"对象"→"文字"→"比例"或"对正"。

通过执行比例命令（Scaletext），可以一次修改多个文字对象的比例，包括通过高度比例或匹配来缩放文字。通过执行对正命令（Justiftext），可以重新定义文字的插入点，而不必移动文字。

3. 在对象特性对话框编辑

此功能可用于修改单行文字和多行文字。命令调用方式如下：

1）菜单："修改"→"特性"。

2）鼠标操作：用鼠标左键单击文字→单击右键选择特性。

3）命令：Properties。

执行该命令后，出现"特性"窗口。选择要修改的文本，可在"特性"窗口中修改其内容及特性。

图4-8 所示为选中单行文字后的"特性"窗口。用户可在窗口中对文字内容、文字样式、对齐方式、文字高度、旋转角度及宽度因子等属性进行修改。

图4-9 所示为选中用 Mtext 命令标注的多行文字后的"特性"窗口。用户可在窗口中修改文字内容及其他一些属性。

图 4-8 单行文字的"特性"窗口

图 4-9 多行文字的"特性"窗口

4. 查找和替换

在 AutoCAD 中也可以使用查找和替换功能来批量修改相同的文字，替换的只是文字内容，不改变格式和特性。命令调用方式如下：

1）命令：Find。

2）菜单："编辑"→"查找"。

4.1.5 例题解析

对于图 4-1 所示的文字，可以直接打开多行文字编辑器，像在 Word 软件中输入汉字一样输入，输入完成后单击"确定"按钮，完成文字输入并关闭多行文字编辑器。具体操作步骤如下

1）单击"绘图"工具栏中的 **A** 按钮，打开多行文字编辑器。

2）在字体下拉列表中选择 **仿宋_GB2312**，在字体高度框中输入数值 5，设置文字段落为"左对齐"，垂直为"上对齐"（图标），然后输入文字"技术要求"，按回车键结束该段落输入。

3）在字体高度框中输入数值 3.5，然后输入其他文字，并按照图 4-10 和图 4-11 调整文本大小和格式。

4）移动光标到"技术要求"四个字前，并移到标尺上方缩进按钮，调整其位置；每行文字输入完毕，回车换行输入，输入完成后如图 4-12 所示。

单击标尺放置制表符，然后调整标尺下方缩进块，控制项目符号和文字的间距。注意：光标应放置在项目符号标识的段落。

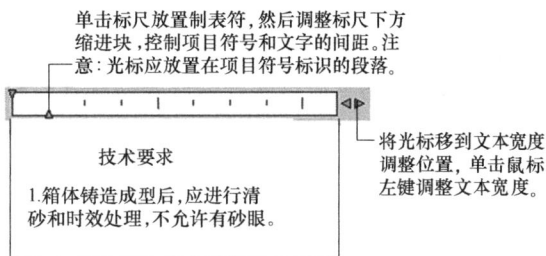

将光标移到文本宽度调整位置，单击鼠标左键调整文本宽度。

图 4-10 "多行文字"调整前效果

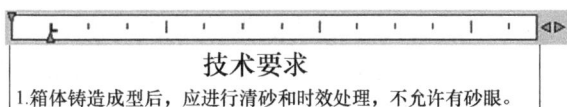

图 4-11 "多行文字"调整宽度后效果

使用 Windows 的剪贴板，通过复制和粘贴功能，可以把其他应用程序中的文字添加到 AutoCAD 图形中，并转换为多行文字。如果输入的外部文字显示为"?"，则一般是因为字体不对，可以重新选择字体。

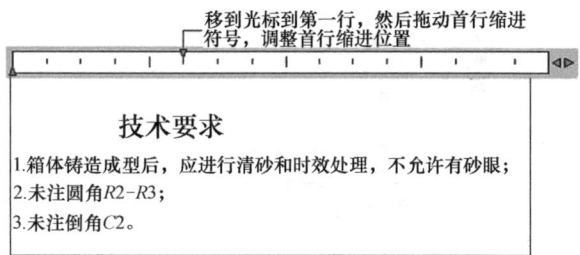

图 4-12　调整完成后的效果

4.1.6　习题与巩固

1. 在"文字样式"对话框中可进行哪些设置？

2. 单行文字输入和多行文字输入有哪些区别？它们各适用于什么场合？

3. 文字编辑有哪些方式？

4.2　表格的绘制

在标题栏和各种明细表的表达中，除了需要绘制表格外，还要填写文字、数据及公式等，工作非常繁琐。在 AutoCAD 中，利用表格功能可以方便地创建表格和输入数据。本节将介绍表格功能，并完成标题栏和图 4-13 所示的零件明细栏的创建。

6	阀杆	1	H16	配作
5	弹簧	1	65Mn	
4	端盖	1	H16	
3	大垫圈	1	橡胶	
2	小垫圈	2	橡胶	
1	管接头	2	H16	
序号	名称	数量	材料	备注

图 4-13　明细栏

4.2.1　表格的样式

表格的外观由表格样式控制，表格样式用于指定行的格式，控制表格的边框、标题和内容等。要创建表格，应首先设置好表格样式，然后再基于表格样式创建表格。打开创建表格样式对话框的方法如下：

1）命令：Tablestyle。

2）菜单："格式"→"表格样式"。

3）工具栏："样式"→　按钮。

执行该命令，打开"表格样式"对话框（图 4-14）。"预览"框中，第一行是"标题"，第二行是"表头"，其余为数据单元格。用户可以使用默认的表格样式，如果要创建新的表格样式，可单击"新建"按钮，弹出"创建新的表格样式"对话框，在"新样式名"文本框中输入名称，单击"继续"按钮，弹出图 4-15 所示的"新建表格样式"对话框。该对话框中有"起始表格""常规"和"单元样式"三个区域。

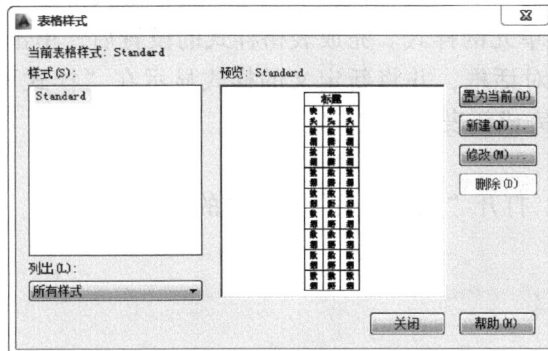

图 4-14 "表格样式"对话框　　图 4-15 "新建表格样式"对话框

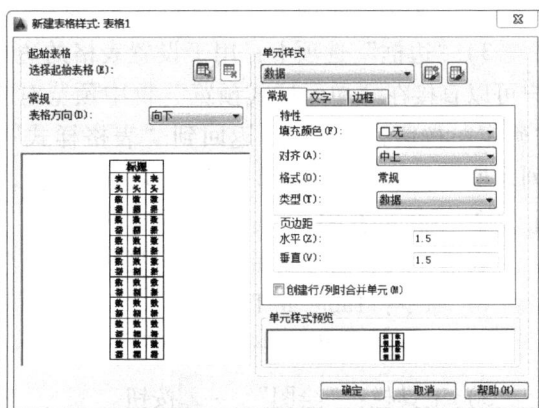

1. 起始表格

用户可指定一个已有表格作为新建表格样式的起始表格。单击 按钮，AutoCAD 临时切换到绘图屏幕，并提示："选择表格"。在用户选择所需表格后，AutoCAD 返回到"新建表格样式"对话框，并在预览框中显示该表格，在各对应设置中显示出该表格的样式设置，用户也可通过右侧 按钮删除选择的起始表格。

2. 常规

在此区域可设置表格方向，单击 向下 按钮，有"向下"和"向上"两个选项。"向下"表示创建由上而下读取的表格，即标题行和表头行位于表的顶部；"向上"则表示创建由下而上读取的表格，即标题行和表头行位于表的底部。

3. 单元样式

用于设置单元特性、控制单元内容的外观，设置完成后可应用于所有数据行。

首先，用户需要确定单元格的样式：通过对应的下拉列表确定要设置的对象，即在"数据""标题"和"表头"之间选择。

"单元样式"区域有 3 个选项卡："常规""文字"和"边框"，分别用于设置表格中的基本内容、文字和边框，如图 4-16 所示。

1)"常规"选项卡：用于设置基本特性，如文字在单元格中的对齐方式等。

a)　　　　　　b)　　　　　　c)

图 4-16 "单元样式"选项组

2）"文字"选项卡：用于设置文字特性，包括文字样式、高度、颜色和角度。

3）"边框"选项卡：用于设置表格的边框特性，如边框线宽、线型、边框形式等。用户可以直接在"单元样式预览"框中预览对应单元的样式。完成表格样式的设置后，单击"确定"按钮，AutoCAD 返回到"表格样式"对话框，并将新定义的样式显示在"样式"列表框中。单击"确定"按钮，关闭对话框，完成新表格样式的定义。

4.2.2　插入表格

表格样式设置好以后，就可以创建表格了。打开"插入表格"对话框的方式如下：

1）命令：Table 或 Tb。

2）菜单："绘图"→"表格"。

3）工具栏："绘图"→▦按钮。

打开"插入表格"对话框后，在"表格样式"下拉框中选择表格样式，并设置表格的插入方式以及行列参数（图 4-17），单击"确定"按钮，就可以插入表格了。

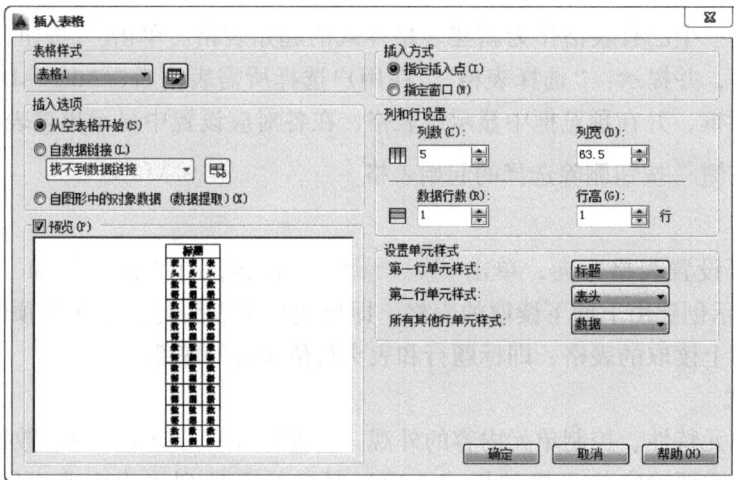

图 4-17　"插入表格"对话框

表格的插入方式有两种：指定插入点和指定窗口。选中"指定插入点"，指定表格左上角的位置，可以使用光标选定点，也可输入坐标值。选择"指定窗口"可指定表格的大小和位置，且表格的行数、列数、列宽和行高都取决于给定窗口的大小以及列和行的设置。

"列和行设置"用于设置表格中列和行的数目和大小。

4.2.3　夹点和特性选项板

1. 夹点编辑

夹点是一些实心的小方块，用于控制对象的位置和几何形状。选中对象后，对象上的关键点就会出现夹点，如图 4-18 所示，圆弧上的夹点还会显示箭头指示的拉伸方向。拖动这些夹点，可以快速拉伸、移动、旋转、缩放和镜像对象，也可创建多个副本。

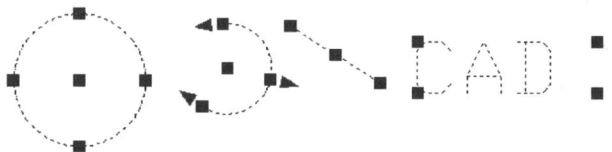

图 4-18　对象上的夹点

2. 特性选项板

特性选项板又称为对象特性管理器，是存储对象图像信息的数据库。打开方式如下：

1）命令：Properties。

2）菜单：“工具”→“选项板”→“特性”。

3）工具栏：“标准”→按钮。

特性选项板可以进行隐藏对象、调整对象大小等操作，包含了分类选项卡列表按钮、附加对话框按钮、快速计算器以及几何控制点等功能。只要可以指定新值的特性，都可以通过选项板进行修改。

4.2.4　编辑表格

1. 数据输入

指定插入点后，在 AutoCAD 中将插入的新表格（图 4-19），并显示多行文字编辑器，让用户输入第一个单元的文字。在一个单元格输入文字后，不必单击“确定”按钮，用键盘上的箭头键将插入符移动至另一个单元继续输入。若已单击“确定”按钮，可在单元格内双击，继续输入。按 Tab 键可移动至下一个单元，按 Shift + Tab 组合键可移动至上一个单元，回车可以向下移动一个单元。在表格最后一个单元中，按 Tab 键可添加一行。表格单元中可插入块，并能自动适应单元的大小。

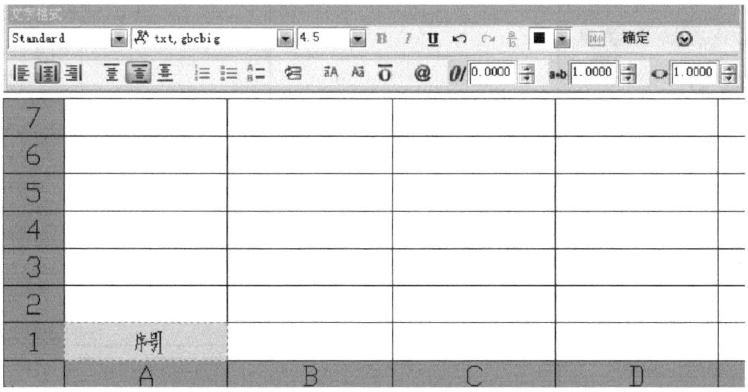

图 4-19　插入的新表格

在表格单元中也可插入公式。公式可通过单元格的列字母和行号来引用单元。单元范围由第一个单元和最后一个单元定义，例如，A4：D11 包括第 4 行到第 11 列的单元格。公式必须以“ = ”开始，例如，“ = sum （c1：c10，e2）”表示对 C 列的前 10 行和 E 列的第 2 行进行求和。

2. 编辑行宽、列宽

输入完成后，用户会发现，插入的表列宽都相等，行高也未知，需要进一步编辑才能符合要求。可以通过夹点编辑和特性选项板及表格快捷键修改表格。

（1）用夹点编辑表格　单击表格的网格线，显示所有夹点（图 4-20），拖动夹点来改变表格位置和高度、宽度。修改整个表格的夹点如下：

1）左上角夹点：拖动夹点可以移动表格的位置。

2）右上角夹点：向左或右拖动夹点可以统一拉伸表格的宽度。

3）左下角夹点：向上或下拖动夹点可以统一
拉伸表格的高度。

4）右下角夹点：斜向拖动夹点可以同时修改
表格的宽度和高度。

5）列标题行的顶部的列夹点：左右拖动夹点
修改列宽，同时修改表格宽度。

6）Ctrl + 列夹点：左右拖动夹点修改列宽，
但不改变表格宽度。

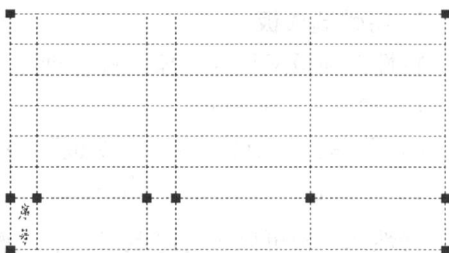

图 4-20　对表格进行夹点编辑

在一个单元格内部单击，显示四个夹点，拖动顶部或底部夹点可修改行高，拖动左侧或
右侧的夹点可修改列宽。若按住 Shift 键，可同时选中两单元之间的所有单元。

（2）用特性选项板修改表格　单击表格选中整个表格或一个单元格，右键单击并选择
"特性"（或直接双击表格），在表格选项卡中可修改文字样式、行数、列数、表格宽度和高
度等，如图 4-21 所示。

（3）用表格快捷键修改表格　右键单击一个单元格，在快捷菜单上显示了可用于编辑表
格的选项，如图 4-22 所示。

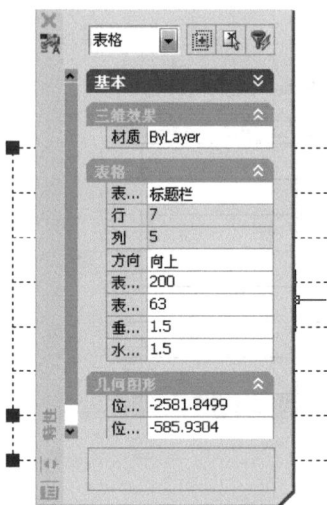

图 4-21　表格特性选项板

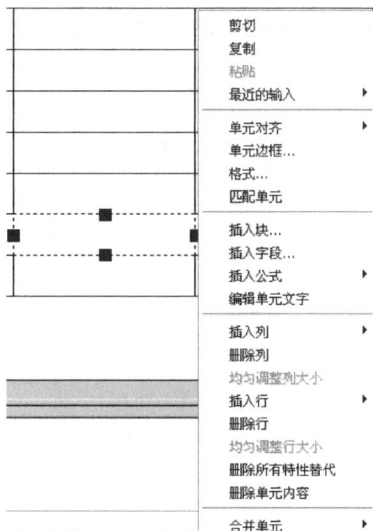

图 4-22　右键单击单元格的快捷菜单

3. 输出表格

在 AutoCAD 中创建的表格可以用 ".csv" 格式输出，并在 Microsoft Excel 中打开，操作
方法如下：

1）命令：Tableexport。

2）右键单击表格，在弹出的快捷菜单中选择"输出"。

3）单击"保存"按钮，将表格保存为 Excel 文件。

4）菜单："文件"→"输出数据"。

4.2.5　例题解析

1）单击"样式"工具栏中的"表格样式"按钮，打开"表格样式"对话框。

2）在"数据"选项卡中的"文字样式"下拉列表框中选择已创建的文字样式："中文楷体"。在"边框特性"区域选择"所有边框"按钮⊞。"对齐"方式选择"左中"。"表格方向"选择"向下"。在"标题"选项卡中不选择"包含标题行"复选框。其余各项默认，单击"确定"按钮，返回"表格样式"对话框。

3）单击"绘图"工具栏的"插入表格"按钮▦，在一个单元格输入"序号"后，用键盘上的箭头键将插入符移动至另一个单元继续输入，直至输入完毕，单击"确定"按钮。

4）单击表格的网格线，显示所有夹点，拖动各夹点，调整表格的行高和列宽，结果如图4-23所示。

表格的创建过程虽然较为繁琐，但相比手工绘制表格、再插入文字而言，更能精确控制文字的书写位置，便于文字的排版。当工作量较大时，可以在 Excel 或 Word 中制作表格，再复制到 AutoCAD 中。注意：在 Excel 中制作表格时，表格线不要用粗线，全部用细线，复制到剪贴板后，进入 AutoCAD，选择"编辑"下拉菜单的"选择性粘贴"，在对话框中选择"AutoCAD 图元"，单击"确定"按钮后，该表格就被插入到 AutoCAD 中了。

6	阀杆	1	H16	配作
5	弹簧	1	65Mn	
4	端盖	1	H16	
3	大垫圈	1	橡胶	
2	小垫圈	2	橡胶	
1	管接头	2	H16	
序号	名称	数量	材料	备注

图 4-23　调整行高和列宽

4.2.6　习题与巩固

创建图 4-24 所示的表格，并输入文字。

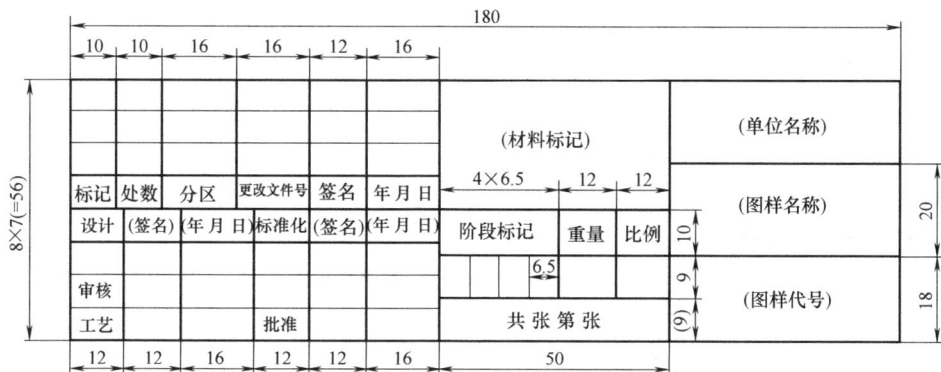

图 4-24　创建标题栏

4.3　基本尺寸标注

在工程图样中，尺寸是不可缺少的重要部分，也是图样中指令性最强的部分。因此，尺寸标注是绘图中的一项非常重要的内容。AutoCAD 具有十分强大的尺寸标注和编辑功能，它既符合国家标准的有关规定，又能满足不同图样中各种样式的尺寸标注和要求。本节将对 AutoCAD 所提供的尺寸标注及编辑功能进行简要介绍。

4.3.1　尺寸标注的基本要素

如图 4-25 所示，在 AutoCAD 中，尺寸标注的要素与我国工程图样绘制标准类似，是由尺寸界线、尺寸线、尺寸箭头和尺寸文本等组成的。这四部分通常是以块的形式作为一个整体存储在图形文件中的。不同行业的图样，标注尺寸时对这些内容的要求会有所区别。

1. 尺寸线

尺寸线用于指示标注的方向，用细实线绘制。一般为直线，角度标注则为圆弧线。

2. 尺寸界线

尺寸界线将尺寸线引出被标注的实体之外，用于表示尺寸度量的范围。一般为细实线，有时用中心线或轮廓线代替。

图 4-25　尺寸的组成

3. 尺寸箭头

尺寸箭头用于表示尺寸度量的起止，一般为实心箭头，AutoCAD 提供了斜线、箭头、圆点等样式。

4. 尺寸文本

尺寸文本用于表示尺寸度量的值，包括基本尺寸、尺寸公差（上、下极限偏差）以及前缀、后缀等。公称尺寸由 AutoCAD 自动测量标注，也可由用户输入。

5. 几何公差

几何公差由几何公差符号、公差值、基准等组成，一般与引线同时使用。

6. 引线标注

从被标注的实体引出直线，在其末端可添加注释文字或几何公差。

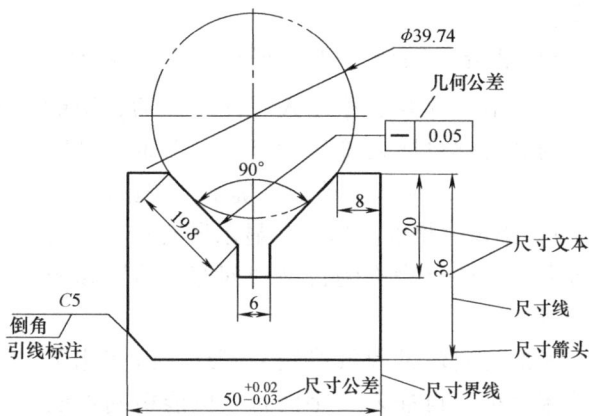

4.3.2　长度尺寸标注

AutoCAD 中的尺寸标注命令（图 4-26）包括：长度尺寸标注、直径和半径尺寸标注、角度尺寸标注、坐标尺寸标注等。长度尺寸标注又分为线性标注、对齐标注、基线标注和连续标注等。尺寸标注工具栏如图 4-26 所示。

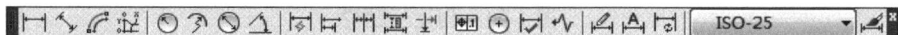

图 4-26　尺寸标注工具栏

1. 线性标注

用于标注水平尺寸、垂直尺寸和旋转尺寸。命令的调用方法如下：

1）命令：Dimlinear。

2）菜单："标注" → "线性"。

3）工具栏："标注"→ ![按钮图标] 按钮。

执行命令后，命令行提示：

"指定第一条尺寸界限原点或［选择对象]:"，单击第一条尺寸界线原点（若选择"选择对象"，可直接回车）。

"指定第二条尺寸界线原点:"，单击第二点。

"指定尺寸线位置或［多行文字（M）/文字（T）/角度（A）/水平（H）/垂直（V）/旋转（R）]:"。如果接受系统提供的尺寸标注，则在适当位置单击鼠标左键，将尺寸放在该处；若修改尺寸，则选择其他选项：

①　多行文字（M）：打开多行文字编辑器，可以更改或设置尺寸文本。

②　文字（T）：若系统产生的文本不合要求，可以在此对其进行修改。

③　角度（A）：设置尺寸文本的倾斜角。

④　水平（H）：进行水平标注。

⑤　垂直（V）：进行垂直标注。

⑥　旋转（R）：指定尺寸线旋转的角度。

2. 对齐标注

对齐标注用来标注斜面或斜线的尺寸。命令的调用方法如下：

1）命令：Dimaligned。

2）菜单："标注"→"对齐。

3）工具栏："标注"→ ![按钮图标] 按钮。

执行命令后，命令行出现的提示和操作步骤与线性标注相同。

3. 连续标注

连续标注用来标注图中出现在同一直线上的若干尺寸。命令的调用方法如下：

1）命令：Dimcontinue。

2）菜单："标注"→"连续"。

3）工具栏："标注"→ ![按钮图标] 按钮。

执行命令后，系统自动以上次尺寸标注的第二条尺寸界线作为基准生成连续标注的第一条尺寸线，命令行提示：

"指定第二条尺寸界线原点或［放弃(U)/选择(S)］＜选择＞:"，单击第二条尺寸界线原点。

"指定第二条尺寸界线原点或［放弃(U)/选择(S)］＜选择＞:"，可继续单击尺寸线原点，不断生成连续标注。其他选项说明如下：

放弃（U）：放弃上一次选择的尺寸界线原点。

选择（S）：选择一个已经存在的尺寸标注，并且以该尺寸靠近选择点的那一条尺寸界线作为基准来生成连续标注。

4.3.3　直径、半径尺寸标注

1. 直径尺寸标注

直径尺寸标注用来标注圆或圆弧的直径尺寸，标注时系统自动在尺寸数字前加"φ"。命令的调用方法如下：

1）命令：Dimdiameter。

2）菜单："标注"→"直径"。

3）工具栏："标注"→按钮。

执行该命令后，命令行提示：

"选择圆弧或圆:"，单击要标注的圆或圆弧。

"指定尺寸线位置或 [多行文字(M)/文字(T)/角度(A)]:"。如果接受系统提供的尺寸标注，则在适当位置单击鼠标左键，将尺寸放在该处。

2. 半径尺寸标注

半径尺寸标注用来标注圆或圆弧的半径尺寸，系统自动在尺寸数字前加"R"。命令的调用方法如下：

1）命令：Dimradius。

2）菜单："标注"→"半径"。

3）工具栏："标注"→按钮。

半径尺寸标注与直径标注方法基本相同。

3. 圆心标记

圆心标记用来标注圆或圆弧的中心点，也可利用其来绘制圆的中心线。命令的调用方法如下：

1）命令：Dimcenter。

2）菜单："标注"→"圆心标记"。

3）工具栏："标注"→。

执行该命令后，命令行提示：

"选择圆弧或圆:"，单击圆弧或圆后，系统给其添加圆心标记并结束命令。

圆心标记的大小可通过系统变量 Dimcen 来设置。

4.3.4　角度尺寸标注

该命令用于标注各种角度尺寸。启动命令的方法如下：

1）命令：Dimangular。

2）菜单："标注"→"角度"。

3）工具栏："标注"→按钮。

执行命令后，命令行提示：

"选择圆弧、圆、直线或 [指定顶点]:"，选取一直线作为角度的第一尺寸界线。

"选择第二条直线:"，选取第二条直线作为第二尺寸界线。

"指定标注弧线位置或 [多行文字(M)/文字(T)/角度(A)]:"，在适当位置单击鼠标左键，将尺寸放在该处。

该命令可标注圆或圆弧的两个端点与圆心连线的夹角。执行命令后，若选取一段圆弧，选取一点以指定位置标注出圆弧的角度；若选取一个圆，系统以选择的点作为第一尺寸界线原点，以该圆的圆心作为角的顶点。

4.3.5　坐标尺寸标注

坐标尺寸标注用于标注某点的 X 坐标或 Y 坐标。命令的调用方法如下：

1）命令：Dimordinate。

2）菜单："标注"→"坐标"。

3）工具栏："标注"→按钮。

执行命令后，命令行提示：

"指定点坐标:"，单击需标注点。

"指定引线端点或［X基准(X)/Y基准(Y)/多行文字(M)/文字(T)/角度(A)］:"在默认状态下，单击选取指引线的端点，系统在该点标出标注点的坐标。

输入 X 回车或 Y 回车，则用来标注指定点的 X 坐标或 Y 坐标。

4.3.6 基线标注

基线标注用来标注自同一基准处测量的多个尺寸。但在创建基线标注之前，必须已创建了线性、对齐或角度标注。命令的调用方法如下：

1）命令：Dimbaseline。

2）菜单："标注"→"基线"。

3）工具栏："标注"→按钮。

执行该命令后，系统自动以上次尺寸标注的第一条尺寸界线作为基准生成基线标注的第一条尺寸线，并在命令行提示："指定第二条尺寸界线原点或［放弃(U)/选择(S)］＜选择＞"。

此时有三种选择：

1）指定第二条尺寸界线原点：因为基线标注的第一条尺寸线已经自动生成，选择第二点后即可生成一个尺寸。命令行接着提示："指定第二条尺寸界线原点或［放弃(U)/选择(S)］＜选择＞"。可继续选择第三点、第四点……不断生成基线标注。

2）输入 U 并回车：放弃上一次选择的尺寸界线原点。

3）输入 S 并回车：选择一个已经存在的尺寸标注，并且以该尺寸靠近选择点的那一条尺寸界线作为基准来生成基线标注。

4.3.7 快速标注

快速标注可快速创建一系列标注。对于创建系列基线、连续标注，或者为一系列圆或圆弧创建标注时，此命令特别有用。命令的调用方法如下：

1）命令：Qdim。

2）菜单："标注"→"快速标注"。

3）工具栏："标注"→按钮。

执行该命令后，命令行提示：

"选择要标注的几何图形"，选择要标注的对象。

"选择要标注的几何图形"，选择要标注的对象或直接回车。

"指定尺寸线位置或［连续(C)/并列(S)/基线(B)/坐标(O)/半径(R)/直径(D)/基准点(P)/编辑(E)］＜连续＞"，各选项功能说明如下：

1）连续（C）：创建一系列连续标注尺寸。

2）并列（S）：创建一系列交错尺寸。

3）基线（B）：创建一系列基线标注尺寸。

4）坐标（O）：创建一系列坐标标注尺寸。

5）半径（R）：创建一系列半径标注尺寸。

6）直径（D）：创建一系列直径标注尺寸。

7）基准点（P）：为基线和坐标标注设置新的基准点。

8）编辑（E）：编辑一系列标注尺寸。

AutoCAD 的标注功能非常强大，要达到全面掌握，需要大量的练习。本节仅对简单的标注命令进行介绍，其他命令将在第 11 章中介绍。

4.3.8　习题与巩固

1. AutoCAD 中有哪些长度尺寸标注命令？它们有何区别？

2. 根据所学命令，绘制图 4-27、图 4-28 所示的图形，并标注尺寸。

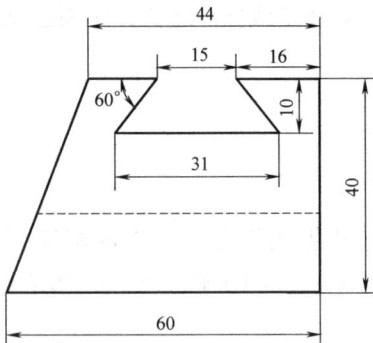

图 4-27　题 2 图（一）

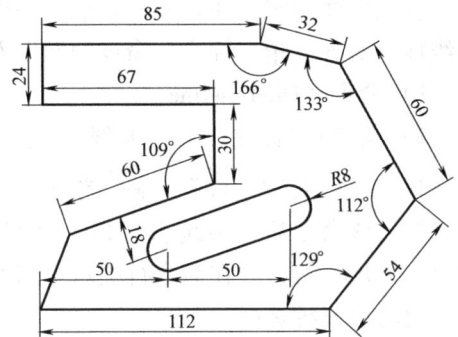

图 4-28　题 2 图（二）

3. 根据所学标注命令，绘制图 4-29 所示的图形，并标注尺寸。

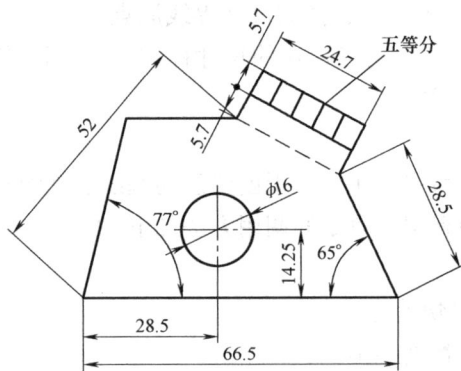

图 4-29　题 3 图

第 5 章 图形的打印

在完成图形的绘制以后，往往需要进行打印输出。AutoCAD 具有很强的图形输出功能，为用户设立了两个工作空间：模型空间与图纸空间，以满足绘图和打印出图的需要。本章主要介绍如何在 AutoCAD 中打印图样，学生应掌握以下内容：

1）掌握模型空间与图纸空间的概念。

2）掌握在 AutoCAD 中打印图样的步骤和设置方法，会打印和输出图样。

5.1 在模型空间中打印

AutoCAD 的模型空间是与真实空间相对应的，是可以建立三维坐标系的工作空间。通常用户以实际尺寸绘制图形，并用适当比例创建文字、尺寸标注和其他注释，再进行打印。在模型空间里，即使绘制的是二维图形，也是处在空间位置的。

模型空间打印是把图形放在模型选项卡内进行打印的模式。在模型空间中只能打印一个视口内的图形。本节主要介绍在模型空间中出图的参数设置和操作。

5.1.1 添加和配置输出设备

命令调用方法如下：

1）命令：Plottermanager。

2）菜单："文件"→"绘图仪器管理器"。

执行该命令后，屏幕弹出图 5-1 所示的文件夹，双击"添加绘图仪向导"图标，开始添加打印机工作。AutoCAD 先弹出"简介"对话框，单击对话框中的"下一步"按钮，进入"添加绘图仪-开始"对话框，如图 5-2 所示。

图 5-1 "添加绘图仪向导"图标

图 5-2 的对话框中，在"我的电脑""网络绘图仪服务器"或"系统打印机"选择一种，并按照各个对话框中的各项提示内容添加用户绘图设备。

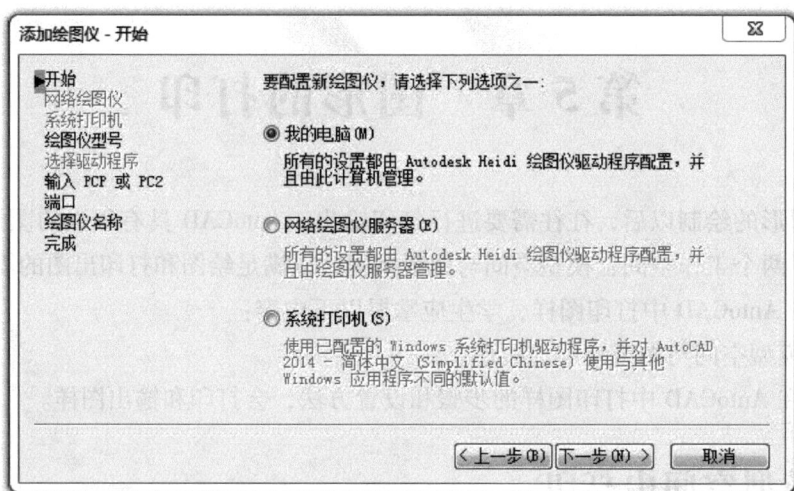

图 5-2　　"添加绘图仪—开始"对话框

5.1.2　设定打印样式类型

AutoCAD 提供了两种打印样式：颜色打印样式和命名打印样式。用户在绘图之前就应该设置好采取哪种样式。设定方法如下：

1）命令：Options。

2）菜单："工具"→"选项"。

执行该命令后，弹出"选项"对话框，在"选项"对话框中打开"打印和发布"选项卡，单击"打印样式表设置"按钮，在弹出的"打印样式表设置"对话框中，选择"使用颜色相关打印样式"或"使用命名打印样式"，如图 5-3 所示。

要添加新的打印样式，可通过以下方法实现：

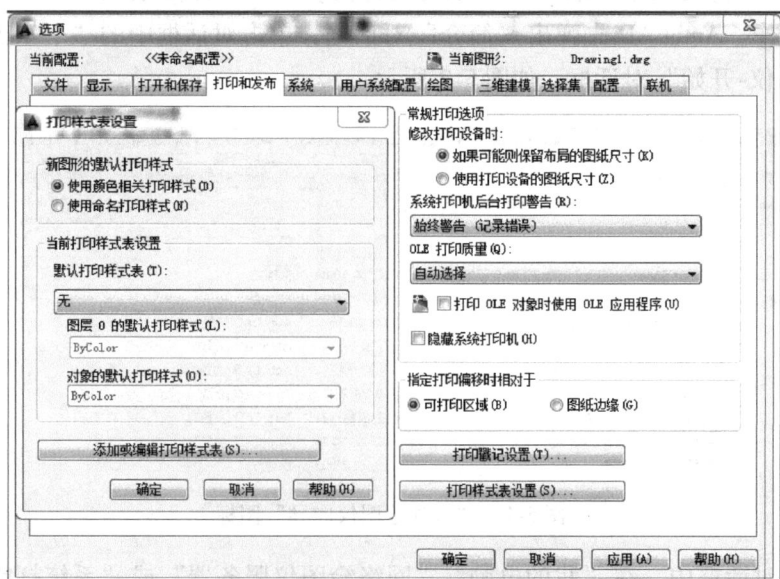

图 5-3　设置打印样式

1）命令：Stylesmanager。

2）菜单："文件"→"打印样式管理器"。

执行该命令后，可以打开图 5-4 所示的文件夹。双击"添加打印样式表向导"图标，在弹出"添加打印样式表"对话框中单击"下一步"按钮，弹出图 5-5 所示的对话框。

图 5-4　"添加打印样式表向导"图标

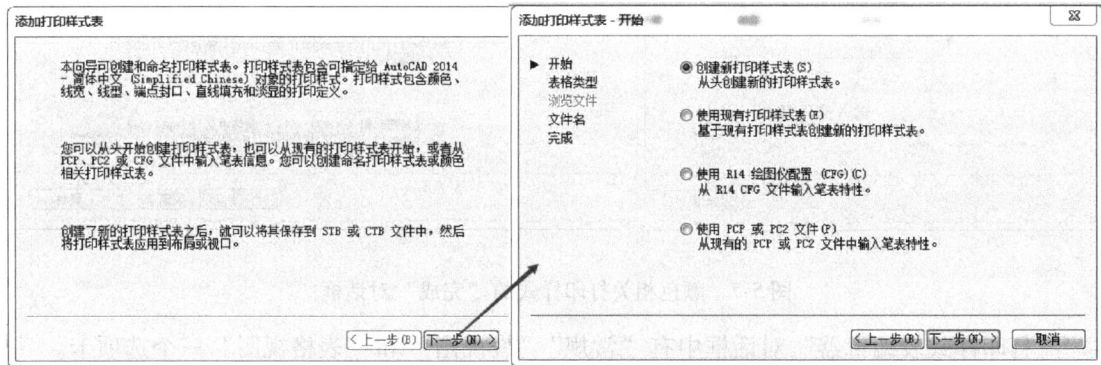

图 5-5　"添加打印样式表-开始"对话框

单击"下一步"按钮，弹出"添加打印样式表-开始"对话框，选择"创建新打印样式表（S）"，单击"下一步"按钮，弹出图 5-6 所示的"添加打印样式表-选择打印样式表"对话框。

该对话框中有"颜色相关打印样式表"和"命名打印样式表"两个选项。

1. 添加颜色相关打印样式

若选择"颜色相关打印样式表"选项，并单击"下一步"按钮后，系统将弹出"添加打印样式表-文件名"对话框，在"文件名"文本框中输入样式名称，如"打印样式 1"，并单击"下一步"按钮，弹出"添加打印样式表-完成"对话框，如图 5-7 所示。

单击"打印样式表编辑器"，在弹出的对话框（图 5-8）中可对刚设置的打印样式的有关参数进行编辑。

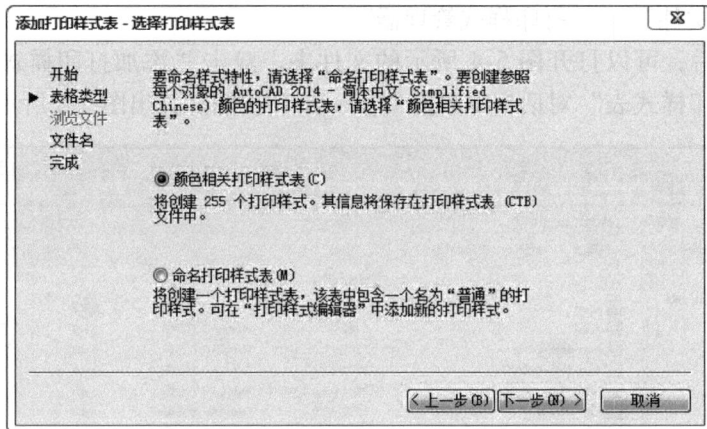

图 5-6　"添加打印样式表-选择打印样式表"对话框

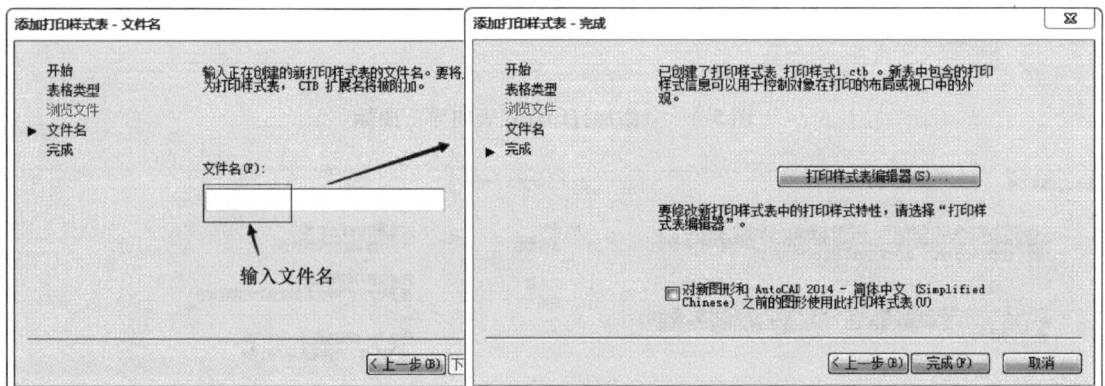

图 5-7　颜色相关打印样式的"完成"对话框

"打印样式表编辑器"对话框中有"常规""表视图"和"表格视图"三个选项卡。

1）"常规"选项卡：用于显示打印样式表基本信息，包括文件名、文件说明、样式数量、文件路径及版本等。

2）"表格视图"选项卡：内容与"表视图"类似，只是版面有所变化。并在线宽、端点、连接、填充项增加了直观图示。

3）"表视图"选项卡（图 5-9）：左边为参数条目，右边为基于颜色的样式数据，各参数含义如下：

① 名称：对象的屏幕显示颜色。当某一对象使用该颜色时，该颜色下的打印设定将作用于该对象。

② 说明：在此可附加本颜色样式的简要说明。

③ 颜色：输出打印颜色，单击"参数格"可以拉出可选菜单，除了选用"使用对象颜色"外，可选 255 种颜色中的任何一种，即可以用不同于对象的颜色输出。

图 5-8 颜色相关打印样式表编辑器

图 5-9 "表视图"选项卡图

④ 启用抖动：设置是否启用打印机的抖动功能。

⑤ 转换为灰度：如果开启"转换为灰度"功能，AutoCAD 将对象的颜色转换为灰度。但这一操作的前提是当前使用的打印机支持灰度。如果关闭"转换为灰度"功能，AutoCAD 使用红、绿、蓝的值定义对象的颜色。

⑥ 使用指定的笔号：为每一种打印样式指定笔。

⑦ 虚拟笔号：许多非笔式绘图仪可以通过使用虚拟笔模拟笔式绘图仪的功能。可以指定 1～255 的虚拟笔号。

⑧ 淡显：可以选择颜色强度设置，以确定 AutoCAD 打印时的用墨量。有效的淡显值为 0～100。选择 0，将颜色设为白色；选择 100，则按照最大强度显示颜色。

⑨ 线型：选择"线型"时显示线型列表，其中包含各种线型样例和每一种线型的说明。默认的打印样式线型设置为"使用对象线型"。如果指定了新的打印样式线型，则指定的打印样式线型在打印时将替代对象原有的线型设置。

⑩ 自适应调整：设置调整线型的缩放比例，以完成线型图案；是否允许 AutoCAD 适当调整线型比例，以使线条的端点不会位于线型的空白处。如果线型缩放比例要求精确，则可把"自适应调整"关闭。

⑪ 线宽：选择"线宽"时会显示线宽样例及其数值。默认的打印样式线宽为"使用对象线宽"。如果指定了打印样式线宽，则指定的打印样式线宽在打印时将替代对象的线宽设置。如果现有的线宽不能满足要求，可以修改现有的线宽。

⑫ 线条端点样式：AutoCAD 提供的线条端点样式有柄形、方形、圆形和菱形四种。线条端点样式默认为"使用对象端点样式"。如果重新指定了线条的端点样式，则在打印时指定的线条端点样式将替代对象的原有端点样式。

⑬ 线条连接样式：AutoCAD 提供了斜接、斜角、圆形和菱形四种线条连接样式。线条

连接样式的默认设置为"使用对象连接样式"。如果重新指定线条连接样式，则打印时指定的线条连接样式将替代线条原有的连接样式。

⑭ 填充样式：AutoCAD 提供了实心、棋盘形、交叉线、菱形、水平线、左斜线、右斜线、方形点和垂直线九种填充样式，填充样式适用于二维实心体、多段线、圆环和三维面。填充样式的默认设置为"使用对象填充样式"。如果重新指定了填充样式，则在打印时指定的填充样式将替代对象原有的填充样式设置。

2. 添加命名打印样式

若在图 5-6 中选择"命名打印样式表"选项，并单击"下一步"按钮，系统弹出与图 5-7 类似的"文件名"对话框，在文件名文本框中输入打印样式的文件名，例如，输入"打印样式 2"，单击"下一步"按钮，弹出"添加打印样式表-完成"对话框。在该对话框中单击"打印样式表编辑器"按钮，则系统会弹出"打印样式表编辑器"对话框，如图 5-10 所示。

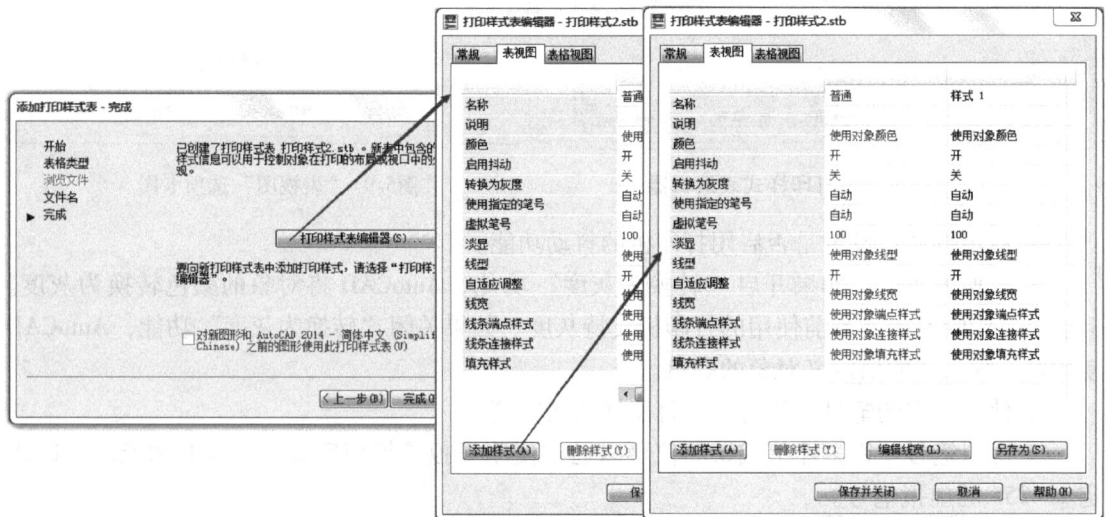

图 5-10　命名打印样式表编辑器

在该对话框中，系统默认的打印样式为"普通"样式，用户不能修改或删除"普通"样式。但命名打印样式比颜色相关打印样式有更大的灵活性，总数不受 255 种的数量限制，可以自由地添加或删除打印样式。命名打印样式表中的章内容与颜色相关打印样式表中的章内容相同，但"添加样式"和"删除样式"按钮变为可用。

单击"添加样式"按钮，AutoCAD 会自动增加名称为"样式 1"的新打印样式。如图 5-10 所示，名称"样式 1"可以更改为适当的名称，该打印样式的初始值与"普通"打印样式相同，用户可根据需要进行编辑修改。单击"删除样式"按钮，AutoCAD 可删除指定的打印样式。删除某一打印样式后，所有使用该样式的对象仍然保留该样式的名称，但各项设置取"普通"样式的参数值。

3. 编辑打印样式表参数

菜单："文件"→"打印样式管理器"，并在弹出的对话框中双击某个后缀为".ctb"或".stb"的文件。

菜单："文件"→"打印"或"页面设置管理器"，弹出对话框后，在"打印样式表

（笔指定）"的列表框里选择"打印样式表"，然后单击"编辑"按钮 ，出现"打印样式表编辑器"对话框，编辑内容与"添加新的打印样式"相同。

4. 打印样式的应用

打印样式可以附着于图形实体、图层、图块等对象，常用的方法是将新生成的对象设定为随层，而为每层指定打印样式。

当打印样式类型为颜色相关打印样式时，指定图层颜色的同时就设定了图层的打印样式。这时不能直接在层中编辑打印样式，只能通过改变图层颜色来改变打印参数。当打印样式为命名打印样式时，在图层管理器中选定某图层，再直接单击打印样式即可改变并可以编辑该层的打印样式。另外，对某一具体对象，还可以通过"特性"对话框修改对象的打印样式。

5.1.3 页面设置管理器

设置好打印样式后，对打印的页面也要进行许多设置，这些设置包括选择打印设备、纸张、图纸方向、打印区域及打印比例等。设置完成后可以保存为新命名的页面设置。命令的调用方法如下：

1）命令：Pagesetup。

2）菜单："文件"→"页面设置管理器"。

执行该命令后，弹出图5-11所示的对话框。若单击"修改"按钮，则进入"页面设置-模型"对话框。若单击"新建"按钮，在弹出的"新建页面设置"对话框中输入名称，如"样式一"，单击"确定"按钮，也可进入页面设置对话框，如图5-12所示。

单击"打印机/绘图仪"区域中的"名称"下拉按钮，选择已连接的打印机型号。单击"图纸尺寸（Z）"下拉按钮，选择对应尺寸的纸张。在"图形方

图5-11 "页面设置管理器"对话框

向"区域中，选择"横向"或"纵向"打印。选择"打印偏移"区域中的"居中打印"选项。在"打印样式表"区域选择设置好的"打印样式1"。如图5-12所示，在"打印范围"中选择"窗口"，将暂时关闭页面设置管理器，回到绘图区选择打印区域。

选择"布满图纸"，或单击"打印比例"区域中的比例下拉列表，选择所需比例，以便缩放图形时能与选定的图纸尺寸相匹配。

在"打印范围"选项中，"窗口"是一种最为灵活的方式。选用此项后，画面将暂时关闭"页面设置"对话框，可以在图形中选择打印区域。选择结束后重返"页面设置"对话框。除了"窗口"选项外，还有"图形界限""范围""显示"和"视图"等选项，各选项的功能如下：

1）图形界限：打印指定图纸尺寸的页边距内的所有内容。

2）范围：打印当前工作空间中绘有图形的范围。

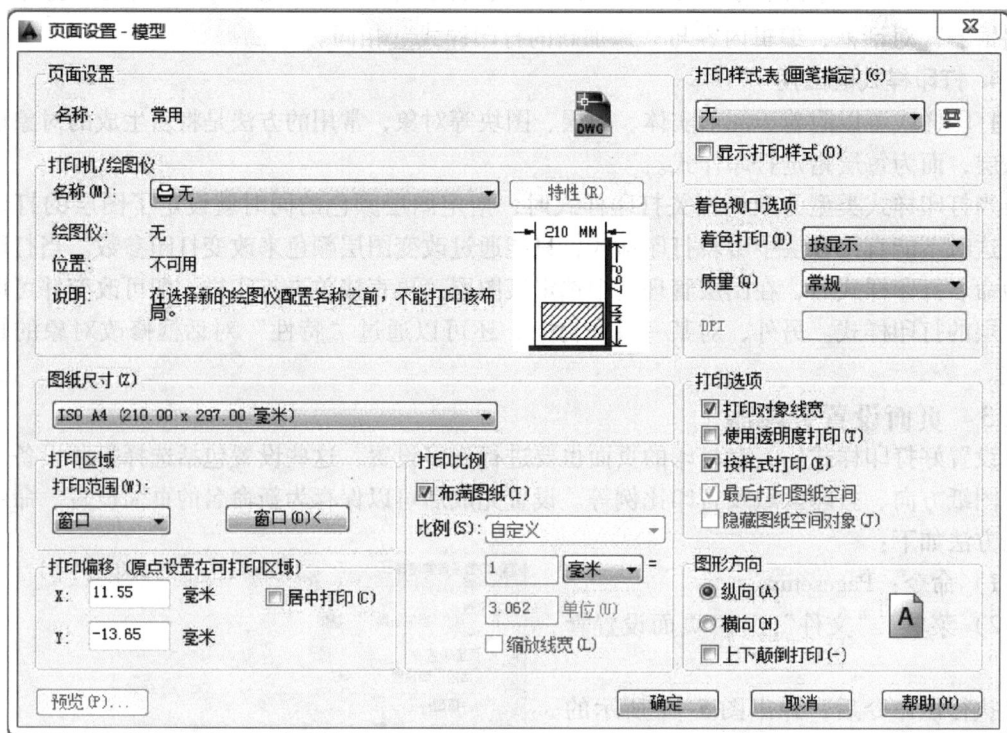

图 5-12　"页面设置-模型"对话框

3）显示：打印选定的"模型"选项卡当前视口中的视图，或"布局"选项卡中的当前图纸空间视图。

4）视图：如果用户曾将某些图形命名后并保存为视图，当选择"视图"时，列表框中列出已命名视图清单，指定某命名视图，即可打印输出。如果无命名视图，此项不可选。

5.1.4　快速出图

很多时候，用户只需要打印少量图纸，不需要进行复杂的设置。这时，可以进行快速打印。调用命令的方法如下：

1）命令：Plot。

2）菜单："文件"→"打印"。

3）工具栏："标准"→"打印"图标 🖶。

执行命令后，弹出"打印-模型"对话框。单击对话框右下角的"展开"按钮 ⊙，会显示其他选项（图 5-13），可对对话框中的选项进行设置。

在对话框的"页面设置"选项卡中，选择设置好的页面，如"常用"。并根据需要确定其他的打印设置，打印范围选为"窗口"，通过矩形或交叉窗口框选打印区域，选择结束后返回对话框。单击"预览"按钮，观察打印效果（图 5-14）。若符合打印要求，右键单击图面，在弹出的快捷菜单中选择"打印"，就可以将图样打印出来了。

预览过程中，若发现预览效果不符合要求，如图 5-14 所示，图纸横向尺寸较大，打印方向却是纵向，造成图形在图纸上占用面积过小。此时需要将打印方向改为横向打印。可在

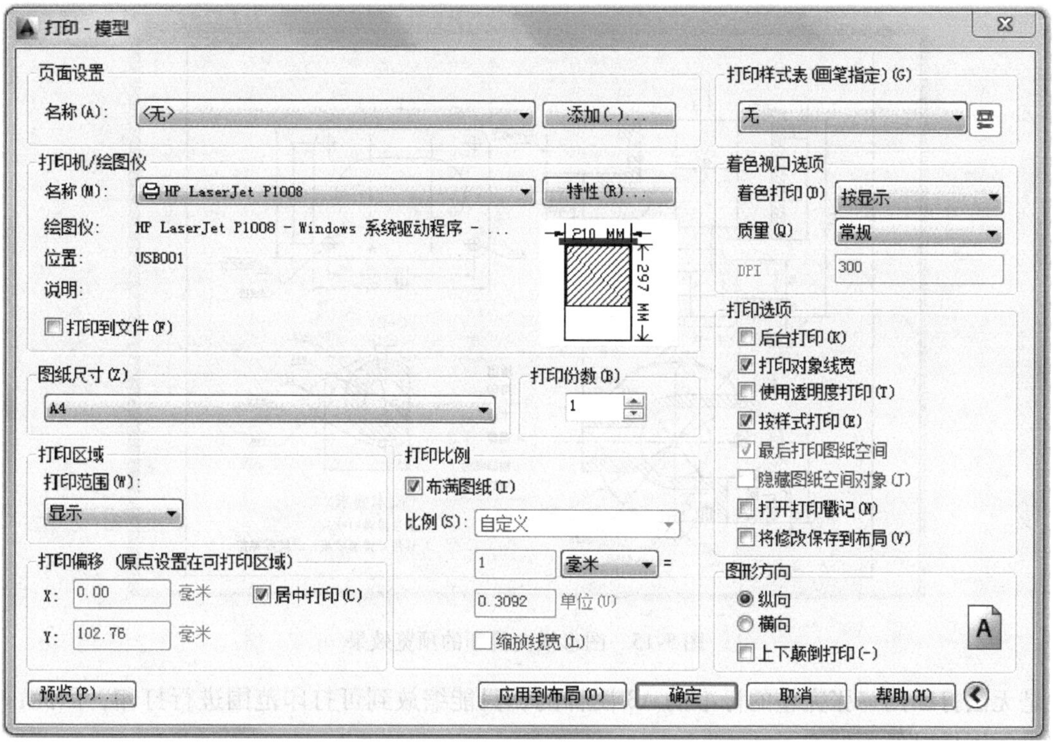

图 5-13　"打印-模型"对话框

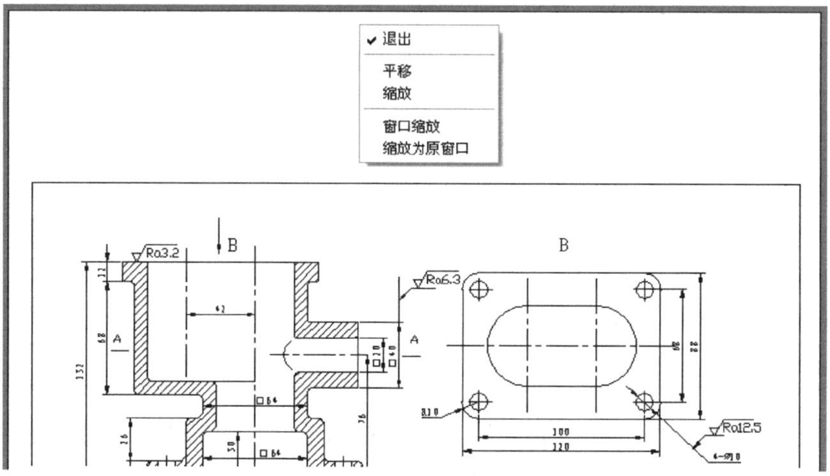

图 5-14　图形的打印预览效果

图面上单击鼠标右键，在弹出的快捷菜单中选择"退出"，返回"页面设置"对话框，在"图形方向"区域中选择"横向"，单击"预览"按钮，观看预览效果（图 5-15）。若符合要求，右键单击图面，在弹出的快捷菜单中选择"打印"；也可右键单击图面，在弹出的快捷菜单中选择"退出"，返回"页面设置"对话框，单击"确定"按钮，进行打印。

　　虽然 AutoCAD 可以根据每个打印机硬件信息设置打印区域，但每个打印机都有自己的页边距。如果打印区域设置得很大，打印机硬件也无法完全支持。一个只有 A3 幅面的打印

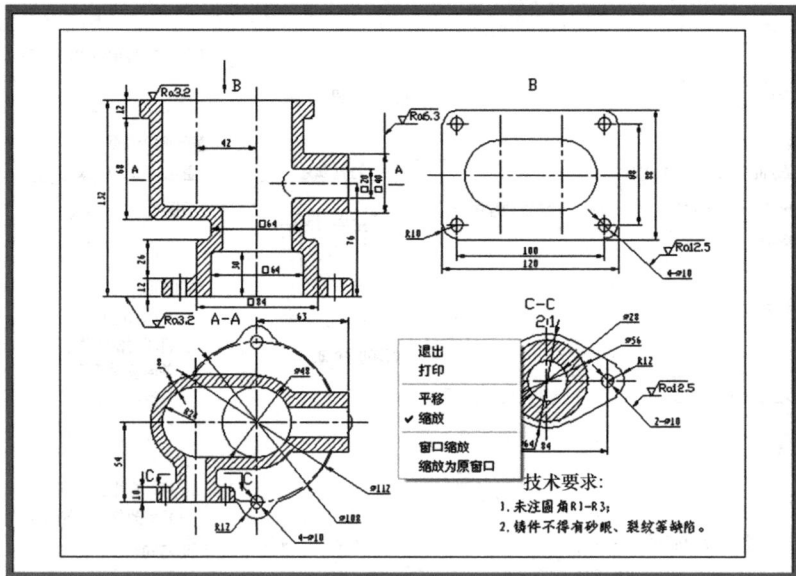

图 5-15　图形横向打印的预览效果

机是无法打印出一张完整的标准的 A3 图样的,只能缩放到可打印范围进行打印,因此,打印出的图样已经不标准了。

5.1.5　习题与巩固

1. 建立一个命名打印样式,要求按线型命名,主要线型及参数关系见表 5-1。

表 5-1　"机械制图"打印样式数据表

样式名称	线　型	对象颜色	打印颜色	线　宽
粗实线	Continuous	白	黑	0.5
细实线	Continuous	绿	黑	0.2
中心线	Center	红	黑	0.2
虚线	Dashed	黄	黑	0.2
波浪线	Continuous	绿	黑	0.2
双点画线	Phantom	绿	黑	0.2

2. "界限""范围""显示""窗口"在控制打印图形时,其各自范围有何不同?

3. 一个图形文件中可以有几个模型空间和图纸空间?

5.2　在图纸空间中打印

除了模型空间,AutoCAD 还有一种工作环境:图纸空间。

在图纸空间进行打印的一般思路是:先在模型空间绘制图形,再到图纸空间指定图纸大小、添加标题栏、布置视图及比例、创建标注等,然后从布局空间中打印图形。在图纸空间中可以打印多个视口中的图形,当用户需要将不同比例的视图安排在一张图纸上,或需要将二维图形与三维图形输出在一张图纸上时，应在图纸空间中完成。可以说，模型空间用来制作三维模型或二维图形的设计空间，而图纸空间是表现空间。本节主要介绍如何创建布局以及应用布局进行打印，另外，还将简要介绍电子打印的步骤。

创建布局的功能是布局新图纸空间中的出图规划。在 AutoCAD 中可以创建多个布局，每个布局都可以包含不同的打印设置和图纸尺寸。默认情况下，新图形最开始有两个布局选项卡："布局1"和"布局2"。如果使用样板图形，默认的布局配置可能会有所不同。

5.2.1　创建布局的基本方法

通常在图纸空间里只能进行二维操作，绘制二维图形，主要是用于规划输出图纸的工作空间。用户在图纸空间添加的对象，在模型空间是不可见的，在图纸空间也不能直接编辑模型空间的对象。

1. 使用向导创建布局

命令的调用方法如下：

1）命令：Layoutwizard。

2）菜单："工具"→"向导"→"创建布局"。

执行该命令后，弹出"创建布局-开始"对话框，如图 5-16 所示。

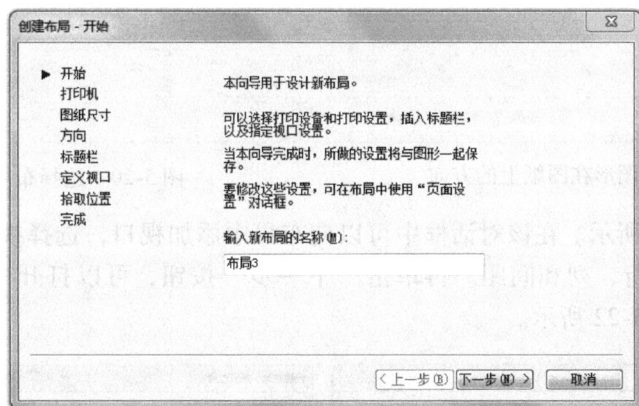

图 5-16　"创建布局-开始"对话框

在对话框的"输入新布局的名称"文本框中，系统默认的新布局名称是"布局3"，可以重新输入布局名称。在"创建布局-开始"对话框中单击"下一步"按钮，可以打开图 5-17 所示"创建布局-打印机"对话框。在对话框的"为新布局选择配置的绘图仪"列表中，可以指定打印设备，单击"下一步"按钮，打开图 5-18 所示的"创建布局-图纸尺寸"对话框。

在"创建布局-图纸尺寸"对话框的"图纸尺寸"列表框中可以选择所需的图纸尺寸，在"图形单位"区域中，可以选择"毫米"或"英寸"作为图形的单位。单击"下一步"按钮，可以打开"创建布局-方向"对话框，如图 5-19 所示。在该对话框中可以选择图形在图纸上的方向，有"横向"和"纵向"两种。单击"下一步"按钮，可以打开"创建布局-标题栏"对话框（图 5-20）。

在"创建布局-标题栏"对话框中可以为布局选择合适的标题栏，也可以选择自己绘制的并以块的形式存储起来的标题栏。再单击"下一步"按钮，打开"创建布局-定义视口"

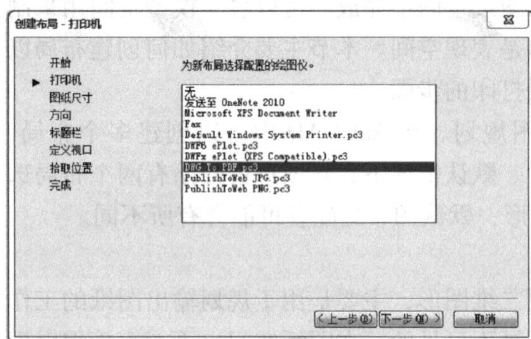

图 5-17 "选择打印机"对话框

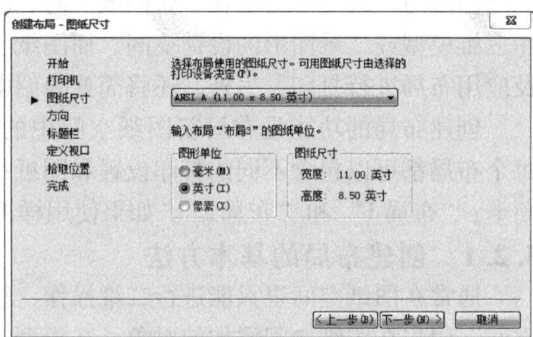

图 5-18 "创建布局-图纸尺寸"对话框

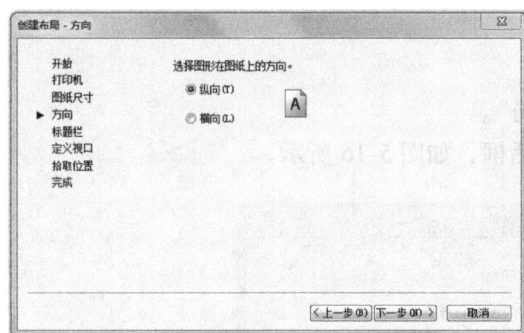

图 5-19 选择图形在图纸上的方向

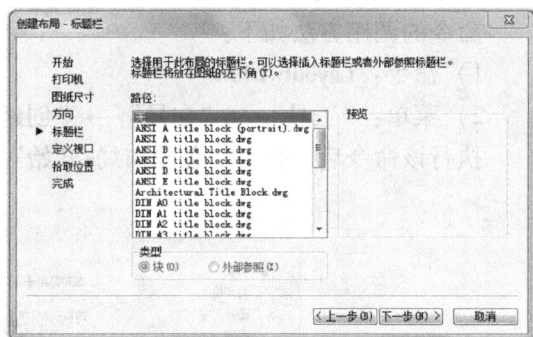

图 5-20 选择布局的标题栏

对话框，如图 5-21 所示。在该对话框中可以向布局中添加视口，选择视口类型，设置视口比例，指定视口的行、列和间距。再单击"下一步"按钮，可以打开"创建布局-拾取位置"对话框，如图 5-22 所示。

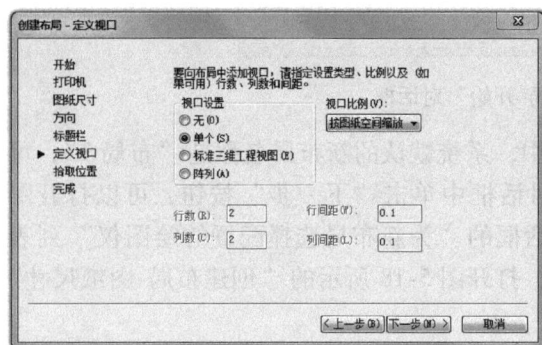

图 5-21 "定义视口"对话框

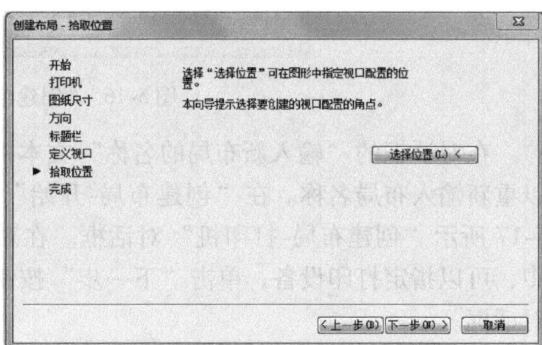

图 5-22 "创建布局-拾取位置"对话框

在"创建布局-拾取位置"对话框中，单击"选择位置"按钮，可以在图形中指定视口的位置。选取视口位置后，返回拾取视口对话框，单击"下一步"按钮，进入"创建布局-完成"对话框。单击"完成"按钮结束布局设置，如图 5-23 所示。

布局设置完成后，可以在布局中调整视口的大小和位置，使其处于合适的区域。为了在布局输出时不打印视口边框，可以将其放在"不打印"的图层。

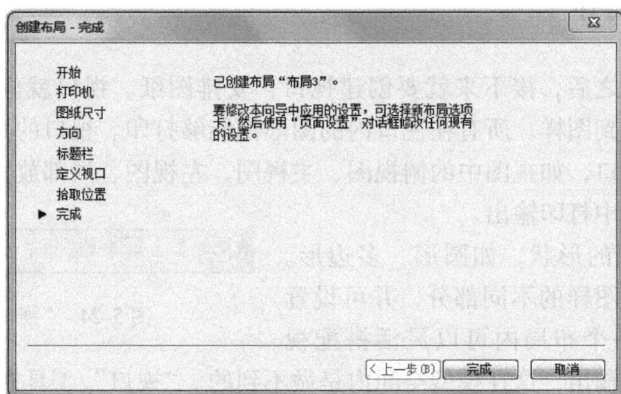

图 5-23　完成布局设置

2. 使用插入菜单创建布局

命令的调用方法如下：

1）命令：Layout。

2）菜单："插入"→"布局"。

在"布局"的下一级菜单中有三项内容："新建布局""来自样板的布局"和"布局向导"，其中，"布局向导"与上面介绍的方法相同。另外两种方式单击"选择"按钮（也可在"布局"选项卡上单击鼠标右键），在弹出的快捷菜单中选择"新建布局（N）"或"来自样板（T）"选项。若采用键盘输入方式，键入 Layout 并回车，则命令行提示：

"输入布局选项［复制(C)/删除(D)/新建(N)/样板(T)/重命名(R)/另存为(SA)/设置(S)/?］＜设置＞:"，输入N 或 T 并回车。

1）新建布局：命名一个新布局。执行命令后，命令行提示：

"输入新布局名（布局3):"，输入新布局名称并回车或直接回车。

2）来自样板：从 AutoCAD 模板库中选择一种布局。执行该命令后，命令行提示用户输入文件名。

3. 用页面设置对话框创建布局

1）用鼠标左键单击"布局"选项卡，在已经打开的某一布局中选择"文件"→"页面设置"，用页面设置对话框可以创建一个新布局。

2）输入 Pagesetup 并回车，弹出"页面设置"对话框。在"页面设置"对话框中适当设置有关内容，即可创建出新的布局。

4. 通过"设计中心"设置布局

通过"设计中心"可以从已有的图形文件或样板文件中，把已经建好的布局拖入到当前图形文件中。用鼠标左键单击标准工具条中的按钮，AutoCAD 会弹出"设计中心"对话框。在对话框的左边"打开的图形"库中选择已有的图形，并选中其中的布局，在右边的空白区域会显示出该图形包含的布局种类，用鼠标左键把其中需要的布局拖到当前图形中，即可建立与其完全一样的布局形式。

5.2.2 在布局中打印

1. 创建视口

上述选项选择好之后，接下来就要创建视口，安排图纸。视口就像观察图形的不同窗口，透过窗口可以看到图样。所有在视口内的图形都能够打印。视口的另一优势是，一个布局内可以设置多个视口，如视图中的俯视图、主视图、左视图、局部放大等视图可以安排在同一布局的不同视口中打印输出。

视口可以是不同的形状，如圆形、多边形。多个视口内能够设置图样的不同部分，并可设置不同的比例输出。一个布局内可以灵活搭配视

图 5-24 "视口"工具栏

口，创建丰富的图样输出，这在模型空间内是做不到的。"视口"工具栏如图 5-24 所示。

图 5-24 中各按钮的含义如下：

1）显示视口：可以方便地设置内定的视口。

2）单个视口：在新建的布局中创建矩形的区域作为单个视口。

3）多边形视口：在布局内绘制一个规则或者不规则的多边形区域作为视口。

4）将对象转为视口：将使用绘图工具绘制的封闭图形转换为视口。

5）裁剪现有视口：将现有的视口裁剪为多边形。

2. 调整视口

在视口内双击图形将其激活，就可以像在模型空间中一样编辑、更改图形了。激活视口后，视口的边框线变粗，可用平移、缩放命令进行粗调。图形在图样和视口中位置应尽量居中，图形的大小不要超出视口和打印范围。在视口工具栏上选择合适的输出比例，调整好之后，在视口外双击即可取消激活，此时，只能平移和缩放查看图形，而不能对它进行编辑。

3. 打印预览

调整完视口后进行打印前的预览，在相应的布局选项卡上单击鼠标右键，在快捷菜单上选择"打印"，进入"打印-布局"对话框（图 5-25）。

单击"预览"按钮，预览时可以用缩放和平移工具查看。若不符合要求，可重新调整布局和视口。

4. 打印

若预览效果符合要求，就可以进行图样的打印了。图纸空间可以方便地解决一张图上有多个比例的问题，设置不同的打印方式。

5.2.3 电子打印

传统的 Auto CAD 输出方法是把图形打印到图纸上，而电子打印是指 AutoCAD 将图形打印成一个文件，用相关的浏览器进行浏览。

电子打印的优点是：文件小，便于交流和网上共享；可通过特定的浏览器查看，无需安装 AutoCAD 软件就可对图形进行缩放和平移；可以不打印有关的尺寸数据，具有较好的保密性；无需打印机和打印纸张。

电子打印命令的调用方法如下：

1）命令：Plot。

2）菜单："文件"→"打印"。

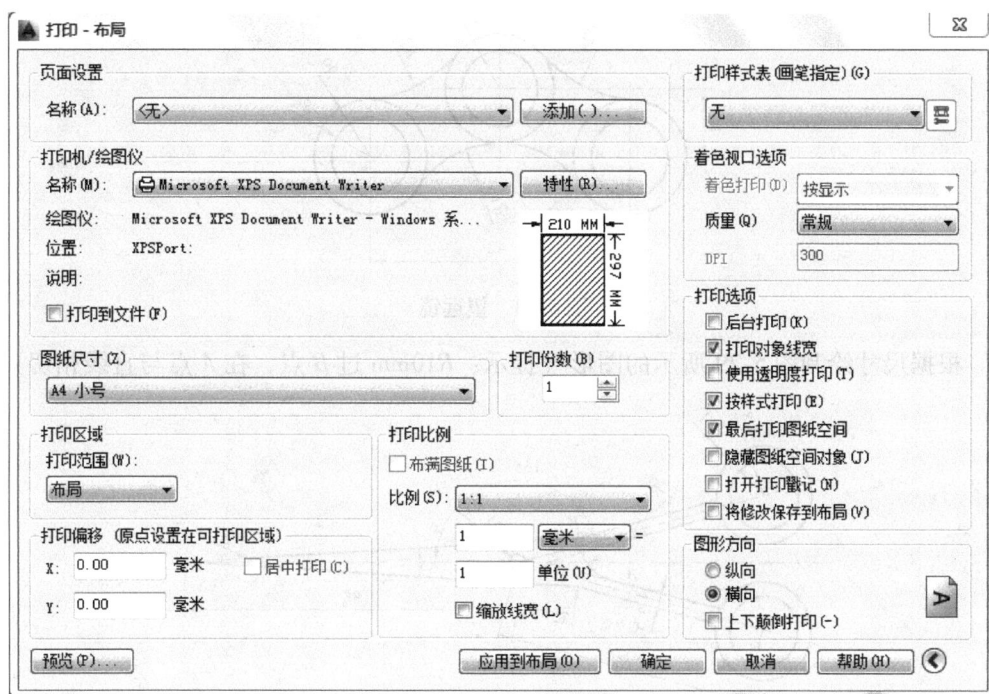

图 5-25　"打印-布局"对话框

执行该命令后，打开"打印-模型"对话框，对图纸尺寸、图形方向、打印区域及打印比例等选项进行设置。从"打印机/绘图仪"的"名称"列表框中选择"DWF6 ePlot. pc3"，单击"确定"按钮，弹出"浏览打印文件"对话框。对话框中，AutoCAD 在当前图形文件名后加上"Model. dwf"（用于模型空间）或"Layout. dwf"（打印布局），并作为打印文件名。选择好保存路径后，单击"保存"按钮，返回"打印-模型"对话框并打印。

5.2.4　习题与巩固

1. 模型空间和图纸空间有何区别？
2. 图纸空间和布局有何不同？
3. 电子打印与传统打印方式相比有何优势？
4. 根据尺寸绘制图 5-26 ~ 图 5-28 所示的图形，并采用电子打印输出 PDF 文件。

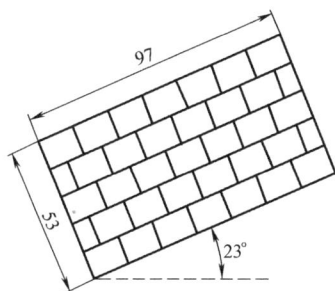

图 5-26　键盘

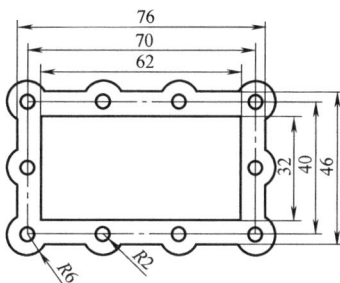

图 5-27　变速器垫

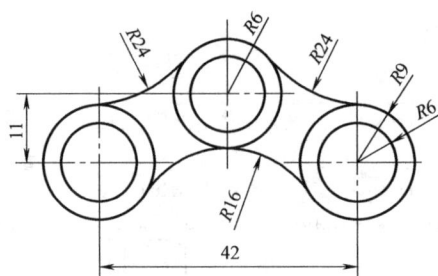

图 5-28　望远镜

5. 根据尺寸绘制图 5-29 所示的图形（提示：*R*10mm 过 *B* 点，在 *A* 点与直线相切）。

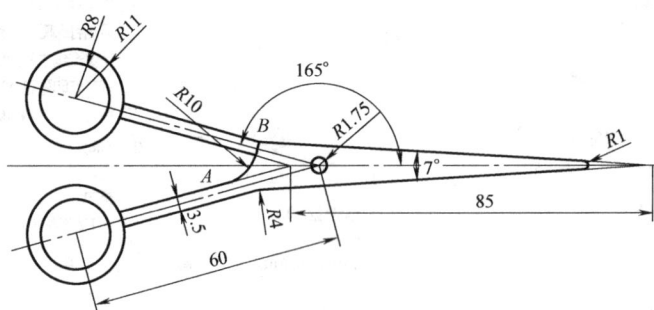

图 5-29　剪刀

第 6 章　平行线和切线的绘制

在使用 AutoCAD 进行绘图和设计时，有些命令和操作的使用频率很高。在这些命令和操作中，有些比较容易掌握，如直线、圆、复制、偏移及移动等；但有些不通过专项练习，是很难熟练应用的，如平行线和切线的绘制、阵列命令、创建图块及相切圆弧等。

绘制平行线和切线不仅对设计工作大有帮助。阵列命令和创建图块都可以批量复制不同的图形，从而大幅提高绘图速度和精确度。阵列命令是在平面图形中，将基本图形按照矩形或环形的方式进行复制的方法。创建图块是将使用频率较高的复杂图形制作成图块，在需要时灵活插入。相切圆或圆弧是各类设计工作中使用较频繁的操作，其特点是灵活多变。关于这些命令，用户需要根据图形特点进行分析，并灵活使用。

本章主要讲述平行线和相切线的绘制方法，重点介绍绘制的技巧。同时结合绘图需要，介绍图案填充的操作步骤以及打断、分解及合并等修改命令。学生应达到如下要求：

1）会用复制和捕捉两种方法绘制平行线。

2）灵活应用各命令绘制切线，熟悉打断等修改命令的使用方法及图案填充命令的操作步骤。

6.1　绘制平行线

如图 6-1 所示，本节主要介绍如何绘制图中的 *CD* 线，该线有角度和长度要求，但无法确定起点位置。需先通过 *A* 点画出 *AB* 线，再顺序作出平行线 *BC* 和 *CD*，因此又称为平行四边形法。本例题主要介绍两种作平行线的方法，学生应在学习后完成习题与巩固中的任务。

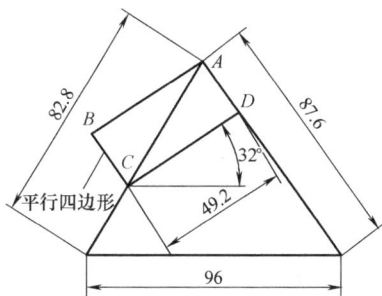

图 6-1　平行四边形画法

6.1.1　平行线的绘制方法

1. 利用对象捕捉绘制平行线

该方法需要捕捉切点，捕捉切点的方法有如下三种：

1）设置"对象捕捉"的捕捉模式（图 6-2a），除"平行"外全部清除。可以通过右键单击状态栏上的"对象捕捉"按钮▱，在弹出的快捷菜单（图 6-2b）中进行选择。

2）调用"对象捕捉"工具栏。右键单击工具栏，在弹出的工具栏快捷菜单上选择"对象捕捉"（图 6-3）。绘图过程中，命令行提示指定点时，先在"对象捕捉"上单击"捕捉到平行线"按钮∥，再单击平行的直线。

3）按住 shift + 鼠标右键，在弹出的快捷菜单中选中"平行线"按钮∥。

注意：后两种方法在每次指定点时，都应先单击∥按钮。

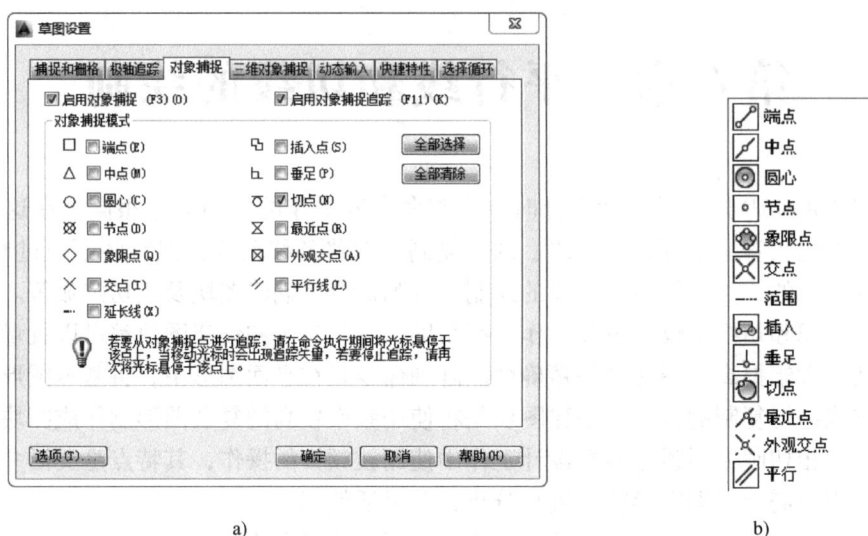

a)　　　　　　　　　　　　　　　　　　　　　　　　b)

图 6-2　"对象捕捉模式"的设置

a)"对象捕捉"选项卡　b)对象捕捉快捷菜单

图 6-3　"对象捕捉"工具栏

在图 6-1 中，BC 线的作法如下：设置对象捕捉模式，只保留"端点""交点"和"切点"，单击"直线命令"按钮 ▱ ，左键单击 B 点作为起始点，用鼠标滑过线段 AD，直到捕捉到"平行"（即符号"∥"），如图 6-4a 所示。注意：此时不要左键单击，而是将鼠标滑到大概与 AD 平行的位置，如图 6-4b 所示。继续滑动鼠标，在 AC 上捕捉到"平行：交点"的 C 点后再单击鼠标左键，如图 6-4c 所示。

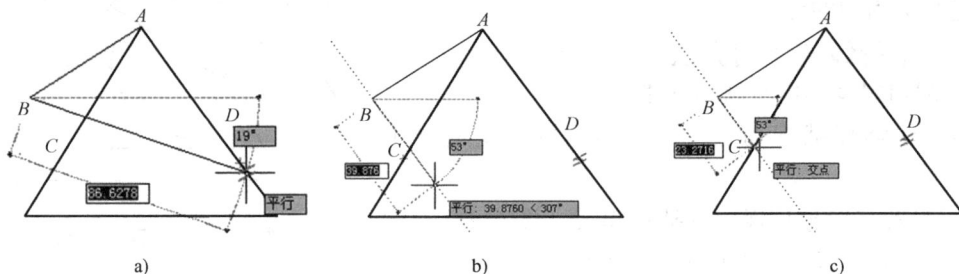

a)　　　　　　　　　　　b)　　　　　　　　　　　c)

图 6-4　平行线 BC 绘制过程

a)捕捉平行　b)找平行：交点　c)绘制 BC

2. 用复制的方法绘制平行线

复制命令可以创建多个相互平行的副本，利用这个功能，就可以使用复制命令来绘制平行线了。在图 6-1 中，BC 线的作法如图 6-5 所示：单击复制命令按钮 ▱ ，单击选中 AD 线后按回车键，单击 A 点作为基点，单击 B 点作为第二点，按 Esc 键退出命令。

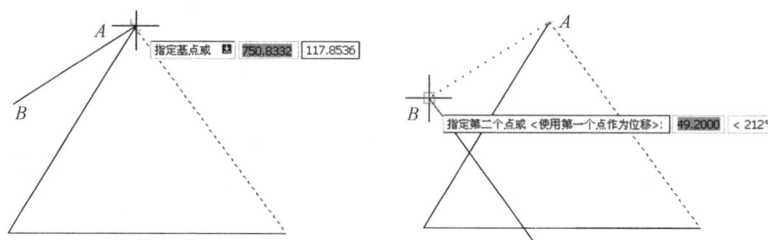

图 6-5　复制命令作平行线

6.1.2　图案填充

在剖视图和断面图中，经常需要在图中某些指定的区域内填充某种图案或剖面线，以表示该区域的结构特点和构成该物体的材料。

1. 基本概念

进行图案填充时，首先要确定填充边界。定义边界的对象只能是直线、圆、圆弧等实体或由这些实体定义的块，而且作为边界的实体在当前屏幕上必须是可见的和封闭的。Auto-CAD 允许以如下三种方式进行图案填充：

1）普通方式：该方式为默认方式，填充效果如图 6-6a 所示。在此方式下，剖面图案中的每一条线从两端开始向区域内画，遇到内部实体时就断开，直到遇到下一个实体时再画线。采用这种方式时，要避免剖面图案在边界内与实体相交的次数为奇数。

2）最外层方式：从边界开始向里画，只要在边界内部遇到实体时就断开，不再画线，如图 6-6b 所示。

3）忽略方式：忽略边界内的实体，所有内部结构都被剖面线覆盖，如图 6-6c 所示。

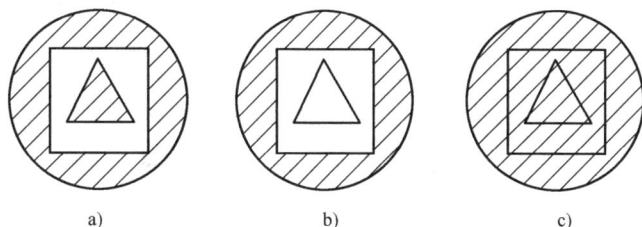

图 6-6　图案的填充方式

a）普通方式　b）最外层方式　c）忽略方式

2. 图案填充命令调用方法

1）命令：Bhatch。

2）菜单："绘图"→"图案填充"。

3）工具栏："绘图"→按钮。

执行该命令后，弹出"图案填充和渐变色"对话框，单击右下方的"更多选项"按钮，展开对话框，如图 6-7 所示。

3. 选项说明

图 6-7 所示的对话框中有"图案填充"和"渐变色"两个选项卡，后者是实体图案填充，能够体现光照在平面上产生的过渡颜色效果。

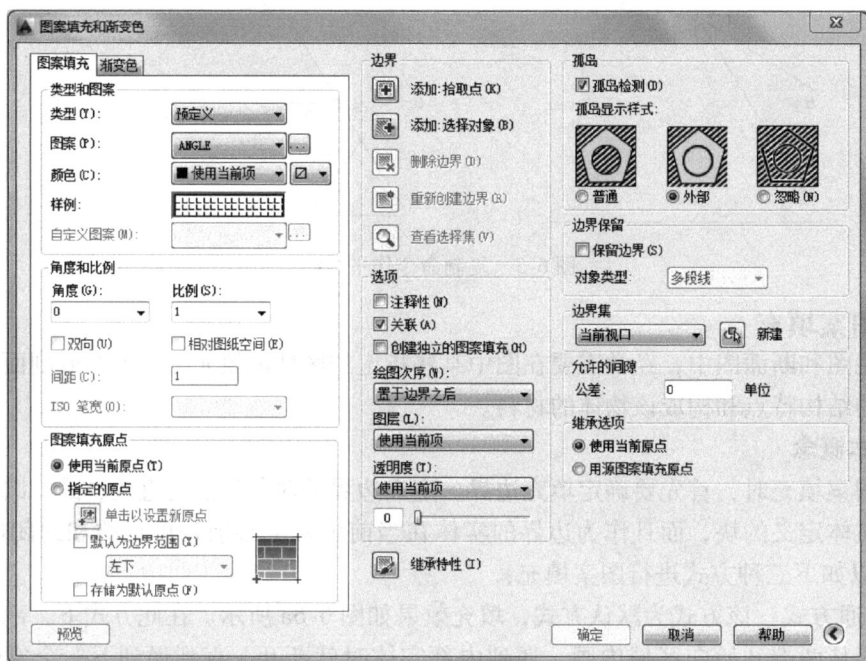

图 6-7　"图案填充和渐变色"对话框

（1）类型和图案　用户可以通过下拉列表在"预定义""自定义""用户定义"之间选择类型。其中，"预定义"表示用 AutoCAD 提供的图案进行填充，"自定义"表示用事先定义好的图案进行填充，"用户定义"表示用户可以临时定义填充图案，该图案由一组平行线或相互垂直的两组平行线组成。

选择"预定义"填充类型时，用户可以从"图案"下拉列表中选择填充图案的名字，也可以单击 按钮，弹出图 6-8 所示的"填充图案选项板"，从中选择需要的填充图案样例。

（2）角度和比例

1）角度：用于确定填充图案的旋转角度。

2）比例：用于确定填充图案时的比例值。实际显示为调整填充图案的疏密程度。注意：图案填充的比例值选择不当会造成填充线太密或太疏，甚至会导致无填充的结果。此时可以调整比例值，直到合适为止。为了避免填充线过密而耽搁太多的时间，在无法确定填充比例时，建议先选择较大的比例，然后逐渐减小。

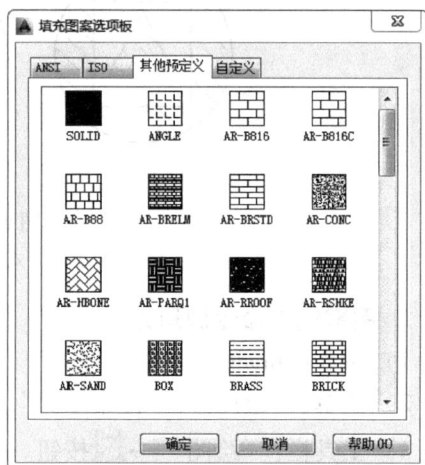

图 6-8　填充图案选项板

3）间距：用于确定填充平行线之间的距离。"双向"用于确定填充线是由一组平行线还是相互垂直的两组平行线组成的。只有选择"用户定义"类型时，这两个选项才有效。

4）相对图纸空间：仅适用于布局，此选项可以适应布局的比例显示填充图案。

5）ISO 笔宽：基于选定笔宽缩放 ISO 预定义图案，只有在"预定义"类型选择一种 ISO 图案后，此选项才可用。

（3）图案填充原点　该功能用于控制填充图案的起始位置。

1）使用当前原点：使用存储在 Hporiginmode 系统变量中的设置，默认为（0，0）。

2）指定原点：选定该选项后，下面三个选项可用：

① 单击"单击以设置新原点"按钮，直接指定一个新的图案填充原点。

② 选择"默认为边界范围"选项，在下方列表框中选择图案填充范围的四个角度之一或中心为新原点。

③ 选择"存储为默认原点"选项，将新的原点保存到系统变量 Hporigin 中。

（4）边界

1）添加：拾取点：用以拾取某个填充区域内部一点，从而确定填充边界。单击该按钮后，AutoCAD 临时切换到作图屏幕，并在命令行中提示："选择内部点："。此时，在填充的区域内部任意拾取一点，AutoCAD 会自动确定出包围该点的封闭填充边界，同时亮显这些边界。

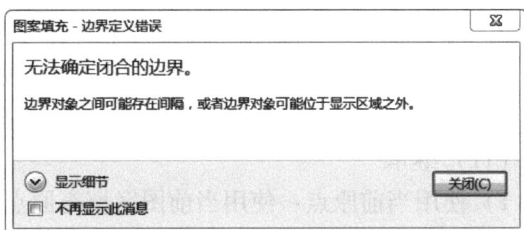

图 6-9　"边界定义错误"提示框

如果在拾取一点后，不能形成封闭边界，则系统会给出相应的错误提示，如图 6-9 所示。

2）添加：选择对象：用于选择对象的形式确定填充边界。单击该按钮后，AutoCAD 临时切换到作图屏幕，并在命令行中提示："选择对象："，在屏幕上选择构成填充区域的填充边界，被选中的边界会被亮显。如果选错了填充边界，可以键入 U 来取消，也可以单击鼠标右键，从快捷菜单中选择"全部清除"或"放弃上次选择/拾取"。

3）删除边界：删除已有边界中的某些对象，只有在指定边界后才可用。

4）重新创建边界：围绕选定的填充图案或对象创建多段线或面域边界，并使其与图案关联。

5）查看选择集：查看当前定义的边界，只有在指定边界后才可用。

（5）选项　在这里可以设置填充图案与填充边界的关系。选中"关联"复选框，填充图案与填充边界保持关联关系，当对填充边界进行某些编辑操作时，系统会根据边界的位置重新生成填充图案；选中"创建独立的图案填充"复选框时，填充图案与填充边界没有关联关系。系统默认设置为"关联"。两者的区别如图 6-10 所示。

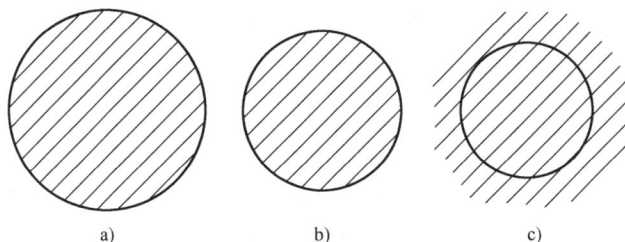

图 6-10　填充图案与填充边界的关系

a）关联填充　b）缩小图像后的结果　c）不关联填充缩小后的结果

"绘图次序"选项用于指定填充图案与其他对象的绘图顺序。

（6）继承特性　选用已有的填充图案作为当前的填充图案。单击该按钮后，AutoCAD临时切换到作图屏幕，并在命令行中提示："选择关联填充对象："，在选择屏幕上的某一填充图案后，系统自动返回到"边界图案填充"对话框，并在对话框中显示出该填充图案的相应设置及有关特性参数。

（7）孤岛　填充边界内的封闭区域称为孤岛，即图 6-6 所示的三种情况。

（8）边界保留　该选项用于指定是否将边界保留为多段线或面域，勾选"边界保留"复选框，将填充边界以对象的形式保留。用户可在对象类型下拉列表框中选择边界保留的类型，有"面域"和"多段线"两个选项。

（9）边界集　该选项可重新定义使用"添加：拾取点"方式指定边界的对象集。在默认状态下，AutoCAD 将根据当前视口中所有可见对象确定边界对象集。

（10）允许的间隙　使用该选项可填充开放的边界。在"公差"文本框中输入一个 0 ~ 500 的数值，任何小于指定值的间隙都会被忽略。

（11）继承

1）使用当前原点：使用当前图案填充原点。

2）用源图案填充原点：使用源图案填充原点。

4. 编辑图案填充

图形进行图案填充后，有时需要修改图案填充或边界，这就需要使用图案填充的编辑命令。在默认的情况下，系统创建的都是关联图案填充，如果改变边界对象，关联图案会自动调整，以适应边界的变化。注意：如果移动、删除了原边界对象、孤岛或图案，将造成图案与原边界之间失去关联。编辑图案填充命令的调用方法如下：

1）命令：Hatchedit。

2）菜单："修改"→"对象"→"图案填充"。

执行该命令后，命令行提示："选择关联填充对象："，选择要编辑的填充图案后，弹出图6-11 所示的"图案填充编辑"对话框，该对话框与"边界图案填充"对话框类似，不同之处在于有些选项不能使用。

5. 控制图案填充的可见性

（1）使用 Fill 命令　执行该命令后，命令行提示："输入模式 [开（ON）/关（OFF）] <开>："。系统默认的模式为"开"，在此模式下可以显示图案填充。此时，如果输入 OFF，则将显示模式设置为"关"，在此之后进行的图案填充的操作就不再显示图案填充。在此之前进行的图案填充的操作，执行重生成命令后，图案填充也不再显示。

（2）使用 Fillmode 命令　执行该命令后，命令行会提示"输入 FILLMODE 的新值 <1>："。系统变量有两种取值，如果将系统变量设置为 0，则隐藏图案填充；如果设置为 1，则显示图案填充。

（3）使用图层控制　绘图时，将图案填充单独放在一个图层上。当不需要显示该图案填充时，将图案所在的图层关闭或冻结即可。注意：使用图层控制图案填充的可见性时，不同的控制方式会使图案填充与其边界的关联关系发生变化。

6.1.3　例题解析

图 6-1 所示的直线 *CD* 的绘制步骤如下：

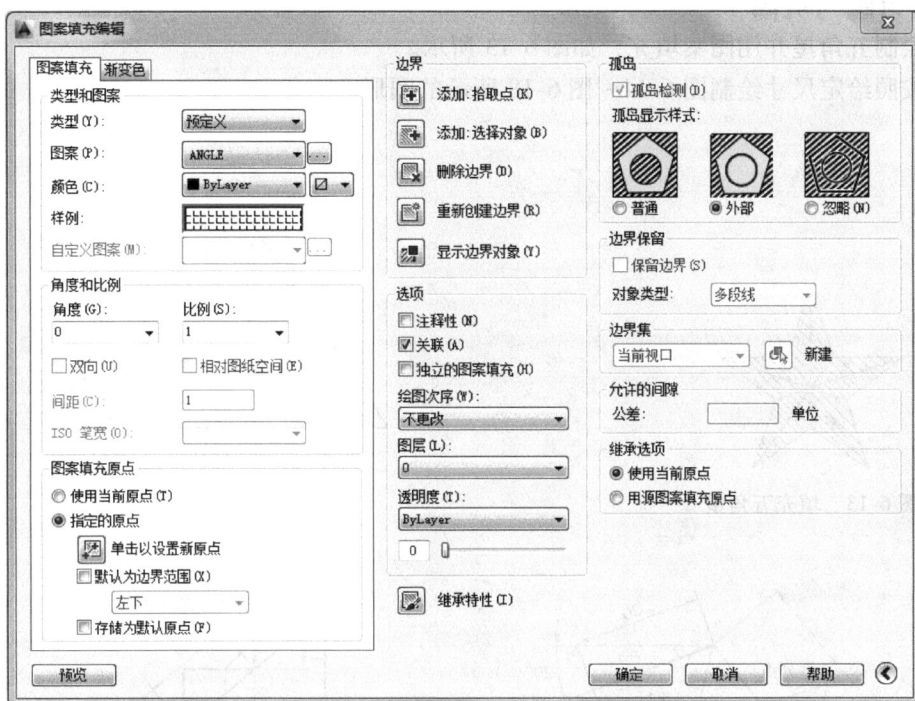

图 6-11　"图案填充编辑"对话框

1）新建文件，绘制三角形。左键单击绘图工具栏中的直线命令，在绘图区任意左键单击一点作为起始点，向右水平方向追踪并输入长度 96 并回车。左键单击绘图工具栏中的圆命令，左键单击 96mm 直线左端点作为圆心，输入半径 82.8 并回车。再按回车键或继续左键单击圆命令，左键单击 96mm 直线右端点作为圆心，输入半径 87.6 并回车，两圆在直线上方的交点即为三角形的顶点，用直线命令连接三点完成三角形的绘制。

2）绘制 AB 线。选择直线命令，左键单击两圆交点 A 作为起始点，输入长度 49.2 并回车（图 6-12a），按 Tab 键输入角度 148°并回车，按照前述方法绘制平行线 BC（图 6-12b）。

3）重复上述方法绘制直线 CD，完成图形的绘制（图 6-12c）。

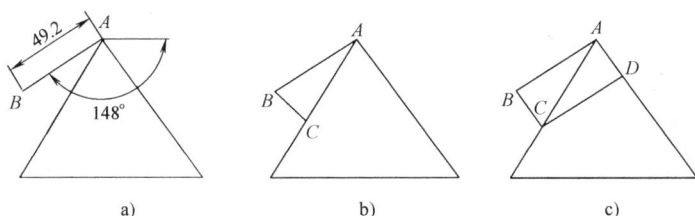

图 6-12　操作步骤
a）绘制直线 AB　b）绘制平行线 BC　c）绘制直线 CD

借助对象捕捉绘制平行线，可以一次完成多条平行线的绘制，其精度和效率都很高，而使用复制命令绘制的平行线大多需要修剪。当已知两平行线的垂直距离时，也可以使用偏移方法绘制平行线。

6.1.4　习题与巩固

1. 绘制五角星并用图案填充，如图 6-13 所示。
2. 按照给定尺寸绘制图 6-14～图 6-18 所示的图形。

图 6-13　填充五角星

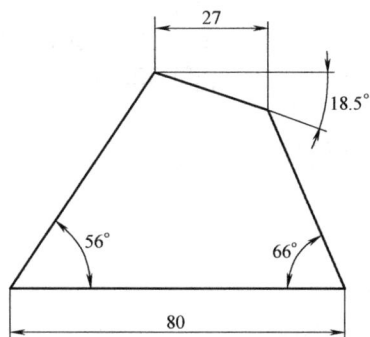

图 6-14　题 2 图（一）

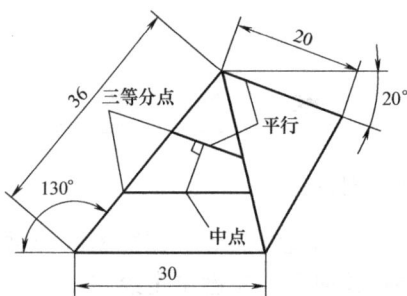

图 6-15　题 2 图（二）

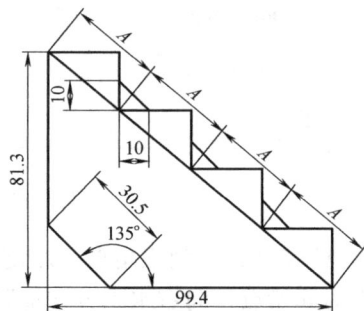

图 6-16　题 2 图（三）

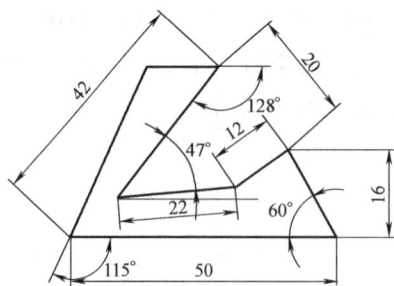

图 6-17　题 2 图（四）

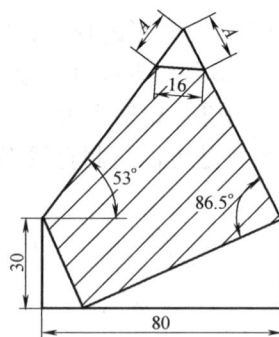

图 6-18　题 2 图（五）

6.2　绘制切线和相切圆

很多 AutoCAD 证书考试都需要绘制圆的切线和相切圆。图 6-19 所示的图形中有两个圆的公切线、两条线的公切圆，还有按照指定角度绘制圆的切线。这些线、圆的画法非常灵活，有些可以借助捕捉来绘制，有些可以用圆角命令、相切—相切—半径命令来绘制，还有些切线要用几个命令相互组合来绘制。本节主要介绍几种常用的绘制切线、相切圆的方法。

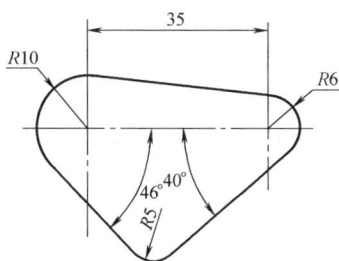

图6-19　切线、相切圆示例

6.2.1　打断与合并

1. 打断命令

打断命令用于把选定的对象实体进行部分删除，或把它断开为两个实体。可以操作的对象包括直线、圆弧、圆、宽度线、椭圆、构造线、射线和圆环等。命令的调用方法如下：

1）命令：Break。

2）菜单："修改"→"打断"。

3）工具栏："修改"→▭按钮。

执行该命令，命令行提示：

"选择对象:"，单击拾取对象，此点被作为第一打断点。

"指定第二个打断点或［第一点（F）］:"。

此时，若直接在对象上拾取第二个打断点，则位于两个打断点之间的那部分对象将被删除；若对象是圆或圆弧，则沿逆时针方向从第一打断点至第二打断点之间的那段弧被删除；若在对象的一端之外拾取了第二个打断点，则位于两个拾取点之间的那部分对象被删除；若输入@，表示指定的第二打断点与第一打断点是同一点，则将对象在第一打断点处一分为二。

此时若不指定第二打断点，而选择F并回车，则重新确定第一打断点。

2. 打断于点

该命令用于将选定的对象实体断开为两个实体。可以操作的对象有直线、圆弧、宽度线、构造线、射线和圆环等。命令的调用方法为：工具栏："修改"→▭按钮。

激活命令后，命令行提示：

"选择对象:"，单击拾取对象。

"指定第二个打断点或[第一点(F)]:_ f"，系统自动以F响应，指定第一个打断点。

"指定第二个打断点:@"。系统自动以@响应，命令就此结束。

打断于点命令实际上是打断命令的一部分，把它单独列为一个命令，是为了便于在作图过程中把一个实体断开为两个实体。

3. 分解

该命令位于修改工具最下方，用于把复合对象分解为其组件对象。命令的调用方法如下：

1）命令：Explode 或 X。

2）菜单："修改"→"分解"。

3）工具栏："修改"→▱按钮。

执行该命令后，命令行提示：

"选择对象：(选取一个对象)"，单击选中要分解的对象。

"找到一个选择对象:"，可继续选择要分解的对象，若不再选择，回车或右键确认，选中的对象即被分解。此时，从对象的外形上看不出变化，如果拾取该对象，即可看出效果。

注意：分解命令一般不可逆转，只有在必要的情况下才使用该命令。

4. 合并

合并命令的调用方法如下：

1）命令：Join 或快捷键 J。

2）菜单："修改"→"合并"。

3）工具栏："修改"→ ━▋◀━ 按钮。

执行该命令后，命令行提示：

"选择源对象："，选择一条直线、多段线、圆弧、椭圆弧或样条曲线，根据选定的源对象，命令行显示以下提示之一：

1）若选择直线，命令行提示："选择要合并到源的直线："，选择一条或多条直线并回车。

2）若选择多段线，命令行提示："选择要合并到源的对象："，选择一个或多个对象并回车。

3）若选择圆弧，命令行提示："选择圆弧，以合并到源或进行［闭合（L）］:"选择一个或多个圆弧回车，或输入 L。

圆弧对象之间可以有间隙，但必须位于同一假想的圆上。"闭合"选项可将源圆弧转换成圆。注意：对象之间不能有间隙，合并圆弧时，将从源对象开始按逆时针方向合并圆弧。若是椭圆弧，情况与圆弧类似。

6.2.2 切线、相切圆的画法

1. 切线的画法

公切线可借助捕捉相切对象上的切点得到，有角度要求的切线可从圆心开始绘制，然后用偏移命令得到。

（1）捕捉切点的方法

1）设置"对象捕捉"的捕捉模式，除"切点"外全部清除。在 AutoCAD 2009 及以后的版本中，选择捕捉模式可以通过右键单击状态栏上的"对象捕捉"按钮 ，在弹出的快捷菜单中进行选择。

2）调用"对象捕捉"工具栏，右键单击工具栏，在弹出的快捷菜单中选择"对象捕捉"。如图 6-20 所示，绘制两个圆的公切线，单击直线命令，命令行提示指定第一点时，先在"对象捕捉"工具栏上单击"捕捉到切点"按钮 ，单击第一个圆，再次在"对象捕捉"工具栏上单击"捕捉到切点"按钮 ，单击第二个圆。

3）单击直线命令，命令行提示指定第一点时，按住 shift + 右键，在弹出的快捷菜单中选中"捕捉到切点"按钮 。注意：后两种方法在每次指定点时，都应先单击切点图标。

（2）有角度要求的切线　有角度要求的切线无法直接在圆上绘制，只能从圆心出发，绘制相同角度的直线，然后用偏移命令偏移复制半径距离的直线。如图 6-21 所示，先在圆心处绘制角度为 30°的直线，单击偏移命令，偏移距离为半径值 15mm，偏移后的直线即为圆的切线，且满足角度要求。

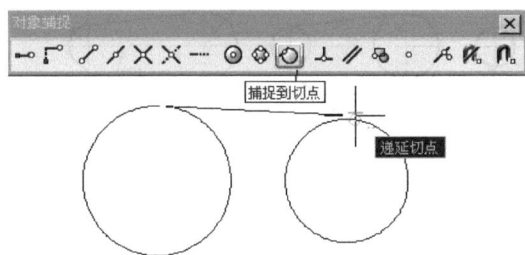

图 6-20　两个圆公切线的画法

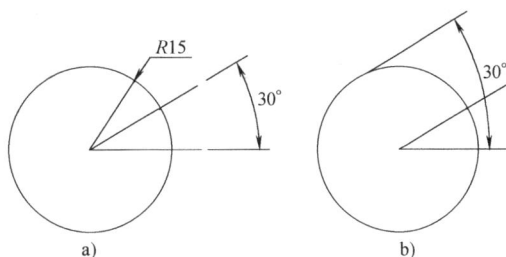

图 6-21　绘制有角度要求的切线

a）过圆心绘制直线　b）偏移复制直线

2. 相切圆的画法

相切圆包括圆与圆、圆与线及线与线的相切圆等，根据不同情况，可以使用圆角命令或相切—相切—半径命令。图 6-22 为这三种情况的绘制方法。

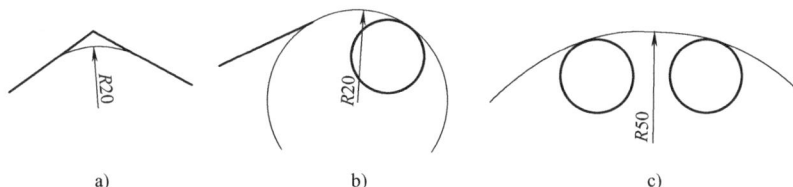

图 6-22　相切圆的画法

a）用圆角命令绘制线与线的公切圆　b）用相切—相切—半径命令绘制线与圆的公切圆
c）用相切—相切—半径命令绘制公切圆

6.2.3　例题解析

图 6-18 所示图形的绘制步骤如下：

1）打开样板，新建一个名称为"相切线"的文件，保存到常用磁盘位置。

2）选择中心线图层，绘制两圆的中心线。选择粗实线图层，绘制两个圆，如图 6-23a 所示。

3）选择直线命令，以两圆心为第一点绘制 46°直线和 40°直线。继续绘制直线，按住 shift + 鼠标右键，在弹出的快捷菜单中选中捕捉到切点按钮 ⟳，单击第一个圆，按住 shift + 鼠标右键，在弹出的快捷菜单中选中捕捉到切点按钮 ⟳，单击第二个圆，绘制公切线，如图 6-23b 所示。

4）单击"修改"工具栏的"偏移"命令，输入偏移距离 10 并回车，单击 46°直线，单击下方指定偏移方向并回车；继续选择偏移命令，输入偏移距离 6 并回车，单击 40°直线，单击下方指定偏移方向，绘制两条切线，如图 6-23c 所示。

5）单击"修改"工具栏的"圆角"命令，输入 R 并回车，输入 5，指定圆角值，分别单击两条切线，绘制圆角 *R*5mm，如图 6-23d 所示。

6）单击"修改"工具栏的"修剪"命令，修剪各圆弧和线。选择细实线图层，标注各尺寸，如图 6-23e 所示。

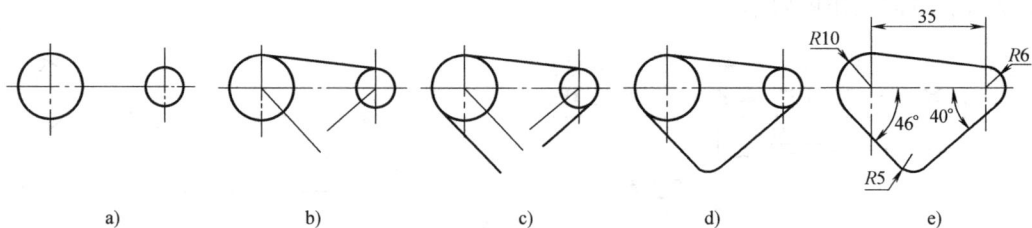

图 6-23　绘制过程

a）绘制圆　b）绘制切线　c）偏移切线　d）圆角　e）标注尺寸

本节中介绍的命令非常灵活，用户可尝试用多种方法进行绘图。

6.2.4　习题与巩固

根据尺寸绘制图 6-24～图 6-28 所示的图形。

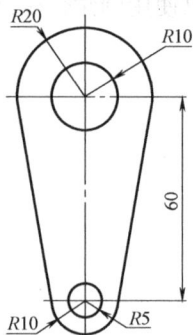

图 6-24　习题图（一）

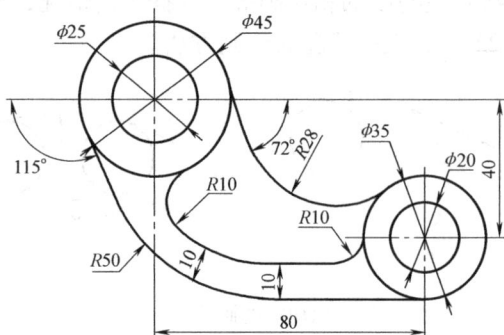

图 6-25　习题图（二）

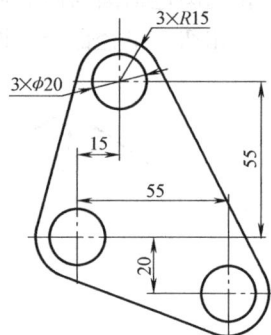

图 6-26　习题图（三）

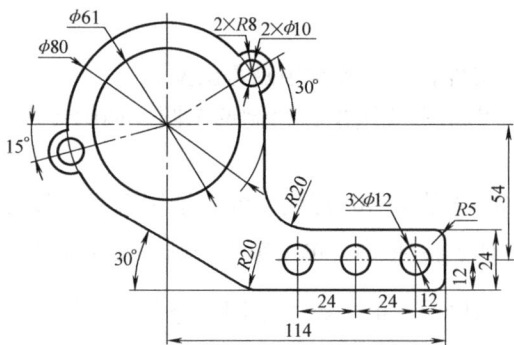

图 6-27　习题图（四）

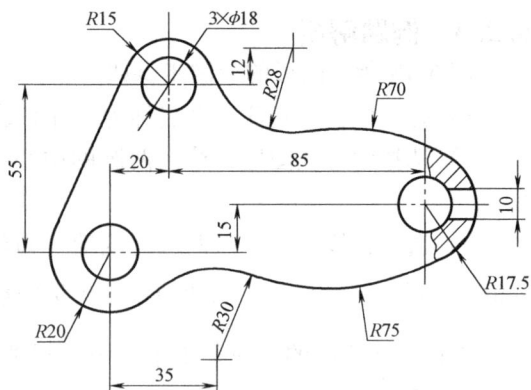

图 6-28　习题图（五）

第7章 复杂圆弧的绘制

本章从强化圆弧绘制的技巧出发，介绍了根据面域和对象查询图形信息的基本方法，也介绍了绘制椭圆、圆环和多边形的命令操作方法。学生应掌握如下内容：

1）熟练应用"相切—相切—半径"和"圆角"命令绘制圆弧。
2）会调整图像的显示质量。
3）会绘制椭圆、圆环和多边形。

7.1 "锚"零件图的绘制

本节内容以绘制较复杂的圆弧为主，从而让学生掌握圆角和相切—相切—半径命令。如图 7-1 所示，"锚"零件图需要绘制多个圆及圆弧。分析各圆之间的位置关系非常重要，确定好中心位置才能绘制圆。如果无法确定圆心，只能用"圆角"或"相切—相切—半径"命令绘制。此类图形应用广泛，特别是在某些技能考试中更是必考题型，因此需要勤加练习，强化训练。

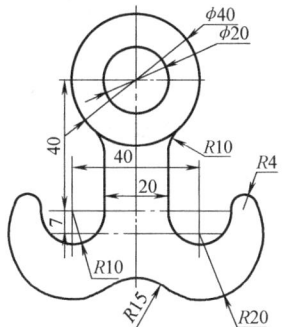

图 7-1 "锚"零件图

7.1.1 图形显示的质量

1. 重新生成视图

重画命令的调用方法为："视图"菜单→"重画"。

绘图过程中，如删除、移动等编辑操作后，屏幕会留下拾取标记，通过重画命令可以更新屏幕显示，清除痕迹。重生成和全部重生成命令的调用方法为："视图"菜单→"重生成""全部重生成"，如图 7-2 所示。

当重画命令无效，或重新设置了文字样式、线型或颜色等对象特性后，使用重生成或全部重生成命令可以重新创建图像数据库索引，优化显示质量和对象选择的性能。这两个命令区别在于是在当前窗口还是在全部窗口重生成图形。如果用户发现绘制的圆不圆滑，好像由许多直线构成，可以使用这两个命令（图 7-3）。

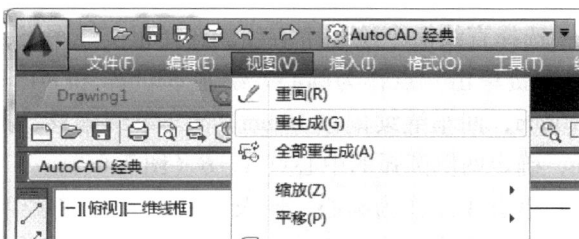

图 7-2 重画等命令的位置

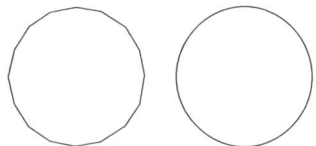

图 7-3 重生成前后的圆

2. 曲线的显示精度

上面提到的问题实际上是由于圆和圆弧的平滑度值过低造成的。要控制其显示精度，可以通过选择"工具"→"选项",打开选项对话框,在"显示"选项卡(图7-4)中将"圆弧和圆的平滑度"文本框数值增加,该值的有效范围为1~20000,默认值为1000,值越高,对象越平滑。当然系统也需要更多时间执行重生成命令,因此用户可以在渲染时,配合平滑度和轮廓素线一起设置。另外,降低"每条多段线曲线的线段数"的数值,也可优化绘图性能,该数值默认为8,数值越大,显示性能越差。

图 7-4   显示精度的设置

7.1.2   快速计算器

在 AutoCAD 绘图过程中,用户可使用快速计算器进行计算,也可用于转换测量单位。打开快速计算器命令的方法如下:

1)命令:Quickcalc 或快捷键 QC。

2)在绘图区单击鼠标右键→快捷菜单 ▦ 按钮。

3)工具栏:"标准"→ ▦ 按钮(图7-5)。

4)"特性"选项板→单击包含数值的文本框。

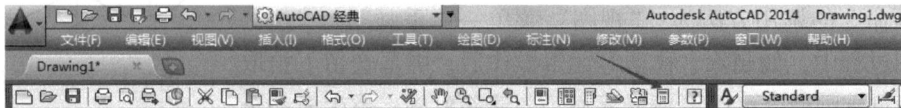

图 7-5   工具栏中快速计算器的位置

7.1.3   例题解析

图 7-1 所示图形的绘制步骤如下:

1)设置绘图环境。设置点样式、对象捕捉等,单击"图层特性管理器",新建中心线图层和粗实线图层。

2)绘制基本图形。选择中心线图层,选择直线命令绘制中心线。选择粗实线图层,单击绘图工具栏中的圆命令,在绘图区任意左键单击一点作为圆心,绘制 $\phi20mm$ 和 $\phi40mm$。选择偏移命令,把垂直中心线向左偏移10mm,回车继续偏移10mm,回车继续偏移,把水平中心线向下偏移40mm,继续偏移7mm,确定两侧圆弧的中心点 A、B(图7-6a)。

3)绘制左边图形。选择圆命令,左键单击 A 点作为圆心,输入10并回车。继续绘圆,左键单击 B 点作为圆心,输入20并回车。选择圆命令,输入 T 并回车或在"绘图"菜单栏中"圆"的级联菜单中选中"相切—相切—半径"命令,选择两圆,输入4并回车(图7-6b)。

4)绘制右边图形。选择修剪命令,修剪掉多余圆弧和线段。选择绘图工具栏中的镜像命令,选择除去上方两圆外的所有图线后回车,左键单击垂直轴上两点,回车(图7-6c)。

5）连接左右图形。选择相切—相切—半径命令，左键单击两侧的 *R*20mm 的圆弧，输入 15 并回车。选择修剪命令，修剪掉多余弧线，如图 7-6d 所示。继续添加标注，完成"锚"零件图的绘制。

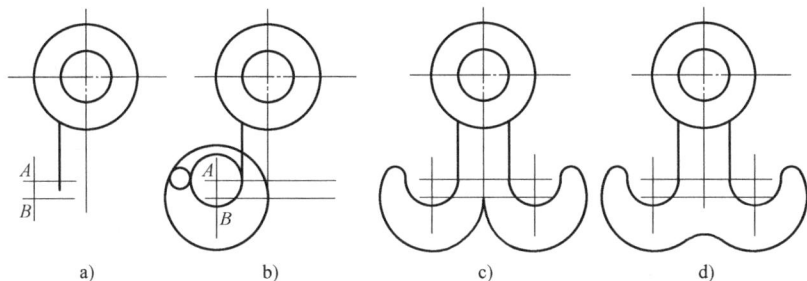

图 7-6 "锚"零件图的绘制过程
a）绘制中心线 b）绘制左边图形 c）镜像 d）修剪

本章中图形的绘制主要采用相切—相切—半径和圆弧命令，其应用广泛而且灵活，题目也较多，通过大量的题目练习，熟练这些命令，对以后的课程学习和实际应用有很大的帮助。在选取切点时，若选取位置不同，由于内切和外切的原因，AutoCAD 会作出不同的圆。圆弧命令比较多，使用时注意命令格式，可以根据命令行的提示来操作。

7.1.4 习题与巩固

1. 按照尺寸绘制图 7-7 ~ 图 7-12 所示的图形。

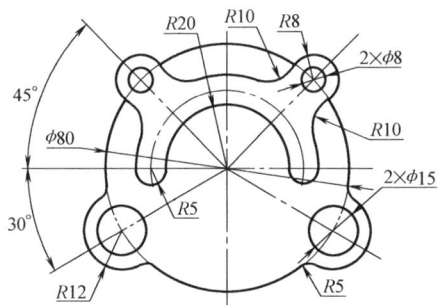

图 7-7 题 1 图（一）

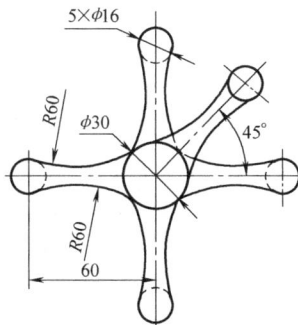

图 7-8 题 1 图（二）

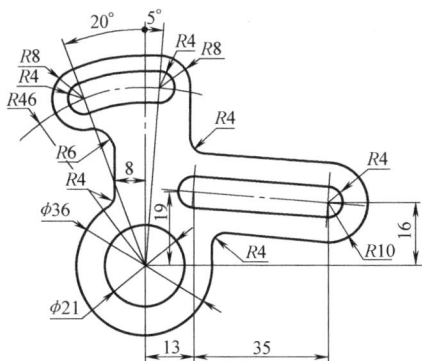

图 7-9 题 1 图（三）

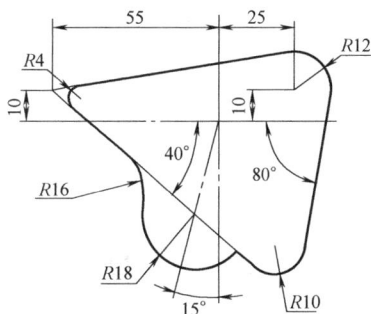

图 7-10 题 1 图（四）

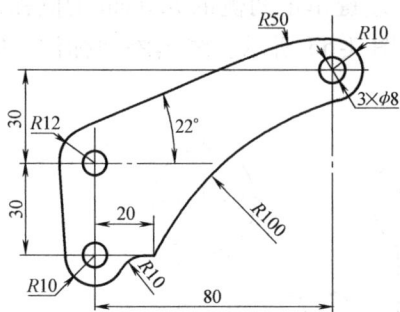

图 7-11　题 1 图（五）

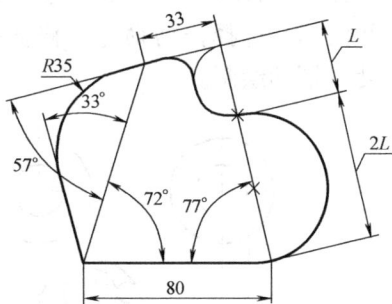

图 7-12　题 1 图（六）

2. 绘制图 7-13 所示的立交桥。

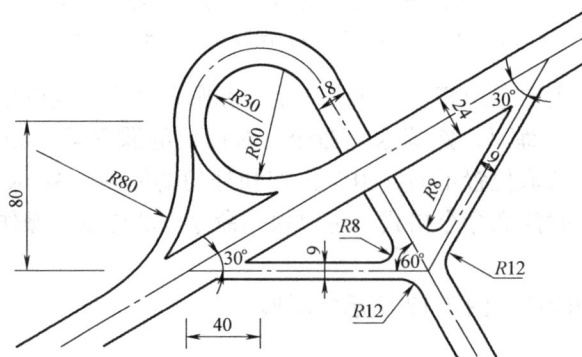

图 7-13　立交桥

3. 绘制图 7-14 所示的迷宫图。

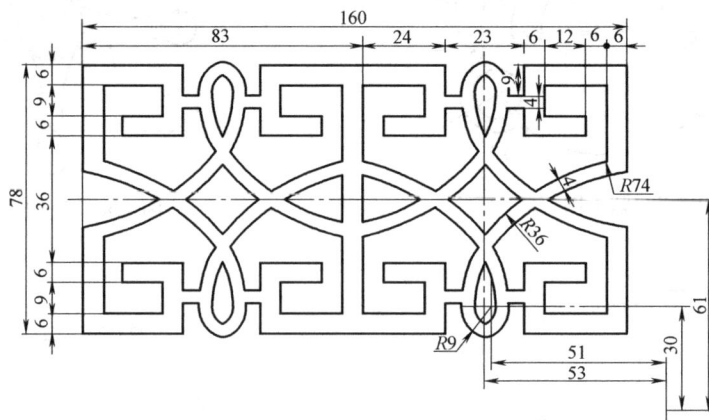

图 7-14　迷宫

7.2　"老人头"图的绘制

本节将绘制图 7-15 所示的"老人头"图形。该图形左右对称，圆弧较多，有五边形和椭圆。圆弧中有的已知半径和圆心，有的可以确定起点、端点和半径，有的包含两个相切，需要用到"相切—相切—半径"命令。该图中"椭圆"已知长轴、短轴和中心点。小五边形已知边长，且中心与 $R35mm$ 的圆心重合。

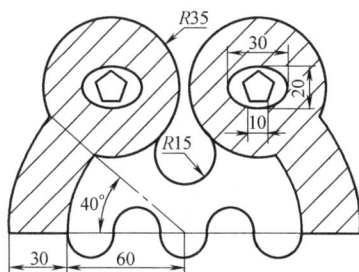

图7-15　"老人头"图形

7.2.1　绘制椭圆

该命令可绘制椭圆或椭圆弧。命令的调用方法如下：

1）命令：Ellipse。

2）菜单："绘图"→"椭圆"。

3）工具栏："绘图"→ ⬬ 按钮。

执行该命令后，命令行提示："指定椭圆轴的端点或[圆弧(A)/中心点(C)]："。

1. 默认选项

指定椭圆上某轴的一个端点后，命令行继续提示：

"指定轴的另一端点："，指定轴的另一个端点后。

"指定另一条半轴的长度或[旋转(R)]："，默认指定另一条半轴的长度，输入另一轴的长度值或者用光标点取距离，都可绘制出椭圆并结束命令。

若输入 R 并回车，选择"旋转"选项，命令行继续提示：

"指定绕长轴旋转的角度："，输入角度（根据椭圆生成原理：圆绕其一条直径旋转一定角度后的投影即是椭圆。作为轴的这条直径就是椭圆的长轴。当旋转角度为0°时，就是圆。当旋转角度为90°时，是一条直线。输入角度范围为0°～89.4°，随着角度的增加，椭圆越来越扁）。

2. 中心点（C）

输入 C 回车，选择中心点选项，命令行提示：

"指定椭圆中心点："，单击指定椭圆的中心点，确定椭圆的位置，只要再为两轴各确定一个端点，便可确定椭圆的形状。

"指定轴的端点："，单击指定椭圆某一轴的一个端点。

"指定另一条半轴的长度或[旋转(R)]："。操作方法参考默认选项。

3. 圆弧（A）

该选项用于绘制椭圆弧，首先需要画出椭圆，再截取一段弧，开始的命令行提示及操作与绘制椭圆一样。命令行提示：

"指定椭圆轴的端点或[圆弧(A)/中心点(C)]："，单击端点。

"指定轴的另一端点："，单击另一个端点。

"指定另一条半轴的长度或（旋转）]："，根据提示绘制一个椭圆。

"指定起始角度或［参数（P）]："，默认为指定起始角度，输入起始角度。

"指定终止角度或［参数（P）/包含角度（I）]："，输入终止角后，将画出起始角至终止角之间（逆时针为正）的椭圆弧。若指定包含角，则画出自起始角开始包含指定角度（逆时针为正）的椭圆弧。若输入 P 并回车，选择参数选项时，命令行提示：

"指定终止参数或［角度（A）/包含角度（I）]："，参数的作用仍然是用来计算椭圆弧的起始角和终止角。变量 Pellipse 可以控制绘制图形的特性是椭圆还是多段线。在命令行输入 Pellipse 并回车，命令行提示：

"输入 PELLIPSE 的新值 < 0 >"，默认参数 0 表示图形特性为椭圆，输入 1 回车，则绘制的椭圆或椭圆弧特性为多段线。

7.2.2　绘制圆环

该命令用于绘制实心或空心的圆或圆环。命令的调用方法如下：

1）命令：Donut。

2）菜单："绘图"→"圆环"。

执行该命令后，命令行提示：

"指定圆环的内径 < 0.5000 >"，输入圆环的内径（若内径值设为 0，则绘制的圆环为填充的实心圆）。

"指定圆环的外径 < 1.0000 >"，输入外径后，在绘图区光标处会出现一个满足指定内径和外径的没有填充的圆环。

"指定圆环的中心点"，单击给定圆环的中心位置，如果直接按回车键，会退出圆环的绘制命令。给定圆环的中心位置后，系统会不断提示：

"指定圆环的中心点"，可以绘制多个相同的圆环，直到按下回车键，退出圆环的绘制命令为止。

若不需要填充圆环，需要用 Fill 命令来控制。输入命令 Fill 并回车，命令行提示：

"输入模式[开(ON)/关(OFF)] < 开 >"，系统默认值为"开"，输入 Off，则可取消填充方式。

7.2.3　绘制多边形

绘制多边形命令可绘制 3～1024 条边的正多边形，正多边形的大小可由与其内接圆、外切圆的半径或者以边的长度来确定。命令的调用方法如下：

1）命令：Polygon。

2）菜单："绘图"→"正多边形"。

3）工具栏："绘图"→按钮。

执行该命令后，命令行提示：

"输入边的数目 < 4 >："，输入要绘制的多边形的边数。

"指定正多边形中心点或[边 (E)]："。

1）默认选项：指定正多边形中心点，单击指定中心，命令行继续提示：

"输入选项[内接于圆 (I)/外切于圆 (C)] < I >："。

①内接于圆（I）：可以绘制与圆内接的正多边形。

②外切于圆（C）：可以绘制与圆外切的正多边形。

根据要求输入 I 或 C 并回车，确定选项，命令行继续提示：

"指定圆的半径"，输入半径后，系统会假设由一圆心为指定的中心点，以指定半径为半径的圆，所绘制的正多边形与该圆内接或外切。

2）边（E）：输入 E 并回车，选择该选项，命令行继续提示：

"指定边的第一个端点"，指定要绘制的多边形的某一条边的第一个端点。

"指定边的第二个端点"，指定要绘制的多边形的某一条边的第二个端点后，AutoCAD 会以两个端点的连线作为多边形的一条边，并按指定的边数沿逆时针方向绘制多边形。

如图 7-16 所示，可以单击直线 20mm 的两个端点（图 7-16a），也可不选择第二点，而指定方向后，直接输入长度值（图 7-16b）。

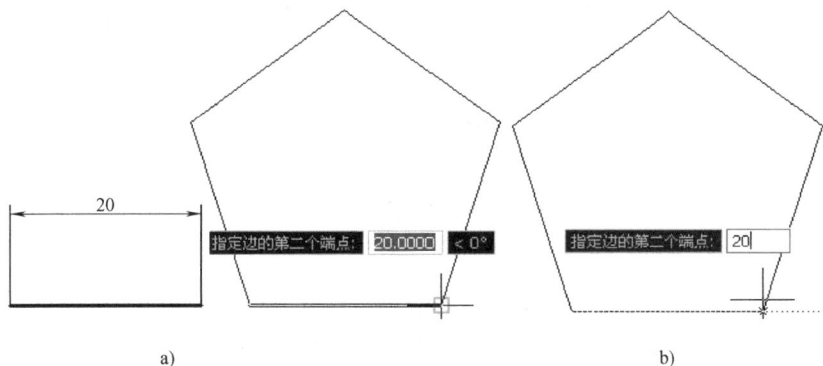

图 7-16　通过边长绘制多边形

a）已知边长绘五边形　b）直接输入边长

7.2.4　例题解析

图 7-15 所示的图形的绘制步骤如下：

1）选择直线命令，任意拾取一点，输入 60 并回车，继续绘制直线 30mm。左键单击"绘图"工具栏中的"圆"命令，分别以 60mm 和 90mm 为半径绘制圆。选择直线命令，以圆心为起点，绘制角度为 140°的中心线，与两圆相交。以两个交点为起始点，选择"绘图"→"圆弧"→"起点、端点、半径"命令，滑动鼠标，出现预览后输入 −35 并回车。选择修剪命令，剪去多余圆弧。单击"绘图"→"点"→"定数等分"，选择 60mm 线段，等分为 5 等份。选择"绘图"→"圆弧"→"起点、圆心、端点"命令，拾取等分点，绘制小圆弧，结果如图 7-17a 所示。

2）选择椭圆命令，输入 C 并回车，拾取 R35mm 圆心为中心，向上 90°极轴追踪，输入 10 并回车，水平方向追踪，输入 15 并回车。选择多边形命令，输入 5 并回车，输入 E 并回车，任意拾取一点，水平追踪并输入 10 并回车。选择"绘图"→"圆"→"相切—相切—相切"命令，分别单击五边形的三个边，绘制内切圆。选择移动命令，选择五边形为对象，内切圆心为基点，R35mm 圆心为第二点，结果如图 7-17b 所示。

3）选择镜像命令，选择所有图线，单击鼠标右键，左键单击 60mm 圆的圆心和垂直方向极轴上一点并回车。选择复制命令，复制一个小圆到中心位置，结果如图 7-17c 所示。

4）选择"绘图"→"圆"→"相切—相切—半径"命令，左键单击两个 R35mm 圆弧下半部分，输入 15 并回车。修剪、删除掉多余线段。

5）图案填充。由于图形中的五边形在椭圆内部，如果用"添加：拾取点"方法填充，剖面线会进入椭圆内部。所以，在弹出的"图案填充和渐变色"对话框中，选择"添加：选择对象"按钮，分别拾取两个 R35mm 圆弧、两个椭圆、两侧 R60mm 和 R90mm 圆弧及底部 30mm 直线，回车后返回对话框，单击"确定"按钮，完成填充（图 7-17d）。也可单击"更多选项"按钮⊙，在"孤岛"选项卡中，选择"孤岛显示样式"为"外部"后，再用"添加：拾取点"方法填充。

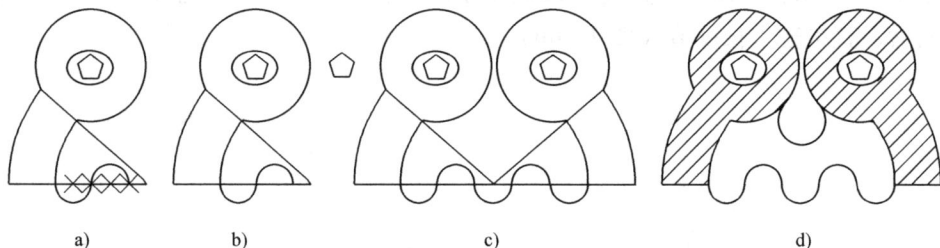

图 7-17　"老人头"图绘制过程
a）绘制左半部分　b）画椭圆和五边形　c）镜像　d）图案填充

6）尺寸标注。根据图形提示，完成图形的尺寸标注，结果如图 7-15 所示。

在确定好长短轴后，椭圆较容易绘制。使用"边长"绘制多边形时，需根据提示输入 E。另外，需要结合题目，通过分析给定条件，来确定使用哪个命令绘制多边形。

7.2.5　习题与巩固

1. 根据椭圆命令，绘制图 7-18 和图 7-19 所示的图形。

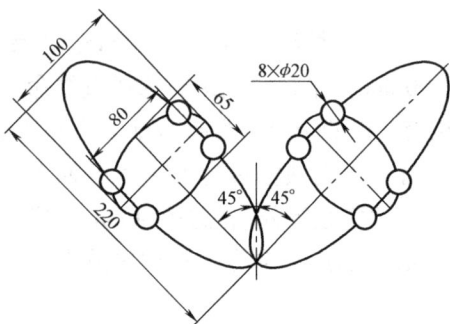

图 7-18　题 1 图（一）

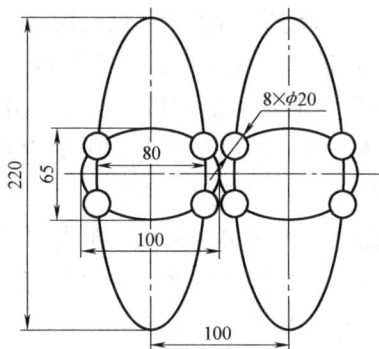

图 7-19　题 1 图（二）

2. 用多边形命令绘制图 7-20 和图 7-21 所示的图形。

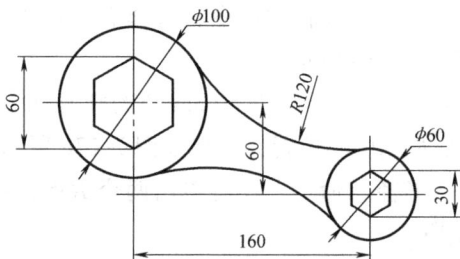

图 7-20　题 2 图（一）

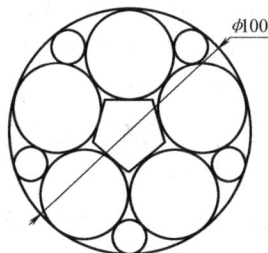

图 7-21　题 2 图（二）

3. 根据所学的绘图命令，绘制图 7-22 ~ 图 7-27 所示的图形。

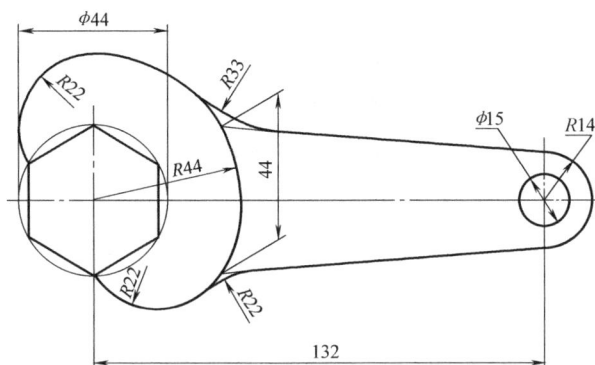

图 7-22 题 3 图（一）

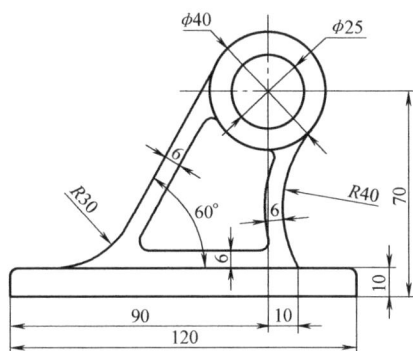

图 7-23 题 3 图（二）

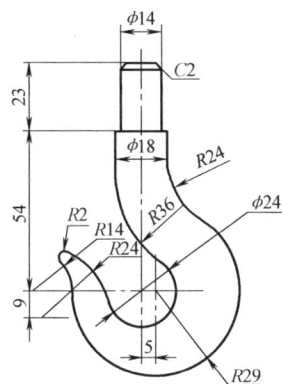

图 7-24 题 3 图（三）

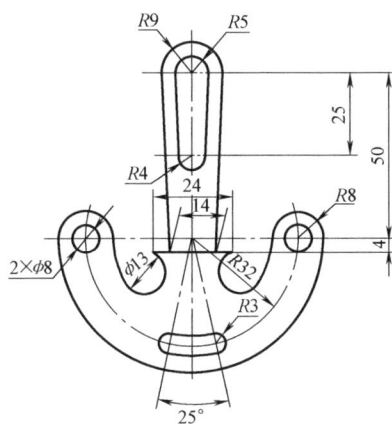

图 7-25 题 3 图（四）

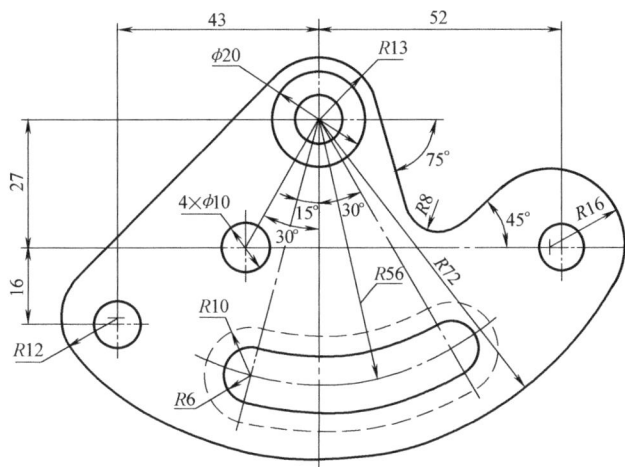

图 7-26 题 3 图（五）

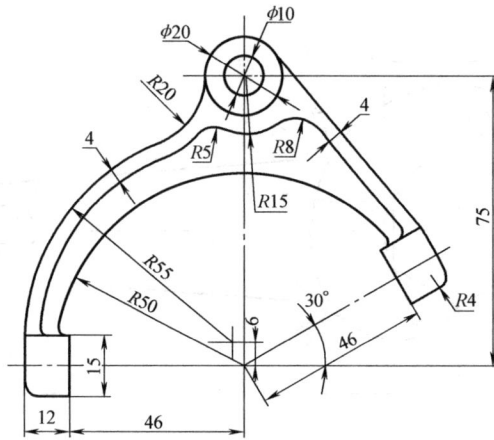

图 7-27　题 3 图（六）

第 8 章　阵列类图形的绘制

本章主要介绍阵列命令。阵列是指将某一图形对象一次复制多个，并使其呈矩形或环形排列，阵列后的新对象与原始对象具有相同的图层。图 8-1 所示的图形中有 10 个圆（5 行 2 列），单个绘制或采用复制命令都会耗费较多时间。若绘出其中 1 个圆，然后使用矩形阵列命令复制出其他 9 个，则会大大提高绘图效率。同样，绘制图 8-2 所示的图形时，只需绘制其中 1 个圆，然后应用环形阵列一次复制出其他 9 个。完成本章的学习后，学生应达到如下要求：

1）掌握矩形阵列的参数设置方法，会灵活计算偏移距离。
2）掌握环形阵列的操作步骤和技巧，学会分析阵列基本图形的思路。
3）掌握查询图形属性的基本方法，会创建面域和查询面域信息。

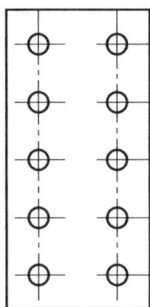

图 8-1　矩形阵列

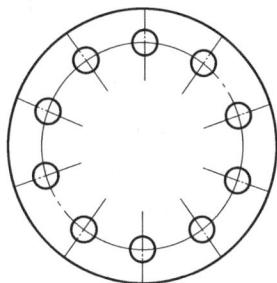

图 8-2　环形阵列

本章通过矩形阵列、环形阵列和构造复制对象三个难度递增的例子介绍阵列命令的格式和使用技巧。

8.1　矩　形　阵　列

图 8-3 所示的图形中共有 80 个 $\phi14$mm 圆（8 行 10 列），逐个绘制显然费时费力，而利用阵列命令中的矩形阵列可一次完成此图。使用矩形阵列需要确定行数、列数、行间距、列间距以及阵列角度，本节主要介绍以上参数的设置方法。

8.1.1　缩放命令

缩放命令用于将所选对象按比例放大或缩小。命令的调用方法如下：

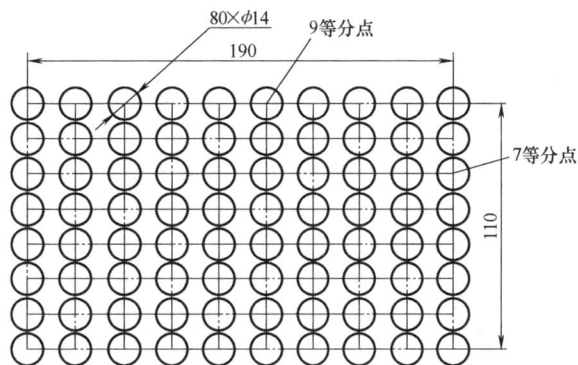

图 8-3　矩形阵列示例

1）命令：Scale。

2）菜单："修改"→"缩放"。

3）工具栏："修改"→▣。

执行该命令后，命令行提示：

"选择对象："，选择要缩放的图形对象。

"选择对象："，用户可继续选择需要缩放的图形对象，若不再选择，回车或右键确认。

"指定基点："，单击拾取某点作为缩放基点。

"指定比例因子或［复制（C）/参照（R）］＜1.0000＞："。各选项说明如下：

1）比例因子：缩放的系数，比例因子大于 1 时将放大对象，大于 0 小于 1 时将缩小对象。输入比例因子后按回车键或右键确认，结束缩放操作。

2）参照（R）：选择此选项后，命令行提示：

"指定参照长度："，输入一个参照长度值，或者用光标直接拾取两点。

"指定新长度："，输入一个新长度值，或者拖动光标确定缩放的新尺寸。系统自动以新长度值除以参照长度值作为比例因子对图形进行缩放。

3）复制（C）：可产生一个缩放的副本。注意：在缩放对象时，如果其中含有尺寸标注，只要在选择对象时将尺寸标注一起选中，则系统在缩放操作完成之后能自动修正其尺寸数值。对缩放后的图形进行尺寸标注时，由于默认标注比例是 1∶1，所以，必须对标注样式进行相应的调整。例如，要绘制比例为 1∶2 的图形，可首先按照 1∶1 的比例绘制，完成后将其缩小一倍。标注时要更改比例因子，可在"标注样式管理器"中新建一种标注样式，把"主单位"选项卡中的比例因子改为 2，即放大一倍。

8.1.2　矩形

矩形命令的调用方法如下：

1）命令：Rectangle。

2）菜单："绘图"→"矩形"。

3）工具栏："绘图"→▭按钮。

执行该命令后，命令行提示：

"指定第一个角点或［倒角（C）/标高（E）/圆角（F）/厚度（T）/宽度（W）]"，在绘图区任意左键单击一点作为矩形的一个角点。

"指定另一个角点或［面积（A）/尺寸（D）/旋转（R）]"（图 8-4a），输入 D 并回车（图 8-4b）。

"指定矩形的长度 ＜10.0000＞"，输入水平方向长度后回车。

"指定矩形的宽度 ＜10.0000＞"，输入宽度（即垂直方向高度）后回车。

"指定另一个角点或［面积（A）/尺寸（D）/旋转（R）]"，在绘图区域左键单击一点，以确定矩形的方向，矩形绘制完成。

矩形命令提示中各选项的含义如下：

1）倒角（C）：用于设置所画矩形倒角的尺寸。

2）圆角（F）：用于设置所画矩形圆角的半径。

3）标高（E）：用于设置三维矩形的高度。

a)   b)

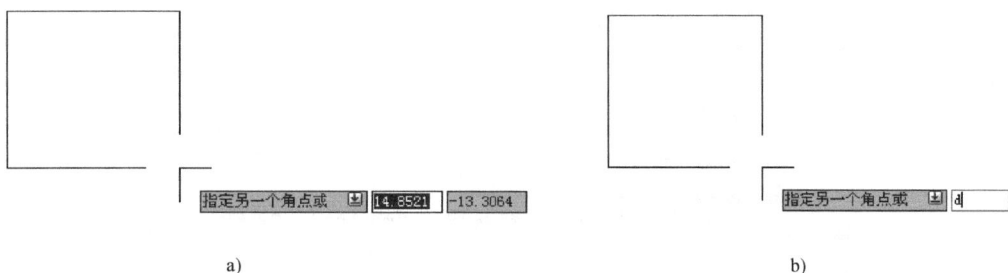

图 8-4 矩形命令操作过程

4）厚度（T）：用于设置三维矩形的厚度。

5）线宽（W）：用于设置构成矩形的直线宽度，其默认值为 0。

8.1.3 阵列

阵列命令的调用方法如下：

1）命令：Array。

2）菜单："绘图"→"阵列"（图 8-5a）。

3）工具栏："绘图"→ 按钮（图 8-5b）。

a)   b)

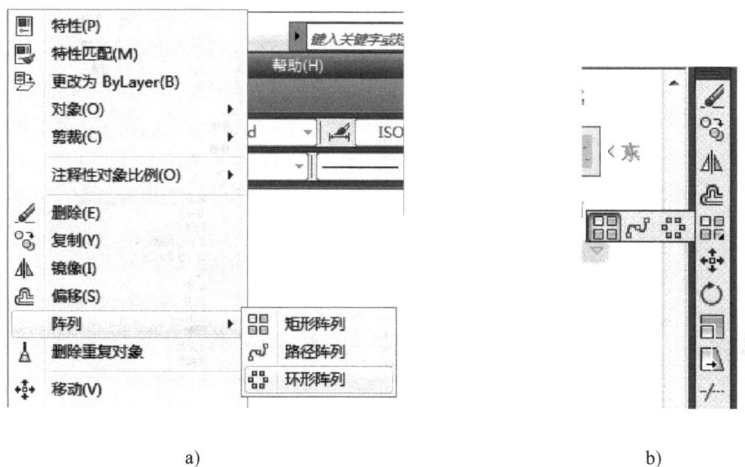

图 8-5 矩形阵列位置与设置

（1）矩形阵列的应用 按住"修改"工具栏的阵列按钮 不放，AutoCAD 会弹出如图 8-5b 所示的"阵列"选项按钮。选择矩形阵列命令，命令行提示：

"选择对象："，用户在选择要阵列的对象后回车或单击鼠标右键。

"选择夹点以编辑阵列或［关联（AS）基点（B）计数（COU）间距（S）列数（COL）行数（R）层数（L）退出（X）］："，此时选中右上方夹点，如图 8-6 所示，便可任意拖动以确定阵列的行数和列数。输入 S 并回车，可以指定阵列的行距和列距；输入 R 并回车，可以指定行数；输入 COL 并回车可以指定列数。

（2）经典阵列命令的设置 如果用户不习惯使用夹点方式进行阵列，可通过以下步骤自定义一个工具按钮：

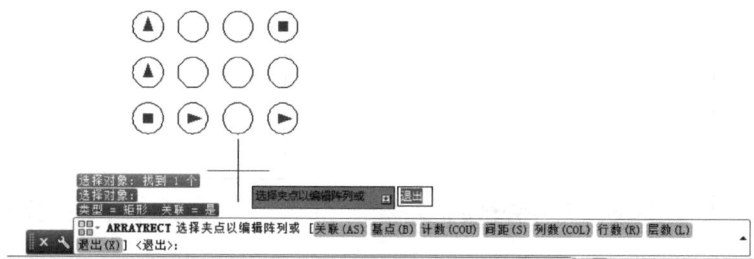

图 8-6　矩形阵列的夹点编辑

1）在"绘图"或"修改"工具栏的空白处单击鼠标右键，在弹出的对话框中选择"自定义"（图 8-7a）。此时 AutoCAD 弹出"自定义用户界面"对话框，单击更多选项按钮，弹出图 8-7b 所示的"自定义用户界面"对话框。单击新建命令按钮，命令列表中出现新命令"命令1"，并在右侧弹出特性和按钮图像选项卡。按照图 8-8 所示的方法修改名称和宏，单击"应用"和"确定"按钮，退出该对话框。

a)　　　　　　　　　　　　　　　　　　　b)

图 8-7　"自定义用户界面"对话框

2）再次调出"自定义用户界面"对话框，单击按钮，进行图标的选定和位置确定。步骤如下：在命令列表中选中已定义的命令"经典阵列"，或单击"仅所有命令"按钮，选择"自定义命令"，命令列表只显示已经定义过的命令，选中"经典阵列"。在按钮图像选项区选择自己喜欢的图标，也可通过"编辑"按钮进行图标的编辑。编辑完成后，把命令列表中的图标拖拽到喜欢的工具栏中，单击"应用"和"确定"按钮，退出设置，就可以使用经典阵列命令了。本节例题将使用此图标进行阵列命令的介绍，用户可借鉴此方法，进行其他自定义命令的设置。

图 8-8　经典阵列命令的设置方法

（3）经典阵列命令的应用　单击设置完成的阵列图标，弹出图 8-9 所示的经典阵列对话框。

图 8-9　经典阵列对话框

　　阵列方式默认为"矩形阵列"，用户可以根据需要设置矩形阵列的行数、列数、行偏移（即行间距）、列偏移（即列间距）及阵列角度（即矩形阵列整体与 X 轴正方向的夹角）。除了可以直接输入数值以外，还可以通过单击选择按钮在屏幕上指定点来确定。

　　"选择对象"按钮用于拾取要阵列的基本图形。单击按钮 ，命令行提示"选择对象"，并临时关闭"阵列"对话框，用户可在绘图区域中单击或框选基本图形，选择完成后单击鼠标右键或回车，系统返回对话框继续设置。因此，在阵列之前，需要绘制其中一个基本图形，并将其作为阵列对象，图形的完成度越高越好，以避免阵列操作后的编辑修改。

"行数"和"列数"文本框用于输入矩形阵列的行数和列数，其默认值都为4。用户可根据需要键入行数或列数，如果只指定了一行（列），则必须指定多列（行）。

"阵列角度"即矩形阵列整体与 X 轴正方向的夹角。设置完成后，可通过右侧的预览窗口观察阵列效果，也可以单击"预览"按钮，这时系统会返回屏幕，在绘图区显示出矩形阵列的效果，命令行提示用户是否接受，单击"接受"按钮，命令结束；若不符合预期效果，单击"修改"按钮返回设置窗口重新设定。

8.1.4　例题解析

图 8-3 所示图形的绘制步骤如下：

1）打开"图层特性管理器"，设置粗实线图层和中心线图层。选择粗实线图层，绘制一个 ϕ14mm 圆。选择中心线图层，绘制圆的中心线，如图 8-10 所示。

2）单击"修改"工具栏的 按钮，在弹出的"阵列"对话框中单击"选择对象"按钮，系统返回屏幕绘图状态，提示选择要进行阵列的对象，选择画好的圆及中心线按回车键，系统返回对话框状态。在"行数"文本框中输入 8，在"列数"文本框中输入 10，在"行偏移"文本框中输入 110/7，在"列偏移"文本框中输入 190/9。

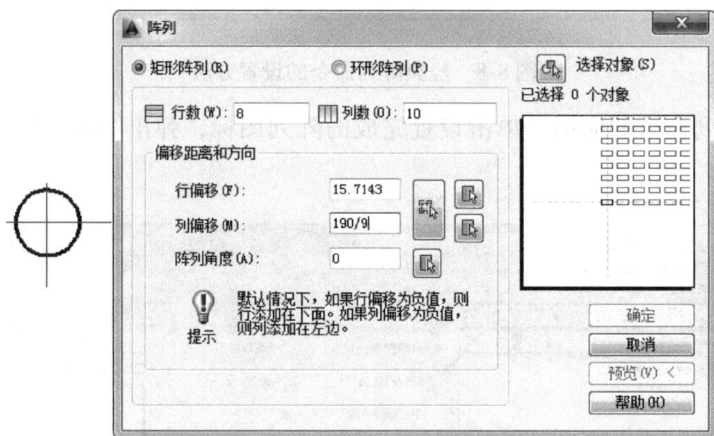

图 8-10　经典阵列对话框的设置

3）通过右侧预览窗口观察阵列效果。若接受，单击"确定"按钮，完成图形的绘制。如果要预览所选对象矩形阵列后的准确效果，单击"预览"按钮，系统返回屏幕，在绘图区显示出矩形阵列的效果，如图 8-11 所示。若不符合要求，可按 ESC 键退回，对对话框中的参数进行修改。

本例着重练习矩形阵列的使用方法。应特别注意 110/7 和 190/9 的输入方法。另外，偏移量的方向（正负）也是一个经常被用户忽略的问题。

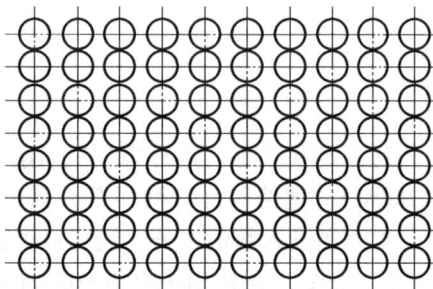

图 8-11　图形预览

8.1.5　习题与巩固

1. 根据尺寸, 绘制图 8-12 和图 8-13 所示的图形。

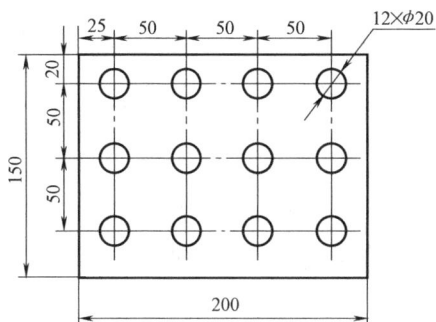

图 8-12　题 1 图（一）

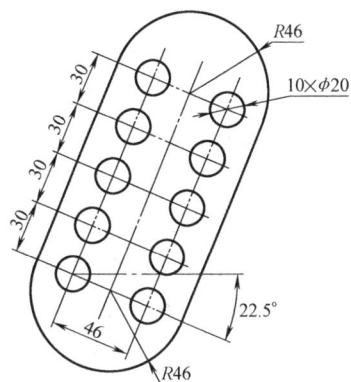

图 8-13　题 1 图（二）

2. 根据尺寸绘制图 8-14 所示零件图的俯视图。

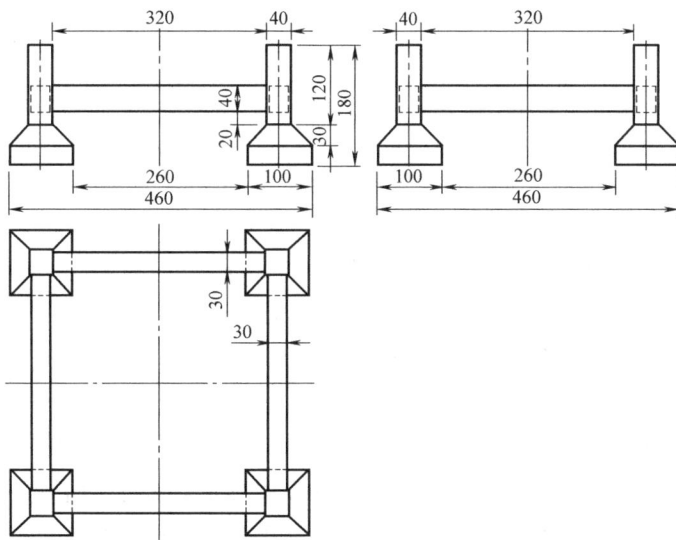

图 8-14　承重支架

8.2　"涡轮"图的绘制

图 8-15a 所示的涡轮包括 9 个直径为 φ80mm 的圆, 以 1 个中心圆为中心, 圆周方向均布 8 个圆, 需要用阵列中的环形阵列命令。绘制思路为: 先绘制 8 个圆周方向圆中的一个（图 8-15b）, 采用环形阵列命令完成对其他 7 个圆的复制。

8.2.1　对齐

对齐命令对移动、缩放和旋转三个命令进行了综合, 命令的调用方法如下:

1）命令：Align。

2）菜单："修改"→"三维操作"→"对齐"。

如图 8-16c 所示的三角形，若应用缩放命令，必须结合参照旋转命令，首先绘制直线 $AB = 80\text{mm}$，由于 $2BC = CD$，这里取 $BC = 10\text{mm}$，则 $CD = 20\text{mm}$，如图 8-16a 所示。单击"修改"工具栏的"缩放"命令，选择 BC 和 CD 为对象并回车，拾取 B 点为基点，输入 R 并回车，分别拾取 B 点、D 点和 C 点，完成放大。选择旋转命令，选择 BC 和 CD 为对象并回车，拾取 B 点为基点，输入 R 并回车，分别拾取 B 点、D 点和 A 点，完成绘制。

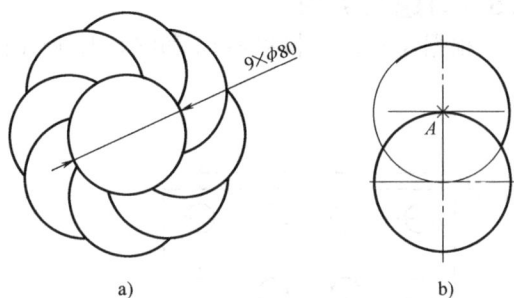

图 8-15　"涡轮"图的绘制

a）涡轮图　b）基本图形的绘制

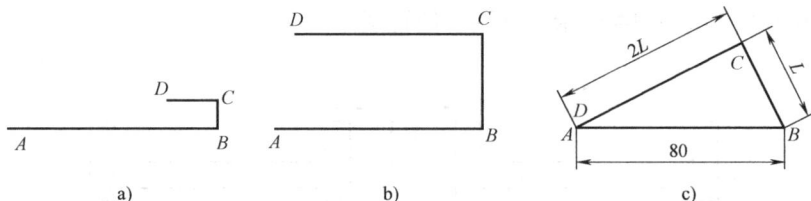

图 8-16　比例缩放与对齐

a）绘制 $CD = 2BC$　b）参照缩放　c）参照旋转

若采用对齐命令（"修改"菜单→"三维操作"→"对齐"），拾取图 8-16a 中的 B 点为第一个源点，B 点为第一个目标点，选择 D 点为第二个源点，A 点为第二个目标点，单击鼠标右键，在快捷菜单中选择"是"，就完成了绘制过程。

8.2.2　环形阵列

单击 8.1 节设置的经典阵列图标 ，在弹出的"阵列"对话框中选择阵列类型为"环形阵列"，如图 8-17 所示。通过该对话框可设置环形阵列的中心点、阵列方法、项目总数（阵列个数）、填充角度（阵列总角度）及项目间角度（阵列对象间的夹角）等参数。

单击"选择对象"按钮 ，命令行提示：

"选择对象"，用户可单击或框选基本图形，选择完成后单击鼠标右键或回车，系统返回对话框继续设置。命令行提示：

"指定阵列中心点："，通过拾取按钮在屏幕上指定中心点，如果有确定坐标也可在文本框中输入 X、Y 的坐标值。

阵列方法有"项目总数和充填角度""项目总数和项目间的角度"和"填充角度和项目间的角度"，用户可以通过"方法"下拉列表进行选择（图 8-18），默认方式为"项目总数和充填角度"。选定阵列方法后，用户需在对应的文本框中输入数值，也可以通过单击"选择"按钮在屏幕上指定点来确定。如图 8-19 所示，如果选择"复制时旋转项目"选项，表

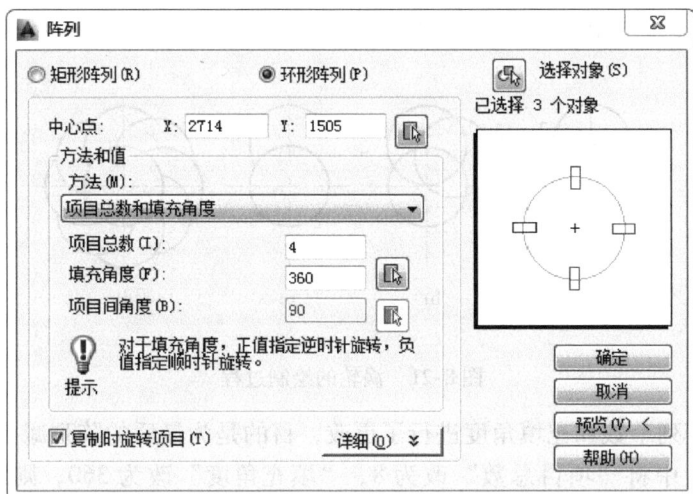

图 8-17　选择"环形阵列"选项

示阵列后各实体对象的方向均朝向环形阵列的中心；不选择该选项，表示平移复制，阵列后每个实体对象均保持原实体对象的方向，如图 8-20 所示。

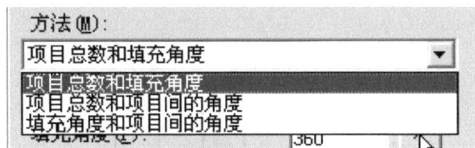

图 8-18　阵列方法下拉列表

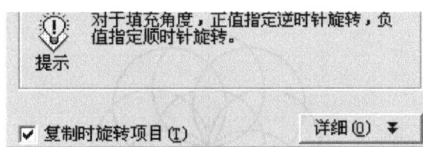

图 8-19　"阵列复制时旋转对象"复选框

8.2.3　例题解析

图 8-15 所示图形的绘制步骤如下：

1）设置图层，新建粗实线图层和中心线图层。

2）应用中心线图层，绘制水平中心线和垂直中心线，长度均为 180mm。选择粗实线图层，捕捉中心线交点为中心，绘制 φ80mm 圆 1；捕捉圆上象限点，继续绘制 φ80mm 圆 2，如图 8-21a 所示。

图 8-20　"复制时旋转项目"选项
a）选择　b）不选择

3）单击经典阵列 按钮，在弹出的对话框中选择"环形阵列"，阵列方法用默认设置。选择圆 2 为对象，捕捉中心线交点 O 为阵列中心，在"项目总数"中输入 2，在"填充角度"中输入 45。选择"复制时旋转项目"复选框，回车确认阵列出圆 3，如图 8-21b 所示。

4）选择修剪命令，以圆 1 和圆 3 为对象，修剪圆 2，得圆弧 4，删除圆 3，如图 8-21c 所示。

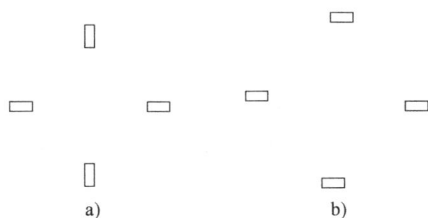

5）单击 ▣▣ 按钮，选择圆弧 4 为对象，"项目总数"改为 8，"填充角度"改为 360，捕捉 O 为"中心点"，回车确认，完成此图（8-21d）。

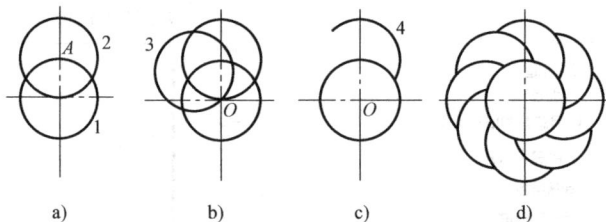

图 8-21　涡轮的绘制过程

步骤 4 中将阵列个数和充填角度进行了更改，目的是为最后的阵列减少修剪工作量。若先阵列，在步骤 4 中将"项目总数"改为 8，"填充角度"改为 360，则结果如图 8-22 所示，该方法不仅工作量大，甚至剪切也无从下手。通过此例可发现，绘制阵列类图形的一个技巧是：先构造基本图形，即在阵列之前把基本图形作好。基本图形完成度越高越好，可使阵列后的修改工作量大大减少，从而提高绘图效率，例如，图 8-27 所示阵列图案的基本图形为图 8-23。

图 8-22　未构造基本图形的阵列

图 8-23　图 8-27 的基本图形

8.2.4　习题与巩固

根据所学知识，绘制图 8-24 ~ 图 8-29 所示的图形。

图 8-24　习题图（一）

图 8-25　习题图（二）

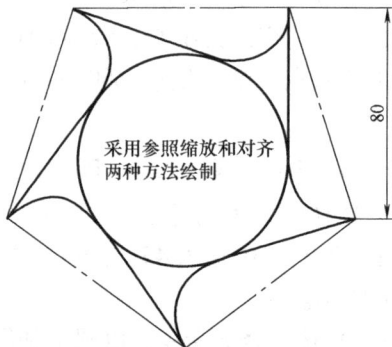

图 8-26　习题图（三）

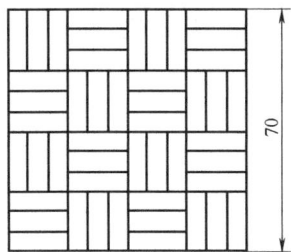

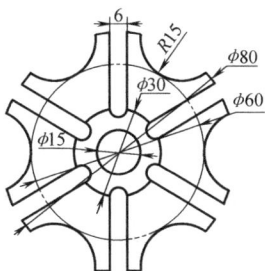

图 8-27　习题图（四）　　　　图 8-28　习题图（五）　　　　图 8-29　习题图（六）

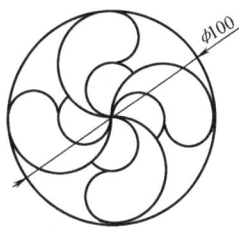

8.3　"风扇"图的绘制

本节将通过绘制"风扇"图（图 8-30），继续深化对构造基本图形的认识，更重要的是学习如何利用找圆心的方法绘制圆或圆弧。图 8-30 所示图形中有四个轴对称的叶片，每个叶片由三条圆弧（AB、AE、EF）组成，可以通过环形阵列完成，问题便转化为如何绘制每个叶片的三条圆弧。三条圆弧中的 AB 过 A 点，半径为 $R35mm$ 且与 $\phi50mm$ 圆相切；圆弧 AE 过 A 点，圆心为 D，半径为 $R35mm$；圆弧 EF 过 E 点，半径为 $R100mm$，且与 $\phi50mm$ 圆相切。三条圆弧虽然无法直接绘出，但可以找到各自的圆心，最后将四组叶片用阵列命令一次完成。

8.3.1　面域

1. 创建面域

该功能可以为形成封闭环的对象创建二维面域。面域是一个没有厚度的面，其外形与包围它的封闭边界相同。组成边界的对象可以是直线、多段线、矩形、多边形、圆、圆弧、椭圆、椭圆弧、样条曲线及宽线等。面域可用于填充和着色、提取设计信息以及进行布尔运算等。该命令的调用方法如下：

1）命令：Region。

2）菜单："绘图"→"面域"。

3）工具栏："绘图"→ 按钮。

执行命令后，命令行提示：

"选取对象:"，框选所有图线，回车或单击鼠标右键确认。

"已提取一个环 已创建一个面域"，如图 8-31所示，命令完成。

2. 面域的布尔运算

布尔运算是一种数学上的逻辑运算，用在 AutoCAD 绘图中，它对提高绘图效率作用

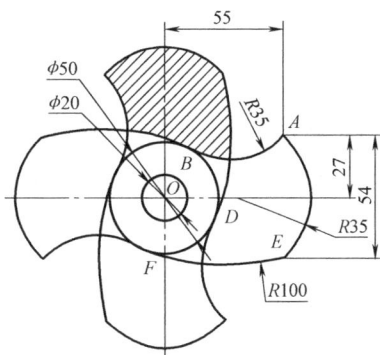

图 8-30　"风扇"图

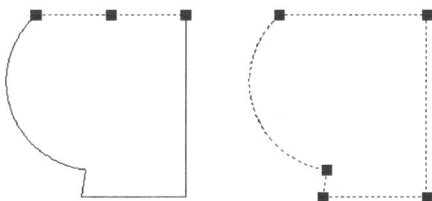

图 8-31　图形转换为面域的变化

明显,特别是一些比较特殊、复杂的图形。布尔运算的对象只包括实体和共面的面域,普通的图形对象无法进行布尔运算。布尔运算包括并集运算、差集运算和交集运算。

(1) 并集运算　它可以将两个或多个面域合并为一个面域。命令的调用方法如下:

1) 命令:Union。

2) 菜单:"修改"→"实体编辑"→"并集"。

如图8-32a所示,执行并集运算命令后,命令行提示:

"选取对象:",单击一个面域或框选所有面域。

"选取对象:",继续选择,如果不再选择,回车或单击鼠标右键确认。

并集运算命令执行结果如图8-32b所示。若所选的面域不是相交面域,执行该命令后,从外观上看不出变化,但所选的面域已合并为一个单独的面域。用户可以尝试使用并集运算绘制图8-38所示的图形。

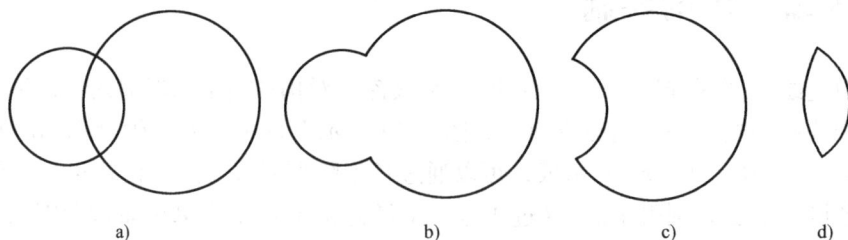

图 8-32　面域运算

a) 运算前　b) 并集运算后　c) 差集运算后　d) 交集运算后

(2) 差集运算　差集运算用于从一个面域中减去一个或多个面域。命令的调用方法如下:

1) 命令:Subtract。

2) 菜单:"修改"→"实体编辑"→"差集"。

执行该命令后,命令行提示:

"选择要从中减去的实体或面域…选取对象:",单击大圆面域并回车。

"选择要减去的实体或面域…选取对象:",单击小圆面域并回车。

差集运算结果如图8-32c所示。

对于面域的差集运算,如果所选的面域不是相交面域,执行该命令则删除被减去的面域。

(3) 交集运算　创建多个面域的交集,即从两个或多个面域中抽取重叠的部分。命令的调用方法如下:

1) 命令:Intersect。

2) 菜单:"修改"→"实体编辑"→"交集"。

启动命令后,命令行提示:

"选取对象:",选择一个面域或框选所有面域。

"选取对象:",选择第二个面域并回车。操作结果如图8-32d所示。

对于面域的交集运算,如果所选的面域不是相交面域,执行该命令则删除所有选择的面域。在AutoCAD的三维操作中,面域命令使用较为频繁,这里我们重点介绍面域的查询功能。有些全国性比赛（如 CasTICs）对参赛者面域查询功能的要求较高，很多实际工作中的计算也需要面域功能。

3. 从面域中提取数据

面域是实体对象，它比相应的线框模型含有更多的信息，命令调用方法如下：

菜单："工具"→"查询"→"面域/质量特性"。

启动命令后，命令行提示："选择对象"，选择要提取数据的面域对象，回车或单击鼠标右键确认，系统自动切换到文本窗口，显示选择的面域对象的数据特性（图 8-33），提示："是否将分析结果写入文件？［是（Y）/否（N）］"。

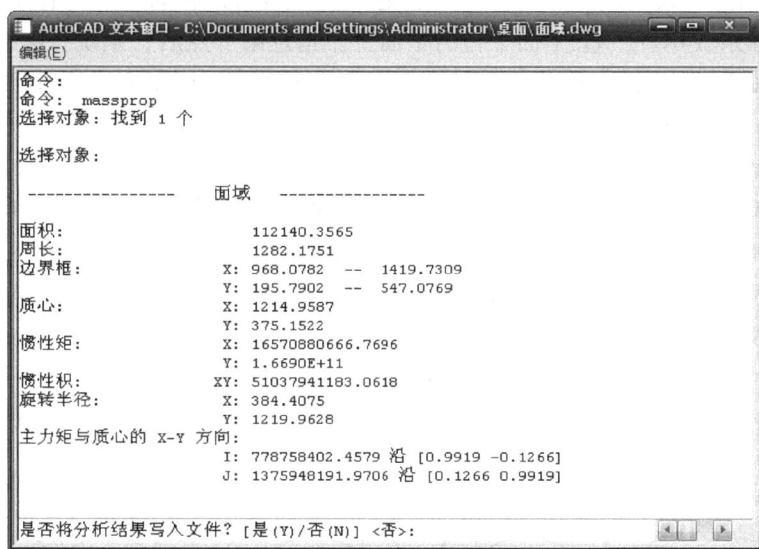

图 8-33　面域的质量特性数据文本窗口

8.3.2　查询图形属性

AutoCAD 提供的查询功能可方便用户在绘图或编辑过程中查询对象的数据信息，如距离、面积、实体属性列表及识别点的位置等。

（1）查询点的位置　查询图上某点坐标的命令调用方法如下：

1）命令：Id。

2）菜单："工具"→"查询"→"坐标"。

执行该命令后，命令行提示：

"指定点："，单击要查询的点，系统报告所查询点的 X、Y、Z 坐标值信息，例如，$X = -1234.7528$　$Y = -199.3580$　$Z = 0.0000$。

（2）查询两点间的距离　命令调用方法如下：

1）命令：Dist。

2）菜单："工具"→"查询"→"距离"。

执行该命令后，命令行提示：

"指定第一点："，单击要查询距离的第一点。

"指定第二点："，单击要查询距离的第二点。

AutoCAD 报告：距离 = 计算出的距离，XY 平面中的倾角 = 角度，与 XY 平面的夹角 = 角度，X 增量 = X 坐标变化，Y 增量 = Y 坐标变化，Z 增量 = Z 坐标变化。

（3）查询图形面积　命令调用方法如下：

1）命令：Area。

2）菜单："工具"→"查询"→"面积"。

执行该命令后，命令行提示：

"指定第一个角点或［对象（O）/加（A）/减（S）］："。

命令提示中各选项的功能如下：

① 第一个角点：表示计算由用户指定点定义的图形面积和周长。所有点必须都在一个与当前用户坐标系（UCS）XY 平面平行的平面上。指定第一点后，系统将继续提示："指定下一个角点或按 ENTER 键全选："，继续指定点定义多边形，回车完成周长定义。如果不闭合这个多边形，AutoCAD 在计算该面积时假设从最后一点到第一点绘制了一条直线，并在计算周长时加上这条闭合直线的长度。

② 对象（O）：计算选定对象的面积和周长，可以计算圆、椭圆、样条曲线、多段线、多边形、面域和实体的面积。注意：二维实体不报告面积。

③ 加（A）：打开"加"模式后，可计算各个定义区域和对象的面积、周长，也可计算所有定义区域和对象的总面积。

④ 减（S）：打开"减"模式后，可以从总面积中减去指定面积。

查询实例：根据图 8-34d，查询区域 A 和 B 的周长以及阴影区域 C 的面积。

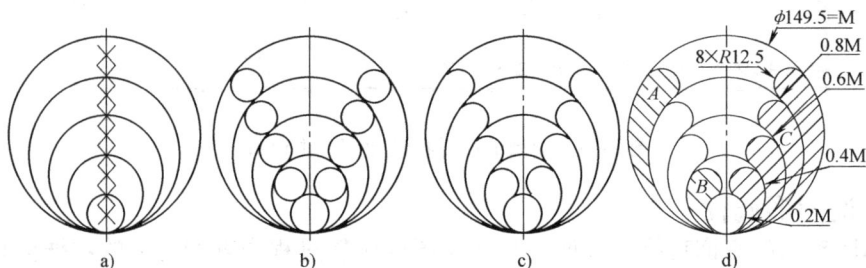

图 8-34　查询周长和面积
a）等分后画圆　b）绘制 8×R12.5mm 圆　c）修剪　d）图案填充

查询之前，应先绘制出图形，过程如下。

绘制垂直的直线 149.5mm，选择"绘图"菜单的"定数等分"命令，单击指定直线后，输入 10 并回车。选择圆命令，分别单击第 1、2、3、4、5 个等分点，并将其作为圆心，绘制 5 个圆，如图 8-34a 所示。继续选择圆命令，输入 T 并回车，选择相切—相切—半径命令，分别绘制 8 个 R12.5mm 圆，如图 8-34b 所示。选择修剪命令，修剪 8 个圆弧，如图 8-34c 所示。单击"绘图"工具栏的"图案填充"命令，在阴影 C 的 4 个区域内单击，回车返回对话框，单击"确定"按钮。继续对区域 A、B 进行填充。

选择"工具"菜单→"查询"→"面积"，命令行提示：

"指定第一个角点或［对象（O）/加（A）/减（S）］："，输入 O 并回车。

"选择对象："，单击区域 A 的剖面线。

系统报告:

"面积 = 789.3738,周长 = 144.0477",命令结束。继续查询 B、C 区域的面积和周长。用户可尝试用面域方法查询面积。

(4) 查询实体特性信息 命令调用方法如下:

1) 命令:List。

2) 菜单:"工具" → "查询" → "列表显示"。

执行该命令后,命令行提示:

"选择对象:",单击选择要查询的实体对象,系统将自动切换到文本窗口,并滚动显示所选实体的有关特性信息。这些信息有对象类型、对象图层、相对于当前用户坐标系(UCS)的 X、Y、Z 坐标以及对象是位于模型空间还是图纸空间:如果对象的颜色、线型和线宽没有设置为 Bylayer,则 List 命令将列出这些项目的相关信息;如果对象厚度为非零,则列出其厚度;Z 坐标的信息用于定义标高,如果输入的拉伸方向与当前 UCS 的 Z 轴 (0, 0, 1) 不同,List 命令会以 UCS 坐标报告拉伸方向。另外,命令还报告与特定的选定对象相关的附加信息。

(5) 查询图形文件特性信息 命令调用方法如下:

1) 命令:Status。

2) 菜单:"工具" → "查询" → " 状态"。

启动命令后,AutoCAD 将自动切换到文本窗口,并滚动显示当前图形文件的有关特性信息,具体内容如下:

1) 报告当前图形中对象的数目:包括图形对象、非图形对象和块定义。

2) 模型空间或图纸空间的图形界限:显示由 Limits 命令定义的图形界限。

3) 模型空间或图纸空间的使用:显示图形范围,包括数据库中的所有对象以及它们是否超出界限。

4) 显示范围:列表显示当前视口中可见的图形范围部分。

另外,文本窗口还会显示图形的插入点、捕捉分辨率、栅格间距、当前空间、当前图层、颜色、线型、线宽、打印样式 、标高、厚度、一些模式的开关状态(如栅格、正交、快速文字、捕捉和数字化仪)、对象捕捉模式、可用图形磁盘空间、可用物理内存以及可用交换文件空间等。

8.3.3 通过找圆心绘制圆

图 8-35 所示为三种圆的相对位置关系。如图 8-35a 所示,圆 1 过一点 A,若以 A 点为圆心,绘制相同半径的圆 2,则圆 2 必然过圆 1 的圆心 O。这与图 8-30 中 A 点的绘制方法相似,由于 R35mm 圆过 A 点,则以 A 点为圆心作半径为 35mm 的圆,圆弧 AB 的圆心必在此圆上。

图 8-35b 中,圆 3 与圆 4 相外切,圆心距 AO 为两圆的半径之和,若以 AO 为半径,以 A 为圆心绘制圆 5,则圆 5 必然过圆 3 的圆心 O。

同理,在图 8-30 中,圆弧 AB 与 ϕ50mm 圆外切,ϕ50mm 圆与 AB 的圆心距为 60mm,以 O 为圆心,作半径为 60mm 的圆,圆弧 AB 的圆心必在此圆上,结合上述所作的 R35mm 圆,两圆交点即为圆弧 AB 的圆心。

在图 8-35c 中,圆 6 与圆 7 相内切,圆心距为两圆的半径之差,若以圆心距为半径,以

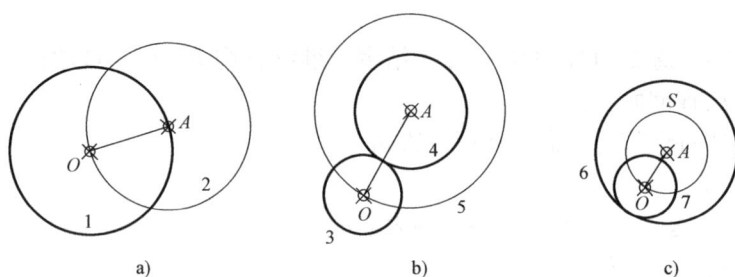

图 8-35　找圆心的方法

A 为圆心绘圆 S，则圆 S 过圆心 O，此方法可用于绘制图 8-30 中的圆弧 EF。

8.3.4　例题解析

图 8-30 所示图形的绘制步骤如下：

1）设置绘图环境。打开图层特性管理器，新建图层。选择圆命令，在绘图区任意拾取一点 O 为圆心，绘制 $\phi20\text{mm}$、$\phi50\text{mm}$ 圆。选择直线命令，绘制中心线。选择偏移命令，分别以 55mm 和 17mm 为距离，确定 A 点（图 8-36a）。

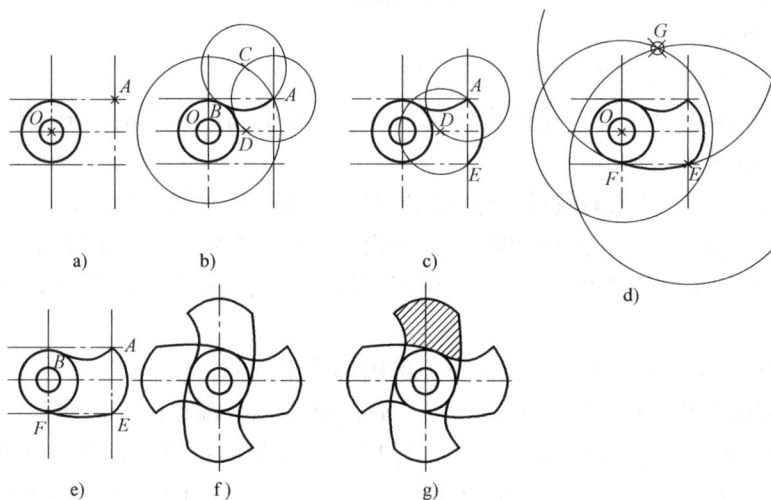

图 8-36　"风扇"图的绘制过程

2）绘制圆弧 AB。选择圆命令，拾取 A 点为圆心，输入 35 并回车。回车继续绘制圆，拾取 O 点，输入 60（半径之和）并回车，两圆交于点 C，交水平轴线于点 D，C 点即为圆弧 AB 的圆心，D 点即为弧 AE 的圆心（图 8-36b）。选择修剪命令，修剪多余线条，完成 AB 弧，删除 $R60\text{mm}$ 圆。

3）绘制圆弧 AE。选择圆命令，拾取 D 点为圆心，输入 35 并回车（图 8-36c）。选择修剪命令，修剪多余线条，完成 AE 弧。

4）绘制圆弧 EF。选择圆命令，拾取 E 点为圆心，输入 100 并回车。回车继续绘圆，拾取 O 点，输入 75（半径之差）并回车，两圆交于点 G，G 点即为圆弧 EF 的圆心。回车继续绘圆，拾取 G 点，输入 100 并回车（图 8-36d）。选择修剪命令，修剪多余线条，完成 EF 弧（图 8-36e）。

5）阵列图形。单击"修改"工具栏的"阵列"按钮 ，选择 *AB*、*AE* 和 *EF* 为对象，拾取 *O* 为阵列"中心点","阵列数目"设为 4，单击"确定"按钮，结果如图 8-36f 所示。

6）图案填充。选择图案填充命令，图案选择"ANSI31"，单击拾取点按钮，在填充区域内部左键单击，回车确定，结果如图 8-36g 所示。

本章主要练习阵列命令，使用阵列命令之前要做好最小的重复单元。这个重复单元越小越好，在选取阵列中性点时必须要捕捉准确。"风扇"图的另一个特点是：圆弧不是采用简单的命令绘制的，而是通过相切关系寻找圆心。

8.3.5　习题与巩固

1. 根据给定尺寸绘制图 8-37 ~ 图 8-45 所示的图形。

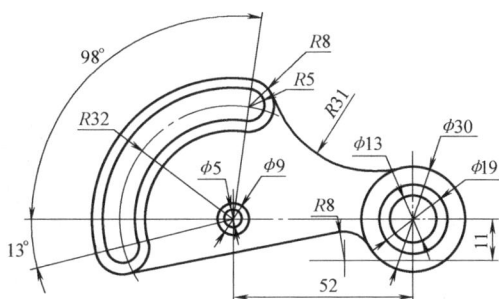

图 8-37　题 1 图（一）

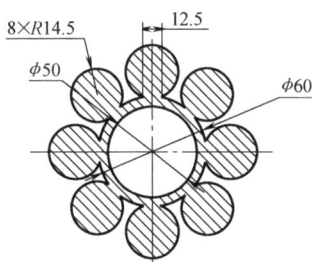

图 8-38　题 1 图（二）

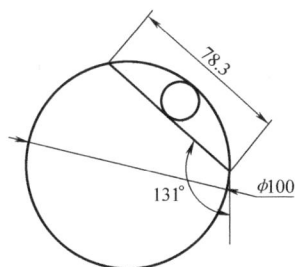

图 8-39　题 1 图（三）

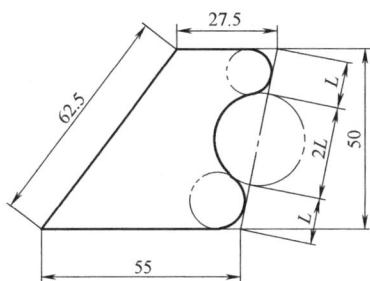

图 8-40　题 1 图（四）

图 8-41　题 1 图（五）

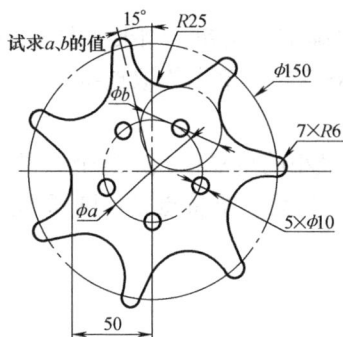

图 8-42　题 1 图 (六)

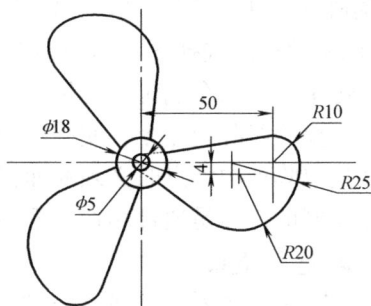

图 8-43　题 1 图 (七)

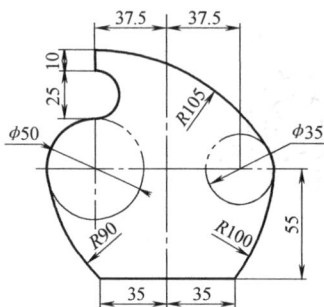

图 8-44　题 1 图 (八)

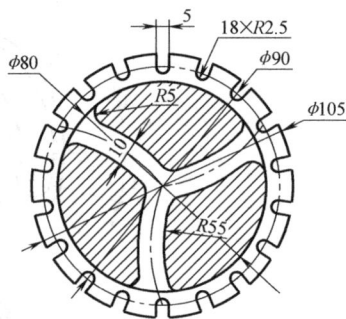

图 8-45　题 1 图 (九)

2. 根据表中尺寸绘制下面的图形, 并查询图中阴影区域的面积 (采用面域和图案填充两种方法)。

	A	B	C	D	E
图 8-46	55	22	100	2	8
图 8-47	100	80	5	50	

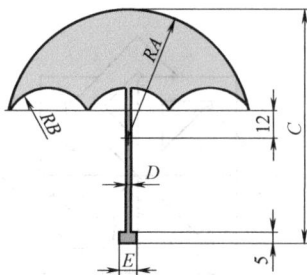

图 8-46　题 2 图 (一)

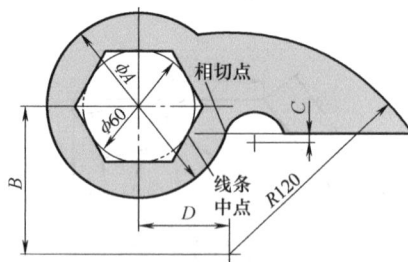

图 8-47　题 2 图 (二)

第9章 块的制作

在零件图、装配图的表达中，有些需要反复使用的图形，如各种规格的螺纹紧固件、轴承和表面粗糙度符号等，电路图中的电阻、开关等，建筑图中的窗户、楼梯等。若重复绘制，不仅浪费精力，而且容易出现前后不一等问题。AutoCAD中的块功能可很好地解决这一问题，本章主要介绍块的创建、保存和调用。学生应达到下列要求：

1）理解图块的基本概念，掌握图块的创建方法。

2）掌握建立带属性块的方法，掌握编辑图块属性的方法。

9.1 创建螺栓图块

块是一组对象的总称，将经常使用的图形定义成图块，并保存起来，就形成了一个图块库。当绘图时需要某个图块时，就可将其调出并插入到图中。本节主要介绍块的创建和调用方法，完成 M8×20 螺栓图块的创建（图9-1），并将其插入到装配图中。

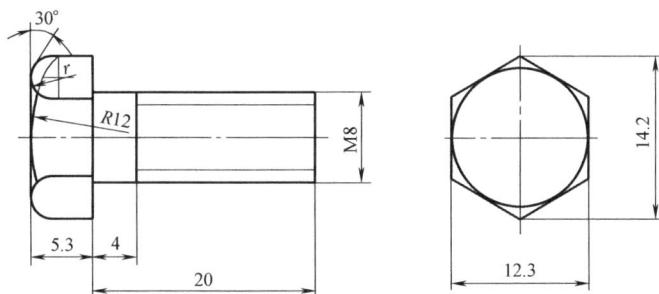

图 9-1 螺栓

块操作不仅避免了大量重复的工作，大大提高了绘图效率，而且还可以作为一个整体被选取，进行平移、复制等各项编辑，同时也节约了大量磁盘空间。

9.1.1 创建新图块

组成块的图形中可以包含多图层的子对象，创建的图块可以保留子对象的图层信息，若冻结某对象所在图层，该对象将不可见。要创建一个新图块，先要绘制组成图块的线、圆等基本图元，再用创建块的相应命令完成创建。AutoCAD 提供了以下三种方法来调用创建新图块的命令：

1）命令：Block。

2）菜单："绘图"→"块"→"创建…"。

3）工具栏："绘图"→"创建块"按钮 。

执行该命令后，系统弹出"块定义"对话框，如图9-2所示。

该对话框中各部分的功能介绍如下：

1）"名称"文本框：用于命名图块名称。

2）"基点"选项组：将块插入图形时，用于确定放置位置的基准点。

3）"拾取点"按钮：单击该按钮，移动鼠标在绘图区内选择基点，也可在 X、Y、Z 文本框中键入具体的坐标值。

4）"对象"选项组：选择构成图块的对象，并控制对象显示方式。

①"选择对象"按钮：单击该按钮后，AutoCAD 返回绘图区内，用户用鼠标选择构成块的对象，单击鼠标右键，选择"结束"，重新回到"块定义"对话框。

②"快速选择"按钮：用于打开"快速选择"对话框（图9-3），通过该对话框可进行快速过滤，选择满足一定条件的对象。

图9-2　"块定义"对话框　　　　　图9-3　"快速选择"对话框

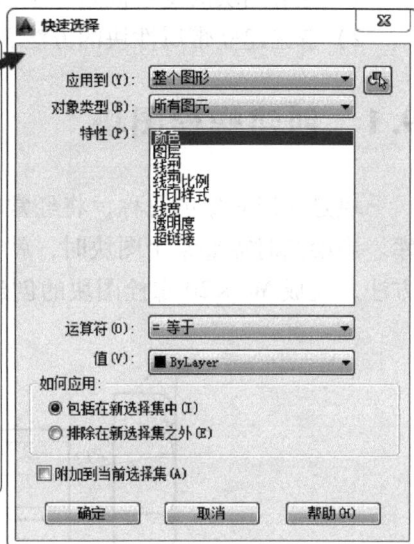

③"保留"和"删除"：创建完图块后，AutoCAD 将继续保留或删除这些构成图块的对象，保留的对象视为普通的单独对象。

④"转化为块"：创建完图块后，AutoCAD 自动将这些构成图块的对象转化为一个图块。

5）"设置"选项区域：设置块的基本属性。

①"块单位"：当从 AutoCAD 设计中心拖放图块时，设置插入比例单位。

②"超链接"：可插入超链接文档，将超链接与块定义相关联。

6）"方式"选项区域

①"允许分解"：设置对象是否允许被分解。

②"按统一比例缩放"：设置对象是否按统一比例进行缩放。

7）"说明"：输入描述该图块的有关文字。

9.1.2　块存盘

按上述方法创建的块只能在定义该块的图形文件中使用。为了能在其他文件中引用该块，必须要使用写块命令将创建的块储存起来。

命令：Wblock。

执行该命令后，打开"写块"对话框，如图9-4所示。各选项功能说明如下：

1）"源"选项区。"对象"单选按钮是默认选项，如果当前没有定义块，此时可通过设置"写块"对话框中的"基点"和"对象"来定义块。若选择"整个图形"按钮，则将整个图形定义为块。选择"块"单选按钮，并在右边的下拉列表框中选择已定义的块，将创建好的块写入磁盘。

2）"目标"选项区。在"文件名和路径"的下拉列表框中可以设置块的名称和存储位置。在"插入单位"下拉列表框中可设置块使用的单位。设置完成后，单击"确定"按钮，将块保存在所指定的位置。

9.1.3 插入图块

图9-4 "写块"对话框

当块保存在所指定的位置后，该图块就能在其他文件中使用了。AutoCAD通过插入图块的方式来反复调用图块，插入图块对话框的调用方法如下：

1）命令：Insert。

2）菜单："插入"→"块"。

3）工具栏："绘图"→ 按钮。

执行该命令后，系统会弹出图9-5所示的对话框。在该对话框中，需要定义如下五组特征参数：

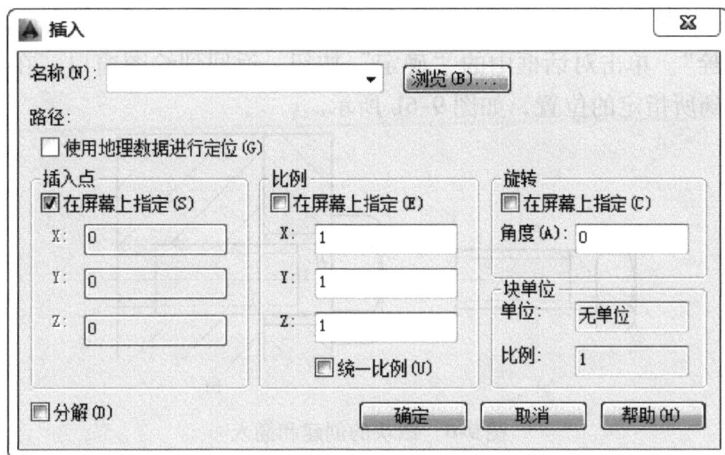

图9-5 "插入"对话框

1）"名称"下拉列表框：用于指定要插入的块的名称，或指定作为块的图形文件名。在下拉列表框中输入或选择所需要的图块名，或单击"浏览"按钮，打开"选择图形文件对话框"，选择所需要的块或外部图形。

2）"插入点"选项区：用于设置图块插入图形中时的插入点位置。选择"在屏幕上指定"复选框，在绘图区内用十字光标确定插入点，也可在 X、Y、Z 三个文本框中输入插入点坐标。

3）"缩放比例"选项区。在插入图块时，确定在 X、Y、Z 三个方向上的缩放比例，有如下三种方法：

①选择"在屏幕上指定"复选框，直接在绘图区指定。

② 在命令行输入三个方向的缩放比例系数。

③ 在 X、Y、Z 文本框中直接输入三个方向的缩放比例系数。若选择"统一比例"复选框，则表示三个方向的缩放比例系数相同，这时只需在 X 文本框中输入统一的缩放比例系数。

4）"旋转"选项区：用于确定图块的旋转角度。选择"在屏幕上指定"复选框，可以直接在绘图区指定，或在命令行输入图块的旋转角度。用户也可在"角度"文本框中直接输入图块旋转角度的具体数值。

5）"分解"复选框。该复选框决定插入块时是作为单个对象还是分解成若干对象。若选中"分解"复选框，则其比例系数只能在 X 文本框中指定。

9.1.4　例题解析

如图 9-1 所示，需要先绘制螺栓图形，再将其定义为块。具体步骤如下：

1）对 AutoCAD 进行绘图环境的设置，包括图层、对象捕捉等，并进行保存。

2）选择中心线图层，绘制中心线，选择粗实线图层，根据尺寸绘制螺栓。

3）单击绘图工具栏上的"创建块"按钮，打开图 9-2 所示的"块定义"对话框。在"名称"文本框中输入块的名称"螺栓"；在基点选项区中单击"拾取点"按钮，然后在绘图区单击 A 点（图 9-6a），并将其作为基点；在对象选项区中单击"选择对象"按钮，系统返回绘图区，选择绘制好的螺栓，单击鼠标右键返回对话框。在"预览图标"选项组、"插入单位"下拉列表框及"说明"列表框进行必要设置，完成图块创建。

4）单击"绘图"工具栏上的"插入块"按钮，打开图 9-5 所示的对话框。

5）单击该对话框中"浏览"按钮，选择已创建好的块"螺栓"，此时，在"名称"框中即会出现"螺栓"。单击对话框中的"确定"按钮，返回到绘图窗口。在绘图窗口选择 B 点，将图块插入到所指定的位置，如图 9-6b 所示。

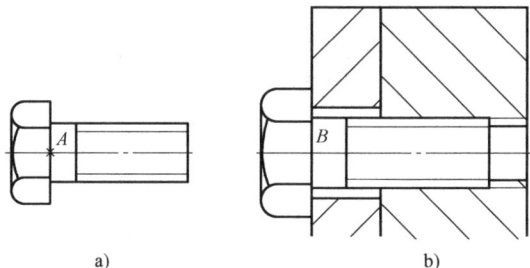

a)　　　　　　　　　　　　　　b)

图 9-6　图块的创建和插入

a) 创建螺栓图块　b) 插入螺栓图块

AutoCAD 把块作为一个单独的、完整的对象来操作。用户可根据需要将图块按给定的缩放系数和旋转角度插入到指定的任一位置，但无法修改块中对象。若要编辑块中对象，必须用"分解"按钮将其分解，然后再进行编辑。

9.1.5 习题与巩固

1. 调出"块定义"对话框的方式有哪几种？
2. 调出插入块的"插入"对话框的方式有哪几种？
3. 将常用的图形（如螺母、轴承等）做成块。

9.2 绘制表面粗糙度符号

上一节中所定义的图块只包含图形信息，但有的图块需要包含文字等附加信息，机械制图中的表面粗糙度符号（图9-7）就属于这种情况。表面粗糙度是指加工表面具有的较小间距和微小峰谷不平度，这对零件的耐磨性、疲劳强度及密封性等性能有重要影响。

Ra 是表面粗糙度高度参数之一，根据工艺要求可将其设置为12.5、6.3、3.2、1.6、0.8 等多个数值。如何创建和调用这种有附加信息的块（基本尺寸见图9-8）是本例题要解决的主要问题。

图9-7 表面粗糙度符号　　　　图9-8 表面粗糙度符号的基本尺寸

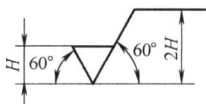

属性就是图块的"标签"，若图块带有属性，在图形文件中插入该图块时，可根据具体情况，按属性为图块设置不同的文本信息。若在表面粗糙度符号的图块中将表面粗糙度值定义为属性，在每次插入这种带有属性的表面粗糙度图块时，AutoCAD 将会自动提示用户输入表面粗糙度的数值，从而拓展该图块的通用性。

在 AutoCAD 绘图环境下，表面粗糙度不能直接标注。这就需要根据机械制图国家标准的要求，画出表面粗糙度符号，再定义成带属性的块。这样就可以在标注图形时灵活调用这个块了。即绘制构成图块的实体图形→定义属性→将绘制的图形和属性一起定义成图块。

9.2.1 定义块的属性

在 AutoCAD 中，打开定义块属性对话框有如下方法：

1）命令：Attdef。
2）菜单："绘图"→"块"→"定义属性"。

启动命令后，系统会弹出图 9-9 所示的"属性定义"对话框，该对话框中的各选项功能介绍如下：

1）"模式"选项区：用于设置属性模式。属性模式有以下 4 种类型可供选择：

①"不可见"复选框：选择该复选框，表示插入图块并输入图块属性值后，

图9-9 "属性定义"对话框

属性值不在图形中显示；不选择该复选框，则 AutoCAD 将显示图块属性值。

②"固定"复选框：选择该复选框，表示属性值在定义属性时已经确定为一个常量，在插入图块时，该属性值将保持不变；不选择该复选框，则属性值将不是常量。

③"验证"复选框：选择该复选框，表示插入图块时，AutoCAD 对输入的值将再次给出校验提示；不选择该复选框，则不会对用户所输入的值提出校验要求。

④"预设"复选框：选择该复选框，表示用户需要为属性指定一个初始默认值，不选择该复选框，则表示 AutoCAD 将不预设初始默认值。

2）"属性"选项区：用于设置属性参数，包括"标记""提示"和"默认"。"标记"就是属性的"标签"，必须进行定义。"默认"文本框中输入初始默认属性值。"提示"文本框中输入在插入块时的提示信息。

3）"插入点"选项区：用于设置属性值插入点。

选择"在屏幕上指定"复选框，可在绘图区内选择一点，并将其作为属性值的插入点，不选该复选框，则需要在 X、Y、Z 文本框中输入插入点的坐标值。如图 9-9 所示，定义表面粗糙度符号的图块时，在"标记"文本框中输入 ccd；在"提示"文本框输入常用的表面粗糙度值 6.3，在"默认"文本框中输入提示信息"表面粗糙度值"，单击"确定"按钮，返回绘图区。在绘图区选择属性文本的放置点，属性定义完成。

4）"文字设置"选项区：用于设置属性文本的格式，包含"对正""文字样式""文字高度"及"旋转"的角度四个选项。

5）"在上一个属性定义下对齐"复选框：表示当前属性将继承上一属性的部分参数。选择此复选框后，"插入点"和"文字设置"选项区域失效，呈灰色显示。

6）"锁定位置"复选框：锁定块参考属性的位置。

9.2.2　建立带属性的块

块属性定义好后，需要向图块追加属性，将属性和图块联系在一起，就创建了带属性的块。具体操作步骤为：在"绘图"工具栏单击"创建块"按钮，或在"绘图"下拉菜单中单击"绘图"→"块"→"创建块"按钮，系统弹出"块定义"对话框（图 9-2）；输入块名称"表面粗糙度"，单击"选择对象"按钮，用鼠标将内容选定，单击鼠标右键确认，返回块定义对话框，并提示已选择对象；单击"拾取点"按钮，拾取下端点为插入点，单击"确定"按钮，弹出图 9-10 所示的对话框，单击"确定"完成。

图 9-10　"编辑属性"对话框　　　　图 9-11　"插入块"对话框

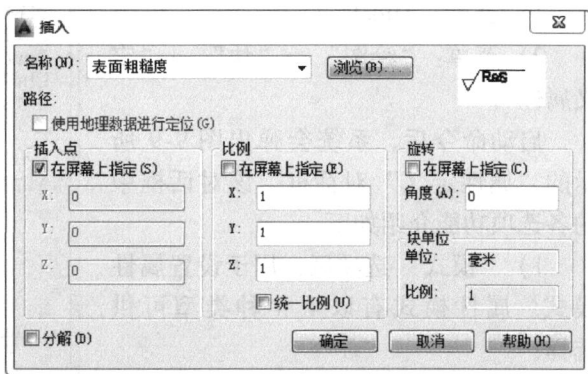

9.2.3 插入属性块

单击"插入"→"块"按钮，或"绘图"工具栏中的"插入块"按钮，在弹出的对话框（图9-11）名称栏里面，选择定义的块名称，单击"确定"按钮。在需要的位置放置块，根据提示输入属性值并回车，完成插入。

9.2.4 编辑块属性

在 AutoCAD 中，编辑图块属性的方式有三种。

1. 利用"增强属性编辑器"编辑图块属性

在 AutoCAD 中，打开"增强属性编辑器"对话框的方式有如下三种：

1）双击要编辑属性的图块。

2）菜单："修改"→"对象"→"属性"→"单个"，如图9-12所示。

3）工具栏："修改 II"→编辑属性按钮。

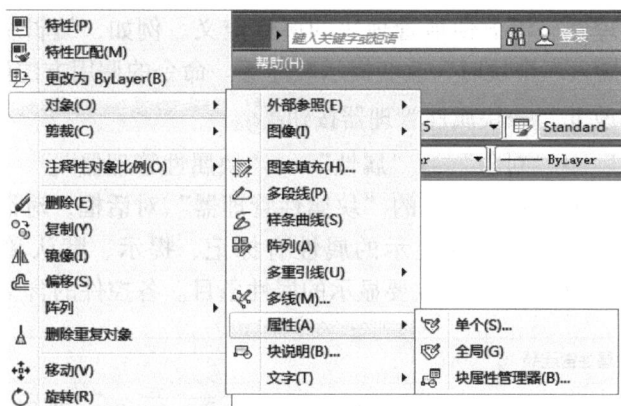

图 9-12 编辑图块中属性的菜单

双击图块，可打开图9-13所示的对话框。若使用后两种方法，则在单击相应按钮或"单个"菜单时，命令行会提示："选择块"，只有在选择了带有属性的块后，AutoCAD 才会打开图9-13所示的对话框。

图 9-13 "增强属性编辑器"对话框

该对话框中显示了所选图块的属性，利用该对话框可修改属性。

1）"选择块"按钮：用于选择带属性的块。

2）"应用"按钮：将修改后的属性应用于图形中的块。

3）"属性"选项卡：显示各属性的"标记""提示"和"默认"，但只可以修改"默认值"。

4）"文字选项"选项卡：可对框中的文字属性进行修改。

5）"特性"选项卡：定义属性所在的图层及属性文字的线宽、线型和颜色。

2. 利用 Attedit 命令编辑图块属性

该命令的调用方法如下：

1）命令：Attedit。

2）菜单："修改"→"对象"→"属性"→"全局"。

3. 利用"块属性管理器"编辑图块属性

利用"块属性管理器"可方便地管理块的属性定义。例如，编辑块的属性定义，从块删除属性，还可以在插入一个块时，改变提示顺序等。命令的调用方法如下：

1）工具栏："修改Ⅱ"→块属性管理器按钮 。

2）菜单："修改"→"对象"→"属性"→"块属性管理器"。

执行该命令后，打开图9-14所示的"块属性管理器"对话框，对话框的属性列表中列出了所有已选择的块属性，其默认显示的属性有标记、提示、默认和模式。用户可单击"设置"按钮，打开设置对话框，修改要显示的属性条目。各控件的含义如下：

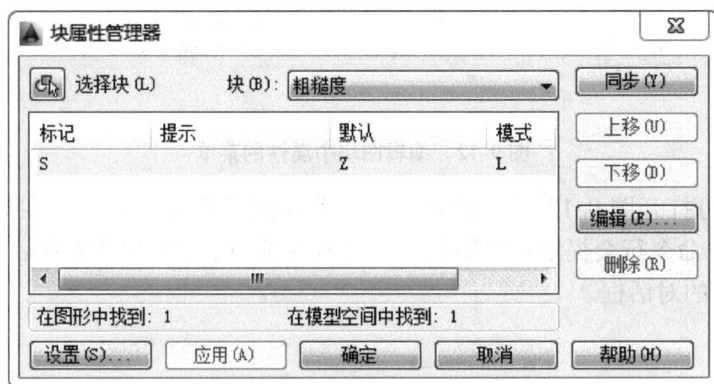

图9-14　"块属性管理器"对话框

1）"选择块"按钮：可使用点设备从绘图区中选择一个块。

2）"块"下拉框：显示所有当前图形中具有属性的块，可从中选择要修改的块。

3）"同步"按钮：使用当前定义的具有属性的特征，修改所有已选择块的实例。它不影响块中任何已赋予属性的值。

4）"上移"按钮：将显示序列中已选定的标记向前移动。

5）"下移"按钮：将显示序列中已选定的标记向后移动。

6）"编辑"按钮：单击该按钮将打开"编辑属性"对话框，如图9-15所示。用户使用该对话框可以修改属性的特征。在该对话框中，有"属性""文字选项"和"特性"三个选项卡，可分别对块属性的各种值进行修改。

7）"删除"按钮：单击该按钮将从块定义中删除选择的属性。

8）"设置"按钮：单击该按钮将打开"块属性设置"对话框，如图9-16所示。利用该对话框，用户可以在"块属性管理器"中定制需要显示的属性信息。

9）"应用"按钮：将用户作出的修改应用于当前图形。

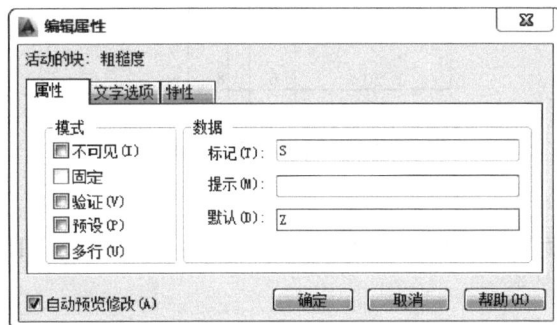

图9-15　"编辑属性"对话框　　　　　　图9-16　"块属性设置"对话框

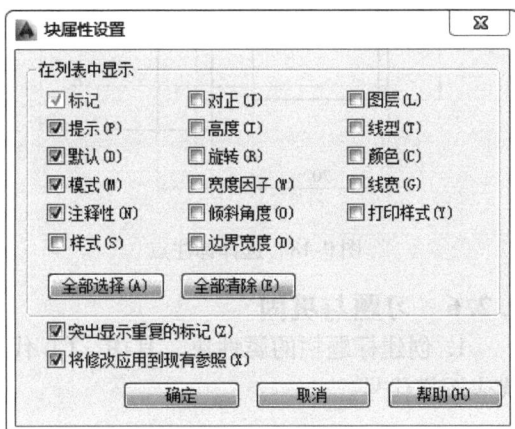

9.2.5　例题解析

创建表面粗糙度块的步骤如下：

1）新建中心线图层，新建标注图层。绘制图形，标注尺寸。

2）绘制图9-17a所示的基本符号。

3）在图9-17b所示的位置，用插入多行文字功能输入 Ra 。

4）单击"绘图"下拉菜单中的"定义属性"，在标记中输入 Ra ，在"默认"中输入6.3，单击"确定"按钮，用鼠标将 Ra 放在 Ra 之后，如图9-17c所示。

5）单击"创建块"按钮，输入块名称"表面粗糙度"。拾取图中 A 点，并将其作为插入点，选择全部为对象，单击"确定"按钮，在弹出的"编辑属性"对话框中单击"确定"按钮，结果如图9-17d所示。

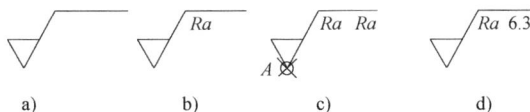

图9-17　表面粗糙度符号绘制过程
a) 基本符号　b) 多行文字　c) 定义属性　d) 创建完成

6）单击"插入块"按钮，单击"确定"按钮，在图中相应位置拾取插入点（图9-18），命令行提示" $Ra <6.3>$ "，回车或输入6.3，如图9-19所示，完成标注。

本节主要介绍了表面粗糙度图块的创建和块属性的定义，将绘制好的表面粗糙度符号定义成块后，标注时只需要将块插入即可，而不必每次都画表面粗糙度符号。块一旦定义好，就可在插入时修改数值，完成不同表面粗糙度值的标注。

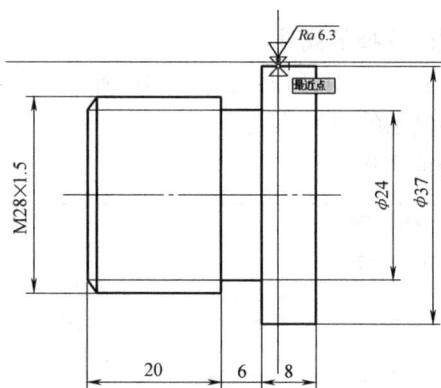

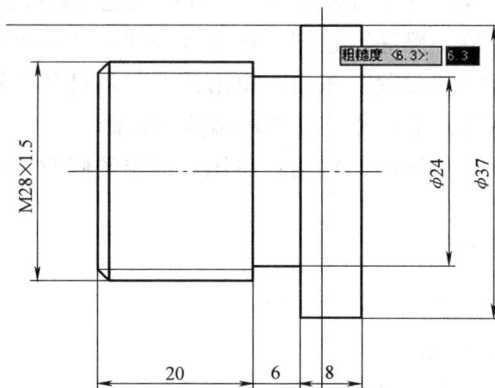

图 9-18   选择标注点   图 9-19   表面粗糙度值的修改

9.2.6   习题与巩固

1. 创建标题栏的属性块。其中，CL 代表材料，DW 代表单位，TM 代表图样名称，TH 代表图样代号。

							CL		DW
标记	处数	分区	更改文件名	签名	年月日				TM
设计	签名	年 月 日	标准化	签名	年月日	阶段标记	重量	比例	
审核									
工艺			批准			共 张 第 张			TH

图 9-20   创建标题栏块

2. 结合上题，创建明细栏属性块，并添加边框，形成一张标准图样。

第10章 复杂平面图形的绘制

本书从本章开始介绍 AutoCAD 在机械、电子、建筑等行业领域中的实际应用。AutoCAD 在实际应用中应注意以下几点：

1）不同类型的图元对象应设置不同的图层、颜色及线宽。命名视图、图层、图块、线型、文字样式、打印样式时，名称要简明，而且要遵循一定的规律，以便于查找。图层、标注样式、文字样式、栅格捕捉等常用设置内容应保存在图形模板文件中备用。

2）绘图尽量使用 1：1 比例，打印时可在图纸空间内设置不同的打印比例。不要把图框和图形绘在同一幅图中，而是在布局中将图框按块插入，然后出图。

3）不要把主要精力花费在孤立的命令上，而是把学以致用的原则贯穿在整个学习、实践过程中，同步把握绘图命令与专业特点。在熟练使用绘图环境和命令的基础上，逐步熟悉特定的工作环境，从而对软件有更深刻的理解。

在机械制图中，平面图形使用最多、应用最广，而无论多么复杂的平面图形都可以看成是直线、圆、圆弧和其他各种类型曲线的组合。本书从本章开始，主要介绍较为复杂的平面图形的绘制方法，这些图形中的图元多、尺寸要求高，需要耐心、刻苦地练习。学习本章的内容后，学生应达到如下要求：

1）掌握捕捉功能、对象捕捉和自动追踪的设置方法，会使用对象捕捉、动态输入和自动追踪功能绘制综合图形的方法。

2）会创建和设置尺寸的标注样式，掌握尺寸标注的编辑方法。

10.1 短轴的绘制

本节主要介绍图 10-1 所示短轴的画法。轴类零件图的特点是矩形较多，宜利用直线和偏移命令绘制。由于图线较多，容易造成混乱，因此，本例将介绍利用矩形命令绘制类似图形。在复杂图形中，经常使用样条曲线，本节中也介绍了样条曲线的使用方法。

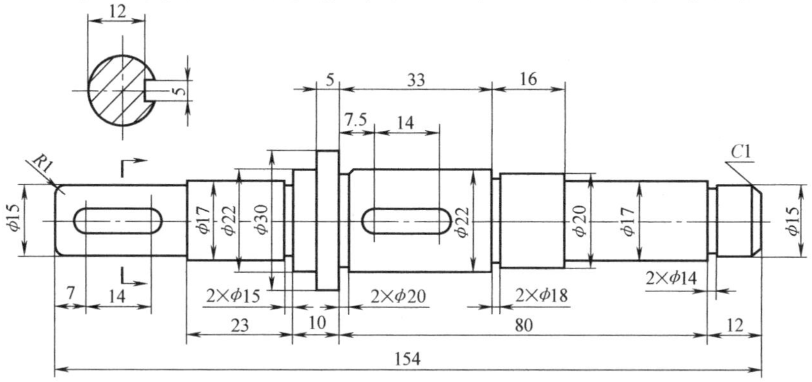

图 10-1 短轴

10.1.1　精确绘图

复杂的平面图形图元多、尺寸要求高，绘图者需要对图形进行反复地修改、补充和完善，才能绘制出符合要求的图样。AutoCAD 提供了十分丰富的平面绘图命令，利用这些命令可以绘制出各种基本图形。在绘制一幅平面图形的过程中，一般要使用系统提供的"捕捉""对象捕捉""对象追踪"等功能，在不输入坐标的情况下快速、精确地绘制图形。

在 AutoCAD 中，使用动态输入功能可以在指针位置处显示标注输入和命令提示等信息，从而极大地方便了绘图。极轴追踪功能是按事先给定的角度增量来追踪特征点。而对象捕捉追踪功能则按与对象的某种特定关系来追踪特征点，这种特定的关系确定了一个未知角度，即如果事先知道要追踪的方向（角度），则使用极轴追踪；如果事先不知道具体的追踪方向（角度），但知道与其他对象的某种关系（如相交），则用对象捕捉追踪。极轴追踪和对象捕捉追踪可以同时使用。

在绘图的过程中，经常要指定一些对象上已有的点，如端点、圆心或两个对象的交点等。如果只凭观察来拾取，不可能非常准确地找到这些点。在 AutoCAD 中，可以通过"对象捕捉"工具栏和"草图设置"对话框等方式调用对象捕捉功能，迅速、准确地捕捉到某些特殊点，从而精确地绘制图形。

在"对象捕捉"工具栏中，还有两个非常有用的对象捕捉工具：临时追踪点和捕捉自。"临时追踪点"工具可在一次操作中创建多条追踪线，并根据这些追踪线确定所要定位的点。在使用相对坐标指定下一个应用点时，"捕捉自"工具可以提示输入基点，并将该点作为临时参照点。这与通过输入前缀@使用最后一个点作为参照点类似。它不是对象捕捉模式，但经常与对象捕捉一起使用。

在 AutoCAD 中，自动追踪可按指定角度绘制对象，或者绘制与其他对象有特定关系的对象。自动追踪功能分极轴追踪和对象捕捉追踪两种，是非常有用的辅助绘图工具。AutoCAD 提供的正交模式也可以用来精确定位点，它将定点设备的输入限制为水平或垂直。在正交模式下，可以方便地绘出与当前 X 轴或 Y 轴平行的线段。在 AutoCAD 的状态栏中单击"正交"按钮，或按 F8 键，可以打开或关闭正交模式。

10.1.2　样条曲线

（1）绘制样条曲线　用样条曲线命令可以绘制一条平滑相连的样条曲线。命令的调用方法如下：

1）命令：Spline 。

2）菜单："绘图"→"样条曲线"。

3）工具栏："绘图"→ ⌒ 按钮。

启动命令后，命令行提示：

"指定第一个点或 [方式（M）/节点（K）/对象（O）]："，单击指定第一个点。

"输入下一点或 [起点切点（T）/公差（L）]："，单击下一点。

"输入下一点或 [端点相切（T）/公差（L）/放弃（U）]："，单击下一点。

"输入下一个点或 [端点相切（T）/公差（L）/放弃（U）/闭合（C）]："，回车或单击鼠标右键确认，结束线段控制点的选择。

命令行中各选项说明如下：

1）方式（M）：用于选择使用拟合点还是使用控制点来创建样条曲线。

2）对象（O）：将二维或三维的二次或三次样条曲线拟合多段线转换等效的样条曲线。根据 DELOBJ 系统变量的设置，保留或放弃原多段线。

3）节点（K）：指定节点参数化，它是一种计算方法，用来确定样条曲线中连续拟合点之间的零部件曲线如何过渡。

4）起点相切（T）：指定在样条曲线终点的相切条件。

5）端点相切（T）：指定在样条曲线终点的相切条件。

6）公差（L）：指定样条曲线可以偏离指定拟合点的距离。公差值若为 0，要求生成的样条曲线直径通过拟合点。公差值适用于所有拟合点（拟合点的起点和终点除外），始终具有值为 0 的公差。

7）闭合（C）：通过定义与第一个点重合的最后一个点，闭合样条曲线。默认情况下，闭合的样条曲线为周期性的，沿整个环保持曲率连续性（C2）。

8）放弃（U）：删除最后一个指定点。

在机械制图中，样条曲线常用于绘制波浪线，作为机械断裂处的边界线、视图与剖视的分界线。

（2）编辑样条曲线：对样条曲线实体进行编辑修改。命令的调用方法如下：

1）命令：Splinedit 回车；

2）菜单："修改"→"对象"→"样条曲线"。

启动该命令后，命令行提示：

"选择样条曲线"单击选取一条样条曲线，控制点会以界标点形式显示出来，控制点决定样条曲线，但不一定在样条曲线上。

"输入选项［打开（O）/拟合数据（F）/闭合（C）/编辑顶点（E）/转换为多段线（P）/反转（R）/放弃（U）］:"。

这些选项可以对编辑调整点进行修改，从而改变样条曲线的形状。

1）拟合数据（F）：选中此项后，样条曲线的控制点显示变为调整点显示。

2）闭合（C）或打开（O）：用于闭合一条开式样条曲线或打开一条闭合样条曲线。如果选取的样条曲线是非闭合的，提示中会出现"闭合（C）"选项；如果选取的样条曲线是闭合的，上述提示中第一个选项则是"打开（O）"。

3）编辑顶点（E）：选中此项后，命令行提示：

"输入顶点编辑选项［添加（A）/删除（D）/提高阶数（E）/移动（M）/权值（W）/退出（X）］<退出>:"。

使用这些选项可以移动样条曲线的控制点，同时清除编辑调整点。

4）转换为多段线（P）：用于把样条曲线转换为多段线。

5）反转（R）：用于改变样条曲线的方向，起点和终点交换。

6）放弃（U）：放弃操作，可一直返回到编辑样条曲线的开始状态。

10.1.3　例题解析

图 10-1 所示短轴的绘制步骤如下：

1）在状态栏中打开"对象捕捉""对象追踪"和"极轴"开关，单击"图层特性管理器"，新建图层 L2，线型改为 Center2，颜色为红色。选择 L2 为当前图层，选择直线命令，水平方向追踪绘制一条水平轴线。

2）选择 0 层为当前层，选择直线命令在轴线左端点附近获取点，0°追踪左键单击作为起始点，将光标移至 90°极轴追踪线上，输入 7.5 并回车。再将光标移至 0°极轴中线上，输入 29 并回车。将光标移至 90°极轴追踪线上，输入 1 并回车。再将光标移至 0°极轴中线上，输入 23 并回车。按照上面方法绘制出图 10-2a 所示的图形。

3）根据倒角和圆弧命令对图 10-2a 所示的图形右侧倒角，左侧倒圆角，延伸各边到轴线，如图 10-2b 所示。

4）选择镜像命令，将上半部分镜像至下半部分。绘制键槽。选择直线命令，绘制两端中心线。选择圆命令，拾取两个中心点，再输入半径 2.5 并回车。选择直线命令，捕捉并分别连接两圆上下象限点。选择修剪命令，修剪多余的半圆弧，如图 10-2c 所示。选择直线命令，绘制第二个键槽中心线，选择复制命令，选择键槽为对象，分别以两个中心线为基点和第二点，完成复制，如图 10-2d 所示。

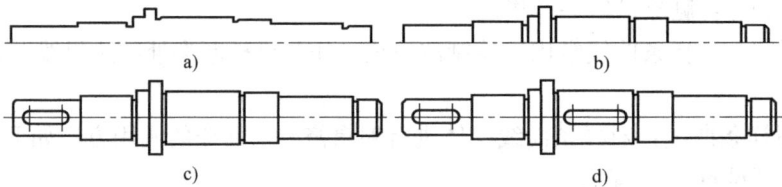

图 10-2　操作步骤

a）绘制外轮廓　b）完成上半部分　c）镜像并绘制键槽　d）复制键槽

5）标注尺寸。按图 10-1 要求标注尺寸，完成图形绘制。

短轴这类简单零件图的特点是小结构多、以直线为主，绘图时需要根据具体结构选择命令，偏移、直线、多段线、矩形等命令的综合应用可大量节约绘图时间。采用矩形命令的绘制方法（图 10-3）为：分别绘制以下尺寸的矩形：29mm × 15mm、21mm × 17mm、2mm × 15mm、5mm × 22mm、5mm × 30mm、2mm × 20mm、31mm × 22mm、2mm × 18mm、14mm × 20mm、31mm × 17mm、2mm × 14mm、10mm × 15mm。用移动命令捕捉中点将各个矩形串在一起。

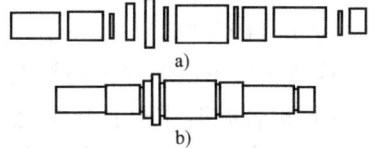

图 10-3　用矩形命令绘制短轴

10.1.4　习题与巩固

按照要求的尺寸绘制图 10-4 和图 10-5 所示的图形。

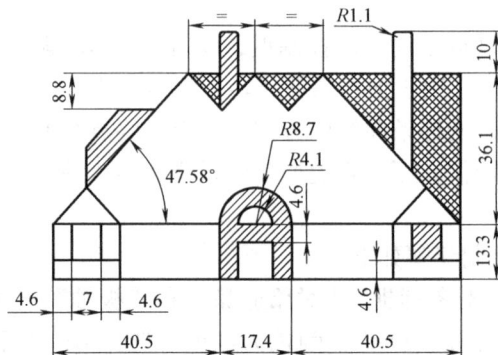

图 10-4　习题图（一）

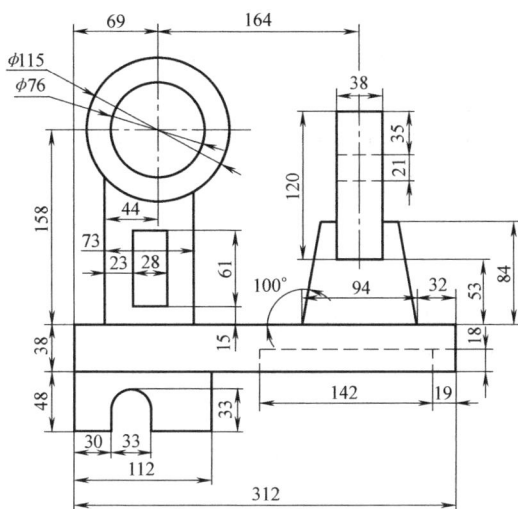

图 10-5　习题图（二）

10.2　尺寸标注样式

对不同行业的图样标注尺寸时，其要求是不同的。一般同一图样会要求尺寸标注的形式相同、风格一样，这就是本节要介绍的尺寸标注样式。要做到尺寸标注正确，作图前或标注前需要对尺寸标注样式进行设置。

10.2.1　创建新的标注样式

尺寸标注样式控制尺寸线、尺寸界线、尺寸文本和箭头的外观，它是由一组标注变量构成的。创建或设置尺寸标注样式需要调用标注样式管理器。命令的调用方法如下：

1）命令：Dimstyle。

2）菜单："格式"→"标注样式"。

3）工具栏："格式"→ 按钮。

执行该命令后，系统弹出"标注样式管理器"对话框（图 10-6），该对话框包括以下内容：

1）"样式"列表框：列出已有的标注样式。

2）"预览"框：预览指定的标注样式。

3）"置为当前"按钮：在"样式"列表框中选取一个样式后，单击此按钮，可将选取的样式置为当前标注样式。双击列表框中一个样式，也可将该样式置为当前标注样式。

4）"新建"按钮：用于创建新

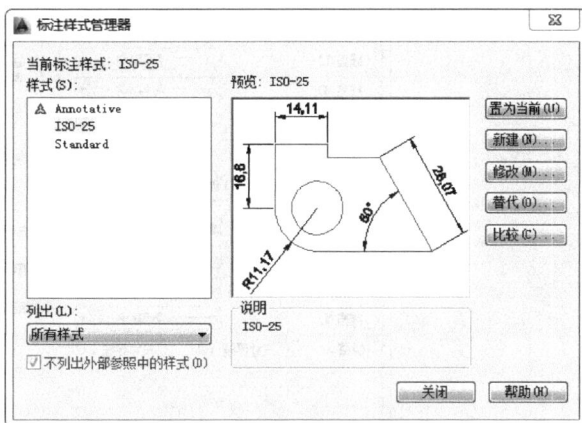

图 10-6　"标注样式管理器"对话框

的标注样式。

5）"修改"按钮：在"样式"列表框中选取一个样式后，单击此按钮，可对选取的标注样式中的各种设置进行修改。

6）"替代"按钮：在"样式"列表框中选取一个样式后，单击此按钮，可在不改变原标注样式的基础上创建临时的标注样式。

7）"比较"按钮：单击此按钮，可与相应标注样式的系统变量的参数进行比较和套用。

在"标注样式管理器"对话框中，单击"新建"按钮，弹出"创建新标注样式"对话框，如图 10-7 所示。

在"创建新标注样式"对话框中，可在"新样式名"文本框中输入新标注样式名称。还可以在"基础样式"下拉列表中选择基础样式（新样式以该样式为基础创建）。在"用于"下拉列表中可选择应用的对象范围。单击"继续"按钮出现"新建标注样式"对话框（图 10-8）。

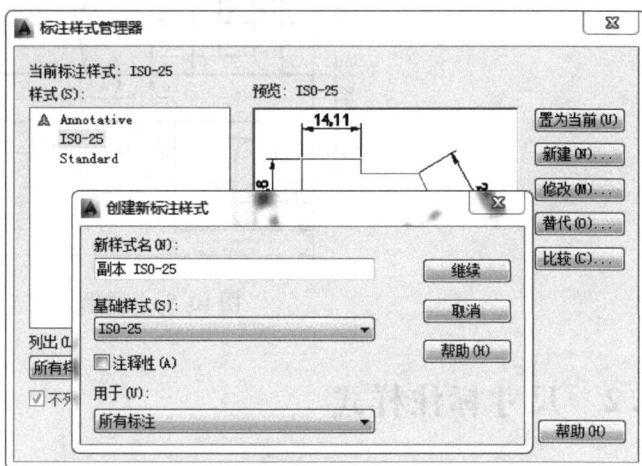

图 10-7　"创建新标注样式"对话框

1. 线

在"新建标注样式"对话框中，单击"线"选项卡，根据需要可在该选项卡中对尺寸线和尺寸界线等进行设置。

（1）"尺寸线"区域　用于对尺寸线的颜色、线宽、可见性和尺寸线间隔等进行设置。

1）"颜色"：用于显示和确定尺寸线的颜色。默认颜色为"随块"。

2）"线宽"：用于显示和确定尺寸线的线宽。默认线宽为"随块"。

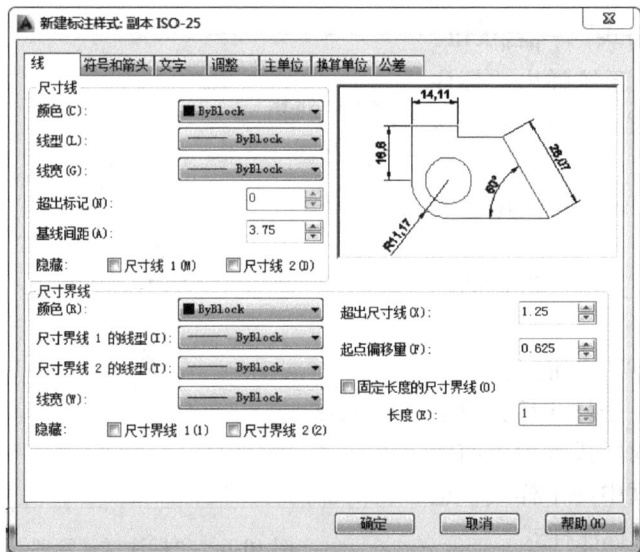

图 10-8　"新建标注样式"对话框

3）"基线间距"：用于控制基线标注时尺寸线之间的间隔，如图10-9a所示。

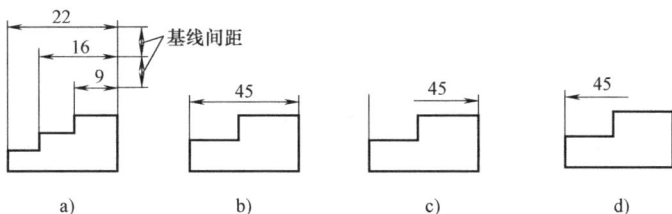

图10-9 尺寸线控制

a）基线间距 b）不隐藏尺寸线 c）隐藏尺寸线1 d）隐藏尺寸线2

4）"隐藏"：用于控制尺寸线及端部箭头是否隐藏。两个复选框分别控制尺寸线1及尺寸线2，如图10-9b、c、d所示。

（2）"尺寸界线"区域 用于对有关尺寸界线的颜色、线宽、超出尺寸线、起点的偏移量和可见性进行设置。

1）"颜色"和"线宽"：分别控制尺寸界线的颜色和线宽。

2）"超出尺寸线"：用于确定尺寸界线超出尺寸线的长度，如图10-10a所示。

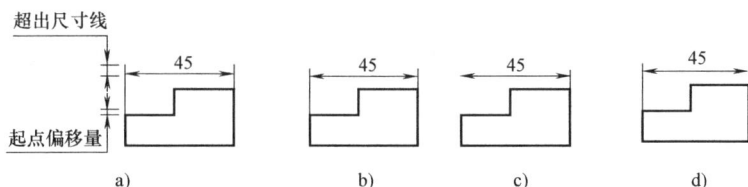

图10-10 尺寸界线控制

a）超出尺寸线和起点偏移量 b）不隐藏尺寸界线 c）隐藏尺寸界线1 d）隐藏尺寸界线2

3）"起点偏移量"：用于确定尺寸界线的实际起始点和指定起始点之间的偏移量，如图10-10a所示。

4）"隐藏"：用于控制尺寸界线是否隐藏，如图10-10b、c、d所示。

2. 符号和箭头

（1）"箭头"区域

1）"第一个"和"第二个"：用于确定第一个和第二个尺寸箭头的样式，一般为实心闭合样式。这两个箭头可以设置成不同样式。

2）"引线"：用于选择引线的箭头样式。

3）"箭头大小"：用于确定尺寸箭头的大小。

（2）"圆心标记"区域 用于设置圆心标记的样式和大小。

（3）"弧长符号"区域 控制弧长标注中圆弧符号的显示。

（4）"半径折弯标注"区域 用于指定连接半径标注尺寸界线和尺寸线的横向直线的角度，主要用于标注中心点位于外部的情况。

3. 文字

"文字"选项卡用于设置尺寸文字的显示形式和文字的对齐方式（图10-11）

图 10-11 "文字"选项卡

（1）对文字外观的设置

1）"文字样式"：用于设置尺寸文字的文字样式，在下拉框中可选择不同的文字样式。

2）"文字颜色"：用于设置尺寸文字的颜色。

3）"文字高度"：用于设置尺寸文字的字高。

4）"分数高度比例"：只有分数作为"单位格式"时才可用。

5）"绘制文字边框"：在标注文字周围画出边框。

（2）对文字位置的设置　对尺寸文字排列位置的设置，用于控制文字的垂直、水平及距尺寸线的距离。

1）"垂直"：控制尺寸文字在垂直方向的位置。在其下拉列表中列出了几个选项，其中"置中"是将尺寸文字置于尺寸线中间，"上方"是将尺寸文字置于尺寸线的上方，如图 10-12所示。

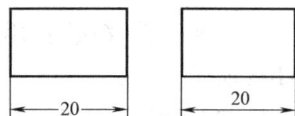

图 10-12 位置设置文字垂直

2）"水平"：控制尺寸文字在水平方向的位置。在其下拉列表中列出了几个选项，其中"置中"是将尺寸文字置于尺寸线中间，"第一条尺寸界线"和"第二条尺寸界线"分别是将尺寸文字置于靠近第一条尺寸界线和第二条尺寸界线的位置。

3）"从尺寸线偏移"：微调文字与尺寸线的间距。

（3）"文字对齐"区域　对尺寸文字的放置方向进行设置，如图 10-13 所示。

1）"水平"：用于使尺寸文字水平放置。

2）"与尺寸线对齐"：用于使尺寸文字沿尺寸线方向放置。

3）"ISO 标准"：用于使尺寸文字按 ISO 标准放置。

4. 调整

该选项卡用于设置尺寸文字、尺寸箭头、指引线和尺寸线的相对排列位置（图 10-14）。

（1）"调整选项"　当尺寸界线距离较近，不能容纳尺寸文字和箭头时，用于定义尺寸

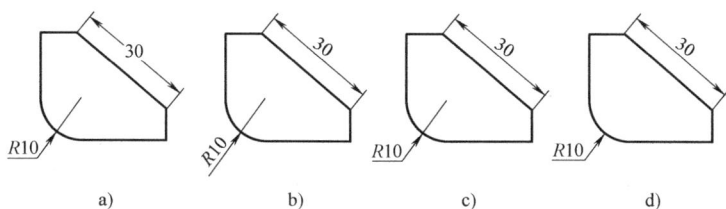

图 10-13　设置文字对齐

a）水平　b）与尺寸线对齐　c）ISO 标准　d）ISO 标准"不在尺寸界线间绘制"

文字和箭头的布置方式。

1）"文字和箭头（取最佳效果）"：当尺寸界线内不能容纳尺寸文本和箭头时，尽量将其中一个放在尺寸界线内。

2）"箭头"：优先考虑将箭头从尺寸界线内移出。

3）"文字"：优先考虑将尺寸文字从尺寸界线内移出。

4）"文字和箭头"：当尺寸界线内不能容纳尺寸文字和箭头时，将两者都放置在尺寸界线之外。

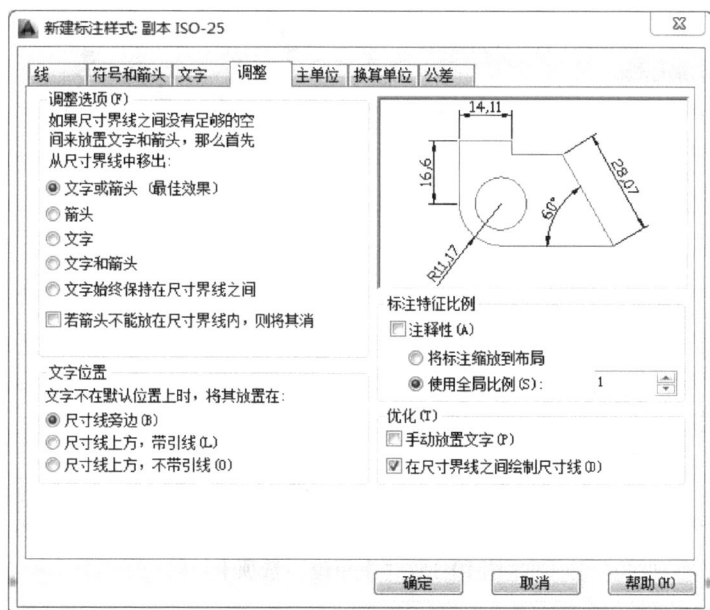

图 10-14　"调整"选项卡

5）"文字始终保持在尺寸界线之间"：将尺寸文字一直放置在尺寸界线之内。

6）"若箭头不能放在尺寸界线内，则将其消除"：当尺寸界线内不能容纳尺寸文字和箭头时，不绘制箭头。

（2）"文字位置"　设置当文字在尺寸界线之外时的位置。

1）"尺寸线旁边"：当文字在尺寸界线之外时放置在尺寸线旁边。

2）"尺寸线上方，带引线"：当文字在尺寸界线之外时，标注在尺寸线之上，并加上一条引线。

3）"尺寸线上方，不带引线"：当文字在尺寸界线之外时，标注在尺寸线之上，但不加引线。

（3）"标注特征比例"　　用于设置尺寸标注的比例。

1）"使用全局比例"：文本框显示的比例为全局比例系数，对整个尺寸标注都适用。

2）"将标注缩放到布局"：文本框中显示的比例系数为当前模型空间和图纸空间的比例。

（4）"优化"

1）"手动放置文字"：选中该选项，在标注时手动确定尺寸文字的放置位置。

2）"在尺寸界线之间绘制尺寸线"：选中该选项，则始终保持在尺寸界线之间绘制尺寸线。

5. 主单位

该选项卡用于设置基本标注单位格式、精度以及标注文字的前缀或后缀（图 10-15）。

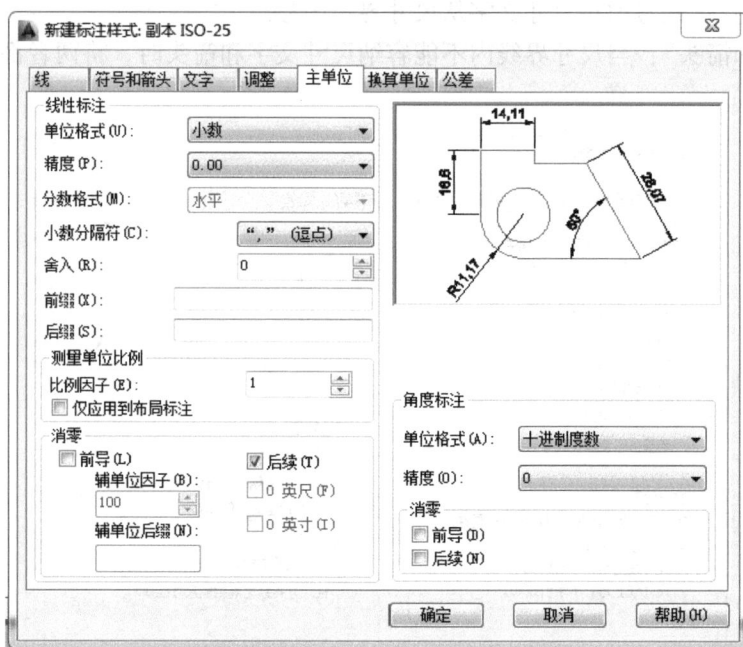

图 10-15　"主单位"选项卡

（1）"线性标注"

1）"单位格式"：设置尺寸单位的格式。在下拉列表中选择"科学"、"小数"、"工程"、"建筑"、"分数"和"Windows 桌面"中的某一种格式。

2）"精度"：设置尺寸单位的精度。根据需要在下拉列表中选择合适的精度等级。

3）"小数分隔符"：有逗点、句点、空格三种形式。

4）"舍入"：设置舍入精度。

5）"前缀"：设置主单位前缀。

6）"后缀"：设置主单位后缀。

7）"测量单位比例"：设置尺寸测量的比例因子。

8）"消零"：选中"前导"可消除尺寸文字前无效的 0，选中"后续"可消除尺寸文字后无效的 0。

（2）"角度标注"：设置方法与线性标注类似。

6. 换算单位

该选项卡用于设置替代测量单位的格式和精度以及前缀或后缀。默认时，尺寸标注不显示替代单位标注，该选项卡无效，呈灰色显示。只有选中"显示换算单位"复选框时才有效。

7. 公差

该选项卡用于设置尺寸公差的标注格式及有关特征参数。

（1）"公差格式"

1）"方式"：用于设置公差文本的标注方式。在其下拉列表中有五个选项：无、对称、极限偏差、极限尺寸和基本尺寸，其形式如图 10-16 所示。

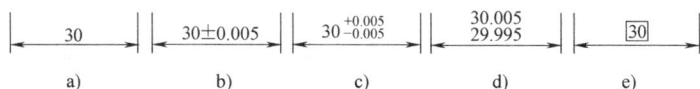

图 10-16 公差的标注方式
a）无公差 b）对称 c）极限偏差 d）极限尺寸 e）公称（基本）尺寸

2）"精度"：用于设置尺寸标注公差的精度，即有效位的设置。

3）"上偏差"：用于设置上偏差值。输入偏差数值后，系统自动在偏差值前加"＋"号。如需修改，可在输入偏差值时在前面添加"－"号。例如，想使上偏差为 － 0.005，可输入上偏差值 － 0.005。

4）"下偏差"：用于设置下偏差值。输入偏差数值后，系统自动在偏差值前加"－"号。如需修改，可在输入偏差值时在前面添加"－"号。若想使下偏差为 ＋ 0.005，可输入下偏差值 － 0.005。

5）"高度比例"：用于设置公差文字的高度。一般在"对称"方式时设置为 1，在"极限偏差"方式时设置为 0.7。

6）"垂直位置"：用于设置公差文字和公称尺寸文字的对正方式。

7）"消零"：用于设置标注文字是否显示无效的数字 0。

（2）"换算单位公差" 用于进行换算公差单位的精度和消零设置。

10.2.2 尺寸标注的编辑

1. 尺寸的关联性

AutoCAD 一般将尺寸线、尺寸界线、尺寸文字和箭头作为一个完整的图块进行存储。此时，若对标注对象进行拉伸、缩放等操作，尺寸标注将会自动进行相应的调整。这种尺寸标注称为关联性尺寸标注。AutoCAD 用系统变量 Dimassoc 来控制尺寸标注的关联性。根据其值的不同，它分为三种类型。

（1）关联标注 当与其关联的几何对象被修改时，可自动调整其位置、方向和测量值。Dimassoc 系统变量值为 2。

（2）无关联标注 在其测量的几何对象被修改时，尺寸标准不发生改变。标注变量值为 1。

（3）分解的标注　包含单个对象而不是单个标注对象的集合，系统变量值为 0。使用"分解"命令可以将关联标注和无关联标注变为分解的标注。

关联标注和无关联标注的尺寸，其尺寸线、尺寸界线、尺寸文字和箭头作为一个整体存在。而对于分解的标注，其尺寸的各个组成部分互相独立。利用对象的关联性，可以很方便地对尺寸标注进行修改。

2. Dimedit 命令

该命令用于对已有尺寸的尺寸文字及尺寸界线进行编辑。命令的调用方法如下：

1）命令：Dimedit。

2）工具栏："标注"→ 按钮。

执行该命令后，命令行提示：

"输入标注编辑类型［默认(H)/新建(N)/旋转(R)/倾斜(O)］＜默认＞"，根据需要进行设置，然后选择要修改的尺寸，在选择对象时可一次选取多个对象。

命令行提示中各选项的含义如下：

1）默认（H）：选中的标注文字移回到由标注样式指定的默认位置和旋转角。

2）新建（N）：使用"多行文字编辑器"修改标注文字。AutoCAD 在"多行文字编辑器"中的测量值多以暗紫色为背景。

3）旋转（R）：旋转标注文字，命令行会提示输入旋转角度。

4）倾斜（O）：调整线性标注尺寸界线的倾斜角度。

3. Ddedit 命令

该命令用于修改已有尺寸标注的尺寸文字。命令的调用方法如下：

1）命令：Ddedit。

2）菜单："修改"→"对象"→"文字"→"编辑"。

执行该命令后，命令行提示：

"选择注释对象或［放弃(U)］"，选择要修改的对象，弹出"多行文字编辑器"对话框，在该对话框中对文字进行修改，完成后单击"确定"按钮。

"选择注释对象或［放弃(U)］"，可选择下一个要修改的对象，也可回车退出。

4. Dimtedit 命令

该命令用于修改已有尺寸标注文本的位置和方向。命令的调用方法如下：

1）命令：Dimtedit。

2）工具栏："标注"→ 按钮。

执行该命令后，命令行提示：

"选择标注"，选择要修改的尺寸。

"指定标注文字的新位置或［左(L)/右(R)/中心(C)/默认(H)/角度(A)］"。

命令行提示中各选项含义如下：

1）指定标注文字的新位置：将选取的文字拖动到一个新位置。

2）"左"（L）：将选取的长度型、半径型和直径型标注文字放在尺寸线的左边。

3）"右"（R）：将选取的长度型、半径型和直径型标注文字放在尺寸线的右边。

4）"中心"（C）：将选取的标注文字居中放置。

5)"默认"（H）：将选取的标注文字移回到默认位置。

6)"角度"（A）：指定标注文字的角度。

5. 对象特性编辑尺寸标注

用对象特性可对标注样式、尺寸线、尺寸界线、尺寸文字及公差等进行编辑。

10.2.3　标注几何公差

几何公差包括形状公差和位置公差，AutoCAD 提供了两种几何公差的标注方法：不带指引线的几何公差标注和带指引线的几何公差标注。

1. 不带指引线的几何公差

其命令的调用方法如下：

1)命令：Tolerance。

2)菜单："标注"→"公差"。

3)工具栏"标注"→ ⊞ 按钮。

执行该命令后，出现"形位公差"对话框，如图 10-17 所示。

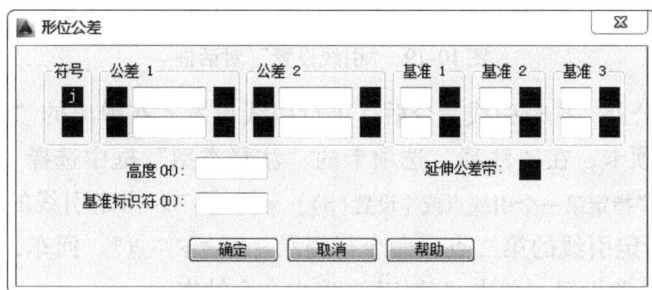

图 10-17　"形位公差"对话框

(1)"符号"框　单击"符号"方框，系统弹出"特征符号"对话框，如图 10-18 所示。"特征符号"对话框列出了几何公差符号，需要哪个符号，用鼠标单击即可，系统自动将该符号添加到"形位公差"对话框的"符号"框内。

(2)"公差 1"和"公差 2"框　文本框内可填写公差值，若需要在公差值前后添加符号，可单击文本框前后的方框。

(3)"基准 1""基准 2""基准 3"框　分别填写相应的基准符号。

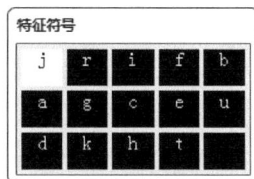

图 10-18　"特征符号"对话框

各参数和符号设置好后，单击"确定"按钮，命令行提示："输入公差位置"，单击拾取放置位置后退出命令。

2. 带指引线的几何公差

(1)引线命令　该命令的调用方法如下：

命令：Qleader。

执行该命令后，命令行提示：

"指定第一个引线点或［设置(S)］<设置>："，若直接回车，则系统弹出图 10-19 所示的引线设置对话框。在该对话框中可对注释类型、引线和箭头样式等进行设置；若指定一点，开始引线标注，以下的命令行提示根据引线设置的不同有所区别，可按照提示逐步操作。

图 10-19　"引线设置"对话框

（2）标注几何公差　执行引线命令后，进行引线设置。在弹出的"引线设置"对话框中选取"注释"选项卡，在"注释"选项卡的"注释类型"框中选择"公差"，单击"确定"。命令行提示："指定第一个引线点或［设置(S)］＜设置＞"。指定引线的第一点，命令行提示"指定下一点"。指定引线的第二点，命令行提示"指定下一点"。回车，弹出"形位公差"对话框，进行几何公差设置，单击"确定"，退出命令结束。

10.2.4　习题与巩固

根据所学命令，绘制图 10-20 和图 10-21 所示的图形，创建合理的尺寸样式并加以标注。

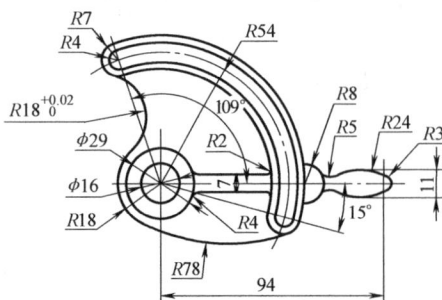

图 10-20　习题图（一）

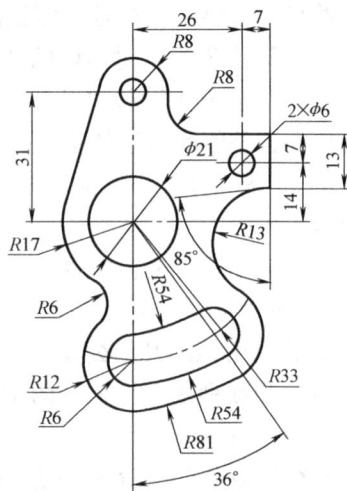

图 10-21　习题图（二）

10.3　绘制手柄图

本节介绍图 10-22 所示的手柄图的绘制及尺寸标注方法。图 10-22 中包含直线、角度和圆弧的多种标注样式，下面介绍如何设置这些标注样式。

10.3.1　绘制构造线和射线

1. 构造线

构造线是一条两端可无限延长的直线，它不受缩放的影响，可用做绘图过程的辅助线。命令调用方式如下。

1）命令：Xline。

2）菜单："绘制"→"构造线"。

3）工具栏："标注"→ 🖉 按钮。

启动该命令后，命令行提示：

"指定点或[水平（H）/垂直（V）/角度（A）/二等分（B）/偏移（O）]"。

命令行提示选项含义如下：

1）指定点：给出一点坐标后，命令行继续提示：

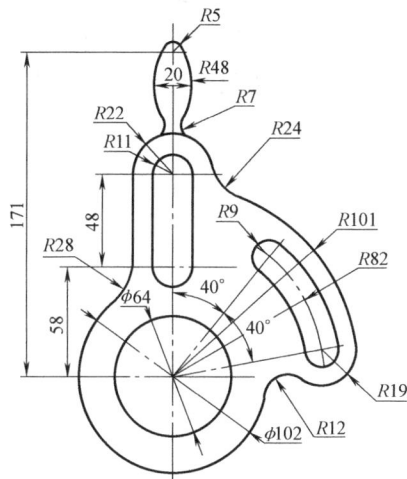

图 10-22　手柄图

"指定通过点"，给出构造线将通过的另一点，AutoCAD 将绘出一条通过两指定点的直线。回车或者单击鼠标右键确认，退出命令。

2）水平（H）：可以绘制出通过指定点的平行于当前坐标系 X 轴的水平构造线。可以连续指定通过点，绘制出一系列构造线，直至回车或者单击鼠标右键确认，退出命令。

3）垂直（V）：可以绘制出通过指定通过点的平行于当前坐标系 Y 轴的垂直构造线。可以连续指定通过点，绘制出一系列构造线，直至回车或者单击鼠标右键确认，退出命令。

4）角度（A）：可以绘制出与指定直线成一定角度的构造线。选择该选项后，命令行提示："输入构造线角度（O）或[参照（R）]:"，若输入构造线角度，命令行提示："指定通过点"，指定点后，AutoCAD 将绘制出通过指定点且与 X 轴正方向呈给定夹角的构造线；若选择"参照（R）"选项，则绘制出与已知直线成指定角度的构造线。命令行提示："选择直线对象"，拾取将被参照的直线后，命令行继续提示："输入参照线角度（O）"，指定与参照线的夹角后，命令行继续提示："指定通过点"，指定点后，AutoCAD 将绘制出一条与参照线成指定角度并通过指定点的构造线。

5）二等分（B）：可以绘制出一条通过第一点，并平分以第一点为顶点与第二点、第三点组成的夹角的构造线。

6）偏移（O）：可绘制出与指定直线平行且满足给定距离的构造线。

2. 射线

射线命令可绘制一条一端无限延长的直线，它不受缩放的影响，可用做绘图过程的辅助线。该命令的调用方法如下：

1）命令：Ray。

2）菜单："绘制"→"射线"。

启动该命令后，命令行提示：

"_ RAY 指定起点"，指定射线的起始位置。

"指定通过点"。

与构造线一样，可以通过指定多个通过点来绘制多条射线。所有的射线都具有相同的起点。

10.3.2　公差标注示例

如图 10-23 所示，给图形标注带公差的直径尺寸，但由于该视图不是圆，正常标注只能标注尺寸 50，实现这种形式标注的步骤如下：

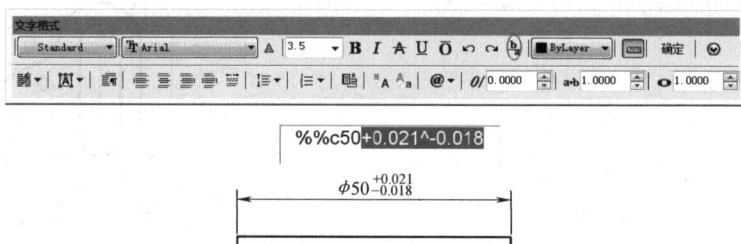

图 10-23　多行文字（M）的使用实例

执行线性标注命令，命令行提示：

"指定第一条尺寸界线原点或] 选择对象"，单击左端点拾取第一点。

"指定第二条尺寸界线原点"，拾取右端点。

"指定尺寸线位置或[多行文字(M)/文字(T)角度(A)/水平(H)/垂直(V)/旋转(R)]"，输入 M 并回车，系统打开"多行文字编辑器"对话框，在弹出的文本框中输入"％％c50 + 0.021^ - 0.018"，其中"^"用 Shift + 6 调出，选中"+ 0.021^ - 0.018"，单击 $\frac{a}{b}$ 进行堆叠后，按"确定"按钮完成标注。

10.3.3　例题解析

图 10-22 所示图形的绘制步骤如下：

1）设置图层，新建中心线图层和标注图层。单击"图层特性管理器"下拉按钮，选择点画线图层。单击"绘图"工具栏中的直线命令按钮，绘制两条相互垂直的定位线，回车继续绘制各圆的中心线，结果如图 10-24a 所示。

2）根据图 10-22 中的尺寸，绘制图形中的圆，结果如图 10-24b 所示。

3）单击"绘图"工具栏中的直线命令按钮，绘制 $R11$mm 圆的两条平行的公切线，并修剪定位圆。以垂直定位线为对称线，在图形的上方利用偏移命令绘制两条距离为 20mm 的平行线，结果如图 10-20c 所示。

4）单击"绘图"工具栏中的圆命令按钮，输入 T 并回车，捕捉切点，在命令栏中输入半径值 48。选择圆命令，绘制 $R22$mm 圆，结果如图 10-24d 所示。

5）与步骤 4）类似，使用"相切—相切—半径"命令，绘制一个半径为 $R7$mm 的圆，该圆与 $R48$mm、$R22$mm 两圆相切。单击"修改"工具栏中的"镜像"按钮，以步骤 4）、5）中绘制的圆为镜像对象，捕捉垂直定位线两端点为镜像线两端点，结果如图 10-24e 所示。

6）单击"修改"工具栏中的修剪命令按钮，参照图 10-25a 修剪图形。

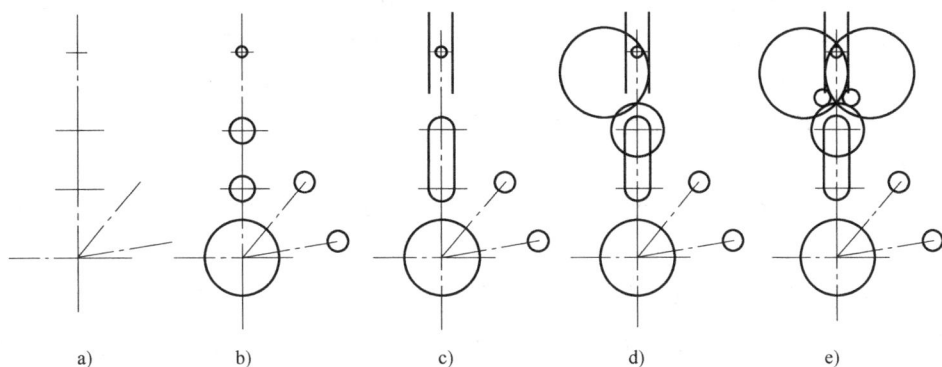

图 10-24　中心线及圆的绘制
a) 绘制中心线　b) 绘制圆　c) 绘制切线　d) 绘制相切圆　e) 镜像

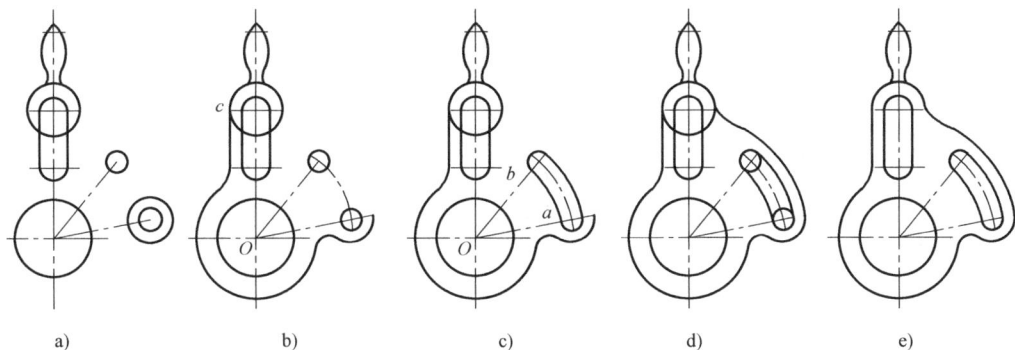

图 10-25　相切圆的绘制
a) 修剪圆弧　b) 倒圆角　c) 三点画弧　d) 画圆并修剪　e) 画连接圆弧

7) 单击"绘图"工具栏中的直线命令按钮，捕捉象限点 C 为起点，绘制垂线。选择圆命令，拾取 O 点，输入 51 并回车。单击"修改"工具栏中的圆角命令按钮，输入 R 并回车，输入 28，依次选择大圆与垂线；回车，继续倒圆角，输入 R 并回车，输入 12。单击"修改"工具栏修剪命令按钮，修剪两圆，结果如图 10-25b 所示。

8) 选择"绘图"→"圆弧"→"起点、端点、半径"命令，依次捕捉交点 a、b、c，结果如图 10-25c 所示。

9) 绘制半径为 R101mm 的圆并修剪，结果如图 10-25d 所示。

10) 使用"相切—相切—半径"命令，绘制半径为 R24mm 的连接圆弧并修剪，完成图形绘制，结果如图 10-25e 所示。

11) 左键单击"标注样式管理器"按钮，在弹出对话框中单击"修改"按钮，在弹出的对话框中，单击"直线和箭头"选项卡，箭头大小设置为 3。单击"文字"选项卡，将文字高度设置为 4，文字对齐方式设置为水平；单击"调整"选项卡，将文字位置设置为尺寸线上方，带引线，单击"确定"按钮，回到初始对话框。单击"新建"按钮，在弹出的对话框中，在"新样式名"输入 ISO，单击"继续"按钮，在弹出的对话框中，单击"文字"选项卡，在"文字对齐"方式中选中 ISO，单击"确定"按钮，回到初始对话框。单击 ISO，继续单击"新建"按钮，在弹出的对话框中，在"新样式名"输入 ISO-2，单击"继续"按钮。在弹出的对话框中，单击"调整"选项卡，在"调整"方式中取消"始终在尺寸界线之间绘制尺寸"选项。单击"直线和箭头"选项卡，将"圆心标记"的"类型"改为"无"，依次单击"确定"按钮、"关闭"选项卡，退出标注样式的修改。从而建立图10-13c 和图 10-13d 两种标注样式。

12）选择标注样式格式中的"线性"标注，分别标注 22mm 等直线尺寸，结果如图 10-26a 所示。

13）选择"标注"→"角度"菜单（或 △ 按钮），标注两个40°，结果如图 10-26b 所示。

14）选择"标注"→"直径"菜单（或 ◯ 按钮），分别标注 ϕ64 和 ϕ102，结果如图 10-26c 所示。

15）在标注样式格式中，选择 ISO，选择"标注"→"半径"命令（或 ◯ 按钮），分别标注指向圆心的各半径尺寸，结果如图 10-26d 所示。

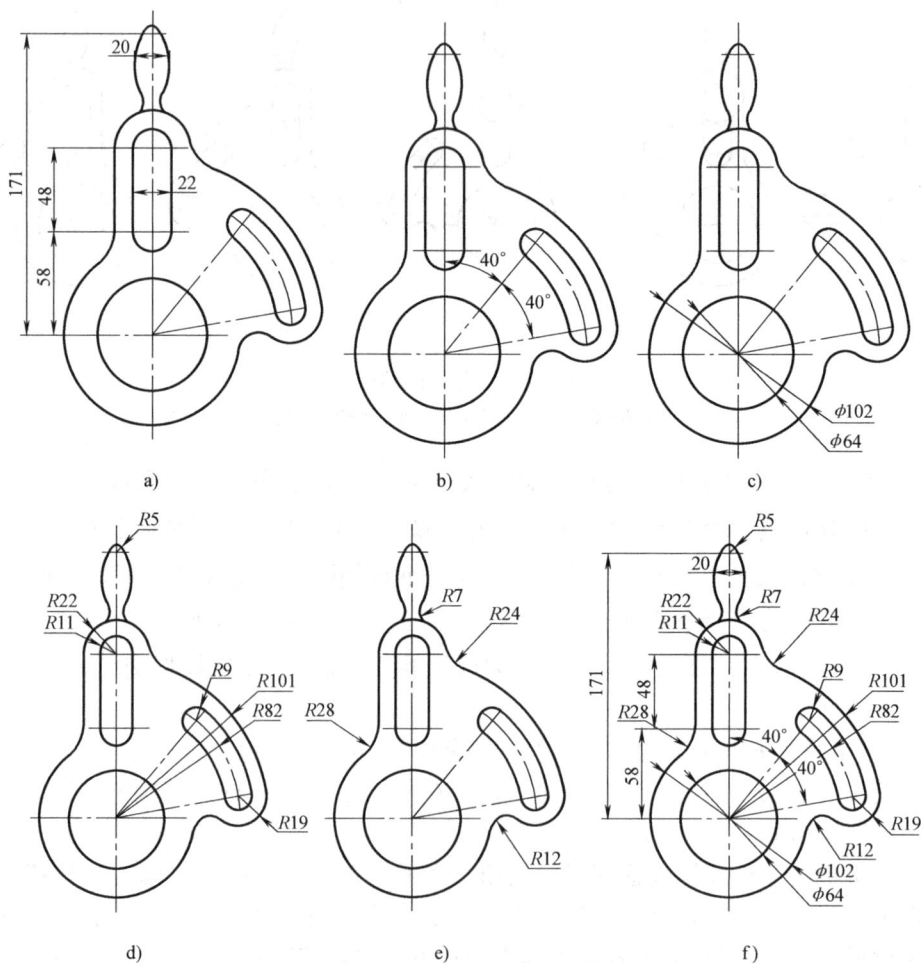

图 10-26　手柄图的标注

a）线性标注　b）角度标注　c）直径标注（ISO）

d）半径标注（ISO）　e）半径标注（ISO 且无圆心标记）　f）完整标记

16）在标注样式格式中，选择 ISO-2，单击 按钮，分别标注不指向圆心的各半径尺寸，结果如图 10-26e 所示。按照上述标注方法将各个尺寸标注完整，得到图 10-26f 所示的尺寸标注。

画图 10-22 所示的图形时，要掌握绘制有角度的直线以及绘制圆的各种方法（相切圆和圆角）。同时，还要注意设置尺寸标注样式，使用线性、连续、直径、半径等标注方式标注图形。

创建标注样式时，"主单位"选项卡中的"小数分隔符"可以将"，"修改为"."，"符号和箭头"选项卡中的圆形标记改为"无"等。尽量不要修改"尺寸样式管理器"中的 ISO-25，大部分尺寸标注需要这种样式。当一些尺寸无法通过 ISO-25 完成标注时，单击"新建"按钮建立一个样式，在"新样式名"中输入简要名字加以区别，常用的标注样式如线性标注加直径符号 φ，隐藏尺寸线和尺寸界线，文字对齐方式为 ISO 标准等。

10.3.4　习题与巩固

按照所学命令绘制图 10-27 ~ 图 10-29 所示的图形，并标注尺寸。

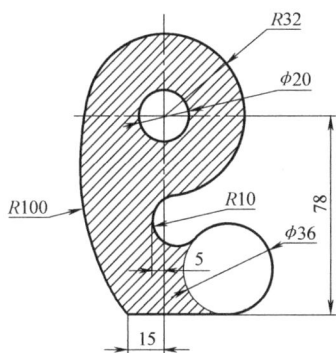

图 10-27　习题图（一）

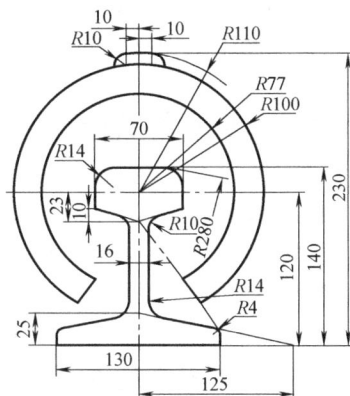

图 10-28　习题图（二）

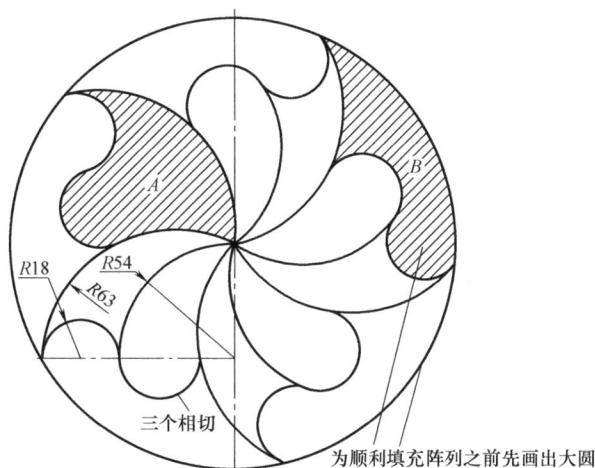

图 10-29　习题图（三）

第 11 章　轴测图的绘制

用平行投影法将物体连同确定其空间位置的直角坐标系一起投射到单一投影面上，所得的投影图称为轴测图。轴测图富有立体感，能帮人们更快、更清楚地认识产品结构。

轴测图一般不能反映出物体各表面的实形，用 AutoCAD 主要绘制正等轴测图。等轴测图中，物体上平行的线条仍保持平行，与坐标轴平行的直线可以采用原长度。

AutoCAD 中绘制等轴测图的方法比较简单，执行等轴测投影模式后，便可进行绘制。本章主要介绍在等轴测投影模式下直线、圆及圆弧的绘制方法以及如何建立符合视图习惯的尺寸标注和文字。学习完本章内容后，学生应达到如下要求：

1）理解轴测图的投影模式。

2）掌握轴测图中直线、圆和圆弧的绘制方法。

3）会在轴测图中创建文字及标注尺寸。

11.1　平面体的等轴测投影

本节主要介绍如何激活等轴测投影模式（包括等轴测投影的坐标系布置）、如何在该模式下绘制直线以及如何绘制一个简单的长方体（图 11-1）。

轴测图本质上是平面图形，是反映物体三维形状的二维图形。实体的等轴测投影有三个可见平面，这三个面称为轴测平面，根据其位置的不同，又分为左轴测面、右轴测面和顶轴测面（图 11-2）。在等轴测图中，一个长方体的可见边与水平线夹角分别是 30°、90° 和 150°，如图 11-3 所示。当等轴测模式被激活后，可以通过键盘上的功能键 F5 在这三个面间切换绘制图形。

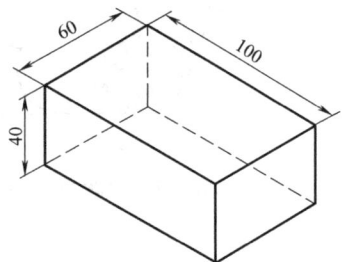

图 11-1　等轴测长方体

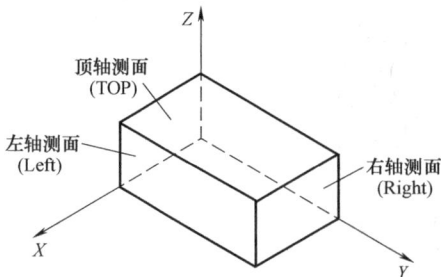

图 11-2　等轴测图中的坐标轴

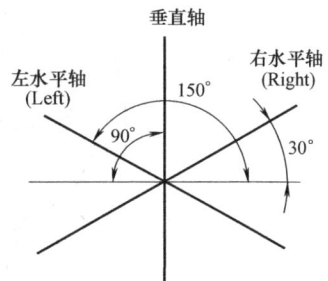

图 11-3　等轴测参照系

11.1.1　激活等轴测投影模式

在 AutoCAD 中激活等轴测投影模式有以下三种方法：

1）在状态栏上单击鼠标右键，单击"设置"选项，系统弹出"草图设置"对话框，如

图 11-4 所示，在"捕捉和栅格"选项卡中，设置"捕捉类型"的"等轴测捕捉"为当前模式。此时，十字光标由 ✛ 变为 ✛，等轴测投影模式被激活，用户可在任意方向绘制图形。此时，单击"正交"按钮，打开正交模式，用户就只能在三个坐标轴方向绘制图形了。当需要在三个方向间进行切换时，按键盘上的功能键 F5 即可。

图 11-4　"草图设置"对话框

2）选择"工具"→"草图设置"命令，在弹出的"草图设置"对话框中选择"等轴测捕捉"，激活等轴测投影模式。

3）通过使用 SNAP 命令中的"样式（S）"选项，输入 SNAP 并回车，命令行提示：

"指定捕捉间距或［开（ON）/关（OFF）/纵横向间距（A）/样式（S）/类型（T）］＜0.5000＞"。输入 S 回车。

"输入捕捉栅格类型［标准（S）/等轴测（I）］＜S＞"，输入 I 回车。

"指定垂直间距＜0.5000＞:"。默认或输入捕捉和栅格间距回车。捕捉网格被打开，单击捕捉按钮，可关闭网格。

11.1.2　等轴测模式下绘制直线

当激活等轴测投影模式后，单击"正交"按钮，打开正交模式。选择直线命令，开始绘制直线，默认的绘图平面为顶轴测面，方向为 30°和 90°。当需要改变绘制方向时，按键盘上的功能键 F5，或按组合键 CTRL + E，便可在三个轴测面间切换了。

在标准模式下绘制平行线，用户经常会使用偏移命令。但绘制等轴测图时，两平行线间距是沿着轴侧方向 30°或 150°，并不是偏移命令所指定的垂直距离。如图 11-5 所示，两平行线间距为 60mm，通过偏移得到的线显然不符合轴测图的要求。因此，等轴测图中平行线一般采用复制命令，或利用夹点功能进行复制移动。若用户习惯使用偏移命令，可使用该命令

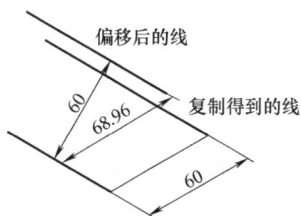

图 11-5　复制、偏移命令
在轴测图中的差别

的"通过（T）"选项。

11.1.3　绘制角

由于轴测图中的角度不能反映实际的角度值，常用确定点、线的方法来绘制角。

11.1.4　例题解析

图 11-1 所示的等轴测长方体的绘制步骤如下：

1）设置绘图环境。新建文件，选择 acadiso 的图形样板，单击"图层特性管理器"，建立粗实线图层和虚线图层。右键单击状态栏，单击"设置"选项，在弹出的"草图设置"对话框中选择"等轴测捕捉"，激活等轴测投影模式。单击"正交"按钮，打开正交模式。

2）绘制底面。按 F5 键可切换为"等轴测面上"。选择直线命令，在 150°方向绘制直线，输入 100 并回车（图 11-6），在 30°方向绘制直线 60mm（图 11-7）。继续绘制 100mm（图 11-8），输入 C 并回车。

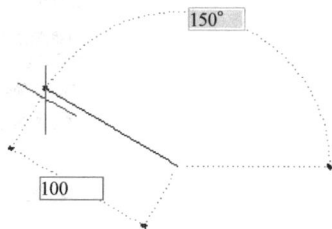

图 11-6　绘制第一边

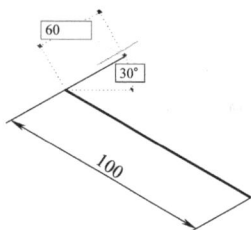

图 11-7　绘制第二边

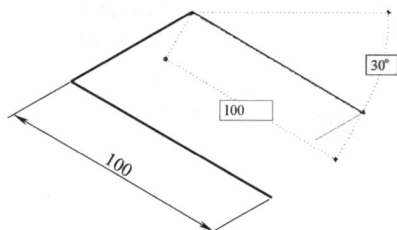

图 11-8　绘制第三边

3）绘制顶面。选择复制命令，选择底面的四条边为对象并回车，选择某顶点或任意一点为基点。按 F5 键，向上追踪，输入 40 并回车，完成顶面，如图 11-9 所示。

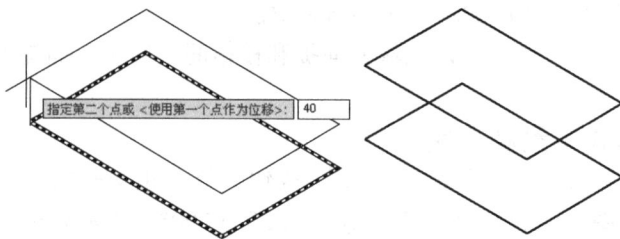

指定第二个点或 <使用第一个点作为位移>：40

图 11-9　绘制顶面

4）连接顶点。如图 11-10 所示，连接对应顶点，选择隐藏的三条边，单击虚线图层，完成图形。

AutoCAD 提供的等轴测模式，只是改变光标捕捉模式，并没有改变系统的坐标，因此仍然是平面投影。注意：要灵活使用 F5 键，不能用偏移命令绘制平行线，而要用复制命令。

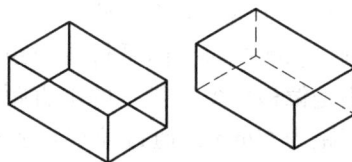

图 11-10　连接各顶点

11.1.5　习题与巩固

根据所学知识，绘制图 11-11 和图 11-12 所示的图形。

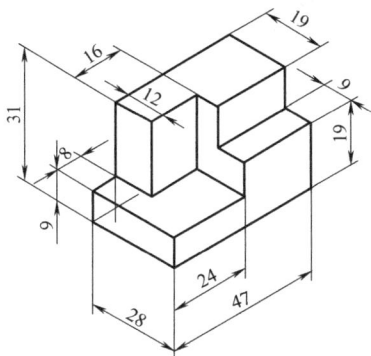

图 11-11　习题图（一）

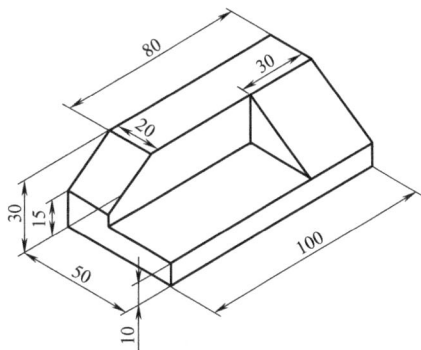

图 11-12　习题图（二）

11.2　曲面体的等轴测投影

如图 11-13 所示，圆在轴测图上显示为椭圆。本节主要介绍如何在等轴测模式下绘制圆及圆弧，并完成图 11-14 所示图形的绘制。

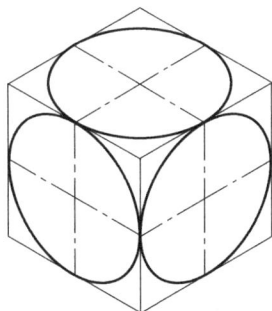

图 11-13　圆的轴测图

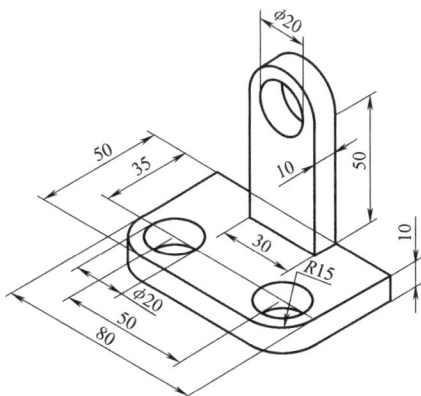

图 11-14　例题图

11.2.1　等轴测圆的画法

如图 11-13 所示，虽然圆的等轴测投影是椭圆，但绘制圆时却不能用普通椭圆命令，而是用椭圆命令中的"等轴测圆"。选择椭圆命令，命令行提示：

"指定椭圆轴的端点或［圆弧(A)/中心点(C)/等轴测圆(I)］:"，输入 I 并回车。

"指定等轴测圆的圆心"，单击圆心位置。

"指定等轴测圆的半径或［直径(D)］:"，输入半径并回车。

注意：此时滑动鼠标，可以预览所绘等轴测圆的形状和位置，若预览图形不在预定等轴测面内（图 11-15a），按 F5 键，切换等轴测面。符合要求后（图 11-15b），再输入半径，完成一个等轴测圆的绘制。

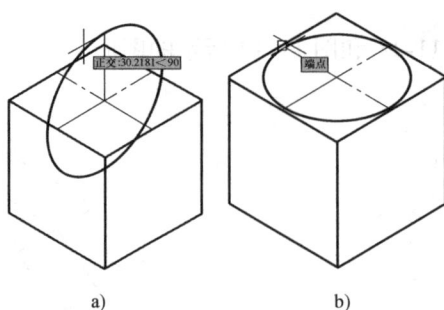

图 11-15　切换等轴测面

a）圆形不在预定等轴测面内　b）符合要求的等轴测圆

11.2.2　等轴测圆弧的画法

在标准绘图环境下，绘制圆弧可以有多种选择，如圆弧命令、修改工具栏的圆角命令按钮等。在轴测图中，这些命令都不适用。如图 11-16a 所示，通过圆角命令绘制的圆弧显然不符合要求。正确画法是：先绘制等轴测圆，然后再对其进行修剪，结果如图 11-16b、c 所示。

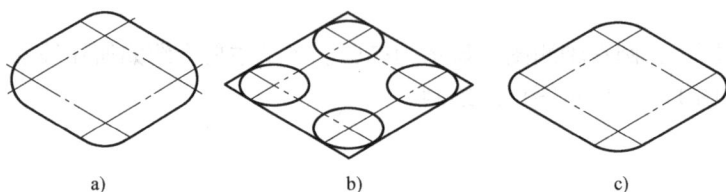

图 11-16　绘制等轴测圆弧

a）圆角命令绘制的圆弧　b）先绘制等轴测圆　c）修剪

11.2.3　例题解析

图 11-14 所示的图形绘制步骤如下：

1）设置绘图环境，新建文件，单击"图层特性管理器"，建立需要的图层。右键单击状态栏，单击"设置"选项，在弹出的"草图设置"对话框中选择"等轴测捕捉"，激活等轴测投影模式。单击"正交"按钮，打开正交模式。

2）绘制底座。选择直线命令，绘制底面，如图 11-17a 所示。选择椭圆命令，输入 I 并回车，以 O_1、O_2 为圆心，绘制等轴测圆 ϕ20mm 和 R15mm，如图 11-17b 所示。修剪 R15mm 圆，删除多余直线，如图 11-17c 所示。复制底面，以任意点为基点，向上追踪，输入 10 并回车（图 11-17d）。连接圆弧象限点，修剪被隐藏的圆，完成底座绘制（图 11-18）。

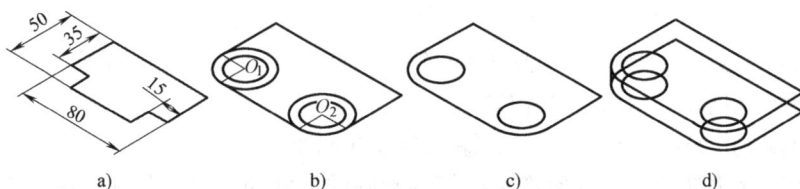

图 11-17　底座的绘制过程

a）绘制底面直线　b）绘制圆　c）修剪　d）绘制顶面

3）绘制立板。选择直线命令，绘制长为
30mm、宽为 10mm、高为 50mm 的立方体，删除不
可见线，保留 *CD* 线（图 11-19a）。选择椭圆命令，
输入 I 并回车，捕捉 *EF* 中点，绘制等轴测圆
φ20mm，如图 11-19b 所示。修剪 φ20mm，删除不
可见线段（图 11-19c）。选择复制命令，选择两等

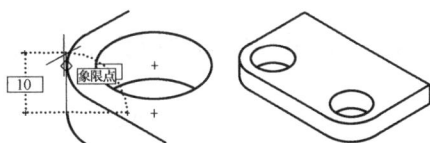

图 11-18　连接圆弧象限点

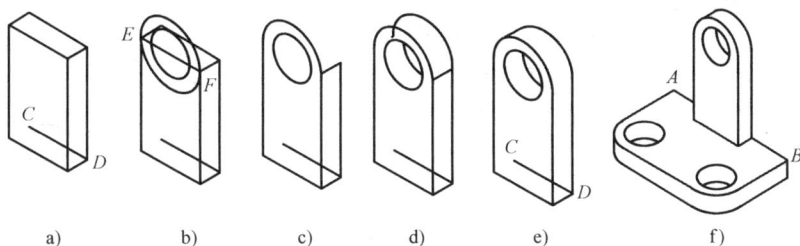

轴测圆为对象，以任意一点为基点，30°方向追踪，输入距离 10 并回车（图 11-19d）。

图 11-19　绘制和移动立方体

a）绘制直线　b）绘制圆　c）修剪　d）复制　e）连接修剪　f）移动立方体

　　连接圆弧象限点，修剪不可见线及圆弧（图 11-19e）。选择移动命令，选择 *CD* 中点为
基点，捕捉 *AB* 中点为第二点，修剪不可见线，完成图 11-14 所示图形的绘制。
　　本节示例图形也可在一个底座上直接绘制立板。注意：需要绘制平行线，不可采用偏移
命令，只能通过复制命令，绘制圆及圆弧也只能通过椭圆中的等轴测圆命令。由于在等轴测
模式下，绘图命令比较单一，步骤繁琐，相同的圆及圆弧应尽量结合复制命令，从而减少工
作量。

11.2.4　习题与巩固

　　根据所学知识，绘制图 11-20 和图 11-21 所示的图形。

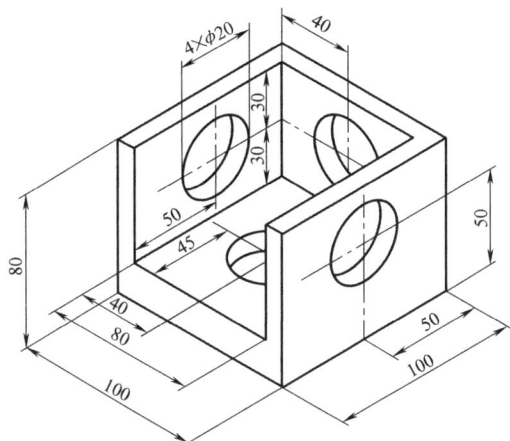

图 11-20　习题图（一）

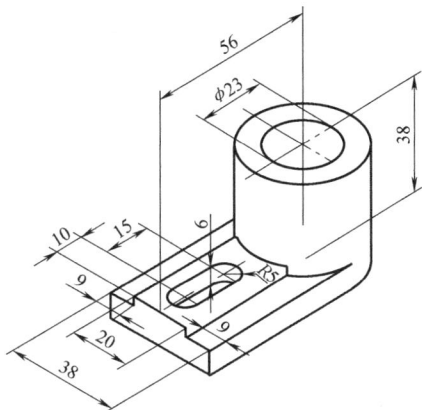

图 11-21　习题图（二）

11.3　等轴测图的标注和创建文字

　　由于轴测图不是三维模型，不能反映出物体各表面的实形，所以度量性差。AutoCAD 对尺寸的测量以直线为主，且仅能在 X、Y、Z 方向进行标注，其他方向都不能反映原长。本节将以图 11-22 所示的图形为例，介绍如何在等轴测图中进行标注和创建文字。

11.3.1　轴测图中的文字

　　为了使文字看起来更像在当前轴测面内，必须使其倾斜一定的角度。首先，要区分文字的倾斜角与旋转角两个概念：倾斜角是在水平方向左倾（0°～ – 90°）或右倾（0°～90°间）的角度；旋转角是绕以文字起点为原点旋转 0°～360°，也就是在文字所在的轴测面内旋转。如图 11-23 所示，轴测面上各文本的书写呈一定的规律性，这些规律总结起来有以下特点：

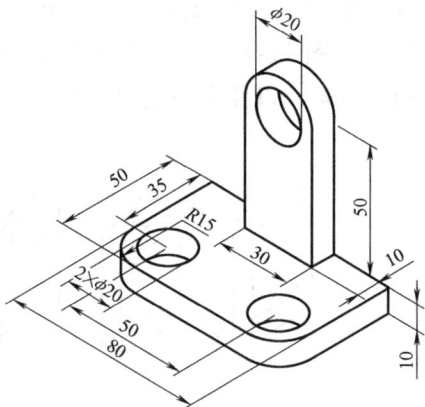

图 11-22　轴测图的尺寸标注

　　1）在左轴测面上的文字倾斜 – 30°，同时需要旋转 – 30°。

　　2）在右轴测面上的文字倾斜 30°，同时需要旋转 30°。

　　3）在顶轴测面上，当文字平行于 X 轴时，文字倾斜 – 30°，同时需要旋转 30°；当文字平行于 Y 轴时，文字倾斜 30°，同时需要旋转 – 30°。知道了这个规律，就可以创建 – 30°和 30°两种文字样式。在各轴测面内配合不同的旋转角度，才能符合书写习惯。

　　先来建立这两种文字样式。单击"格式"菜单中的"文字样式"命令（图 11-24），或单击"样式"工具栏的文字样式按钮（图 11-25），打开"文字样式"对话框，如图 11-26 所示。

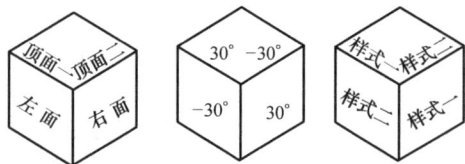

图 11-23　轴测图中的文字样式图

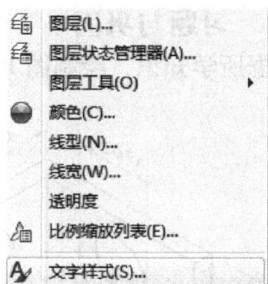

图 11-24　"文字样式"菜单栏

图 11-25　"样式"工具栏

　　单击"文字样式"对话框中的"新建"按钮，建立"样式 1"的文字样式，在样式名处输入 30。在"效果"区的"倾斜角度"栏中输入 30。用同样的方法建立文字样式" – 30"，

倾角为 -30°。选择中文字体的时候，由于中文本身就是大写字体，取消"使用大字体"选项，如图 11-27 所示，当然英文字体也仅仅一部分是大写字体。

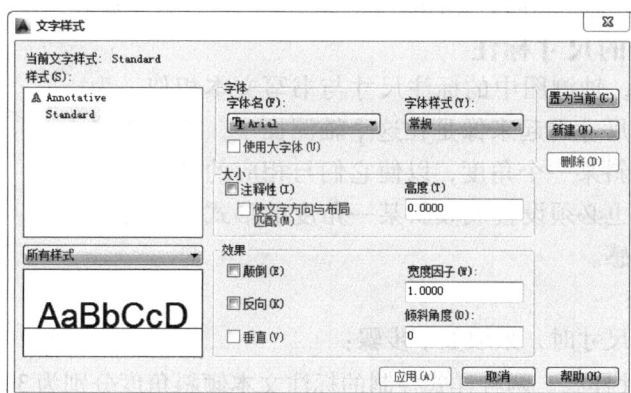

图 11-26　"文字样式"对话框

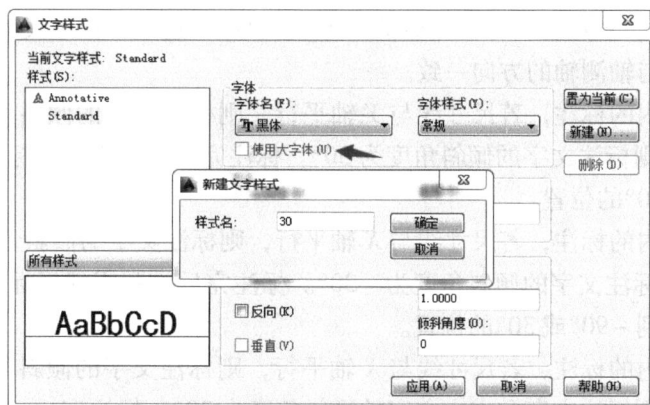

图 11-27　新建文字样式"30"

　　图 11-28 中右轴测面内文字的创建方法如下：左键单击"样式"工具栏的"文字样式控制"下拉按钮，选择样式 30（图 11-29）。单击"绘图"菜单栏→"文字"→"单行文字"，或在命令行输入 DT，命令行提示：

"当前文字样式：-30当前文字高度:2.5指定文字的起点或［对正(J)/样式(S)]:"，在文本区单击一点。

"指定高度 <2.5000>:"，根据需要键入文字高度 5 并回车。

"指定文字的旋转角度 <0>:"，输入 30 后，输入文字"我爱美丽青岛"。

图 11-28　文本实例

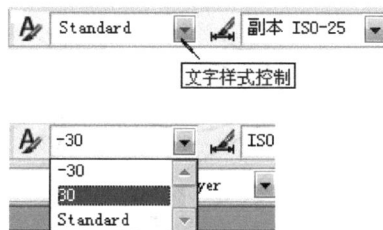

图 11-29　如何选择文字样式

在左轴测面内创建文字时，选用文字样式"－30"，且指定文字旋转角度为－30°。在顶轴测面内创建文字时，当文字与 X 轴平行时，选用文字样式"－30"，且指定文字旋转角度为30°；当文字与 Y 轴平行时，选用文字样式"30"，且文字旋转角度为－30°。

11.3.2　轴测图中的尺寸标注

如图 11-30 所示，轴测图中的标注尺寸与书写文本相似。为了让某个轴测面内的尺寸看起来像是在这个轴测面中，就需要将尺寸线、尺寸界线倾斜某一个角度，以使它们与相应的轴测面平行。同时，标注文字也必须设置成倾斜某一角度的形式，才能使文字的外观具有立体感。

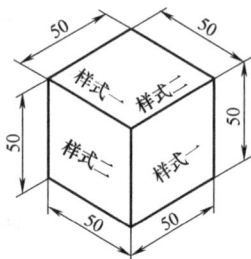

图 11-30　轴测图的标注

1. 线性尺寸标注

在轴测图中标注尺寸时，采取如下步骤：

1）创建两种尺寸样式。两种样式控制的标注文本倾斜角度分别为30°和－30°。

2）只能使用对齐尺寸标注，因为等轴测图中，只有沿与轴测轴平行的方向进行测量才能得到真实的距离值。

3）标注完成后，利用编辑标注命令的"倾斜（O）"选项，修改尺寸界线的倾斜角度，使尺寸界线的方向与轴测轴的方向一致。

对于左轴测面内的标注，若尺寸线与 Y 轴平行，则标注文字的倾斜角度为－30°；若尺寸线与 Z 轴平行，则标注文字的倾斜角度为30°。标注完后，利用编辑标注将左轴测面内的尺寸界线倾斜到－90°的位置。

对于右轴测面内的标注，若尺寸线与 X 轴平行，则标注文字的倾斜角度为30°；若尺寸线与 Z 轴平行，则标注文字的倾斜角度为－30°。标注完后，利用编辑标注命令将右轴测面内的尺寸界线倾斜到－90°或30°的位置。

对于顶轴测面内的标注，若尺寸线与 X 轴平行，则标注文字的倾斜角度为－30°，若尺寸线与 Y 轴平行，则标注文字和文本文字的倾斜角度为30°。标注完后，利用编辑标注命令将顶轴测面内的尺寸界线倾斜到30°或－30°的位置。

2. 直径和半径的标注

轴测图中的圆是用椭圆命令绘制的，无法用半径和直径命令标注。直径的标注方法如图 11-31 所示：画出圆的中心线，选择对齐标注命令，捕捉中心线与圆的两个交点 a、b，输入 t 或 m 并回车，选择"多行文字"或"文字"进行标注。若选择文字，可直接输入%%c20；若选择多行文字，将光标移至文本左端，输入%%c。

轴测图的半径尺寸的标注可采用引线和文字组合形式（图 11-32），先用引线命令画出尺寸线，再用单行文字标注上尺寸。

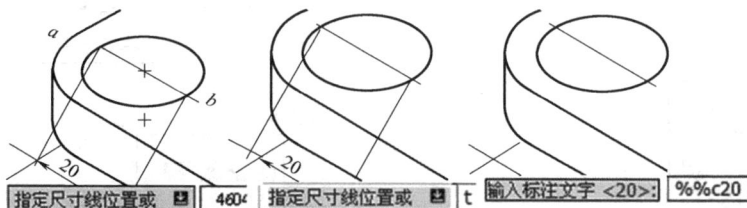

图 11-31　直径的标注

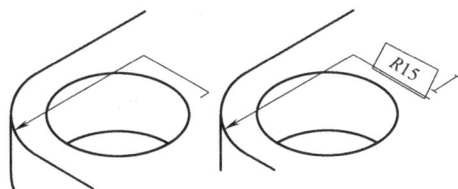

图 11-32　半径的标注

11.3.3　例题解析

图 11-22 所示图形的标注步骤如下：

1）打开绘制好的图形，打开"标注样式管理器"对话框，新建标注样式"30"（图 11-33），在"文字"选项卡中，将文字样式改为已建立的文字样式"30"（图 11-34）；同理，建立标注样式"−30"，将文字样式改为已建立的文字样式"−30"。

图 11-33　新建标注样式

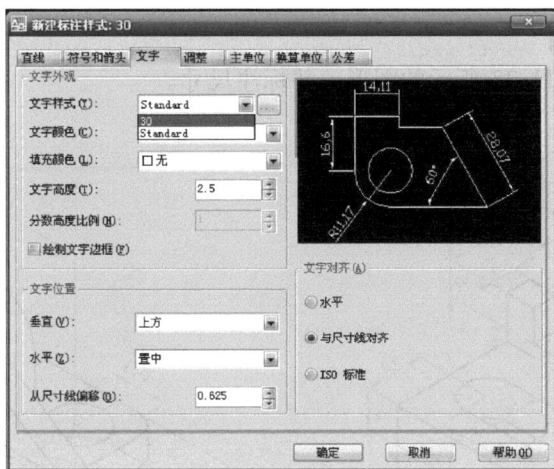

图 11-34　修改文字样式

2）单击对齐标注按钮，将所需尺寸标注一次完成（图 11-35a）。

3）单击"标注"菜单中的"倾斜"命令（图 11-35b），选择尺寸 30mm、50mm、

80mm，输入倾斜角度值 30 并回车。继续选择倾斜命令，选择尺寸 10mm、35mm、50mm，输入倾斜角度值 – 30 并回车。继续选择倾斜命令，输入倾斜角度值 90 并回车。选择宽度 30mm、50mm、80mm，高度 10mm、50mm，单击"标注样式"下拉按钮，选择标注样式"30"，其他尺寸选择标注样式" – 30"，完成图形的标注（图 11-35c）。

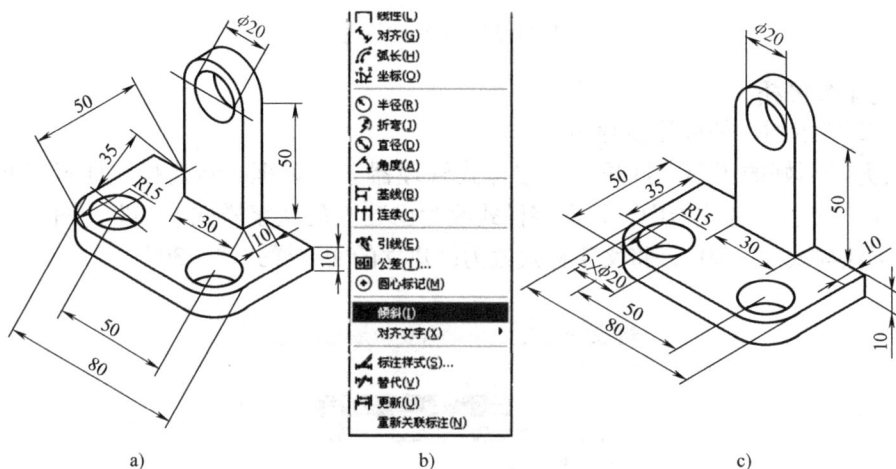

图 11-35 例题图的标注过程

a）对齐标注 b）倾斜命令 c）倾斜尺寸线和文字

轴测图一般不能反映出物体各表面的实形，因而其度量性差。一般只能使用对齐命令进行标注，而后进行修改。因此，在工程上常把轴测图作为辅助图样，来说明机器的结构、安装、使用等情况。在设计中，人们常用轴测图来构思、想象物体的形状，以弥补正投影图的不足。

11.3.4 习题与巩固

绘制图 11-36 ~ 图 11-38 所示的图形，并标注尺寸。

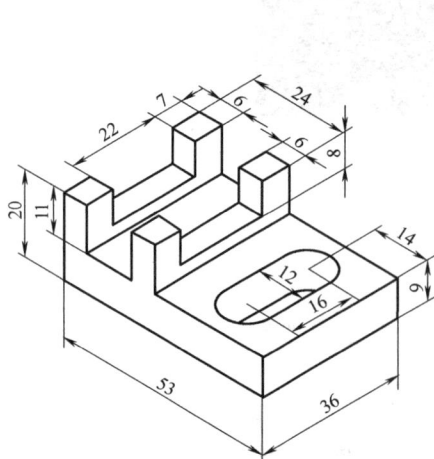

图 11-36 习题图（一）

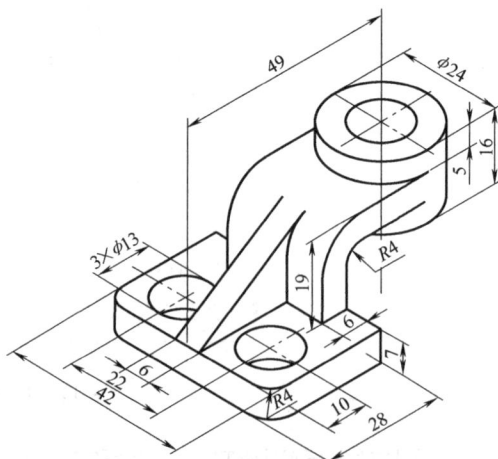

图 11-37 习题图（二）

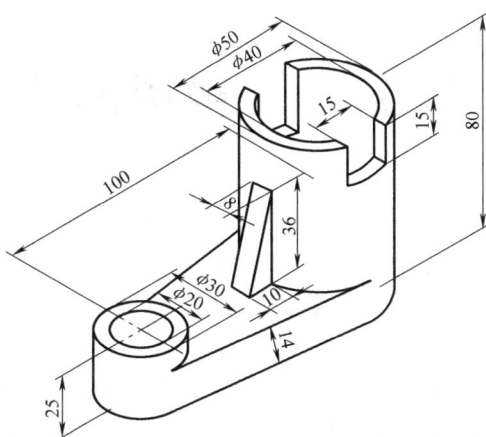

图 11-38　习题图（三）

第 12 章　三视图的绘制

三视图是表达零件时常用的一种表达方式，在 AutoCAD 中熟练地采用绘图指令将三视图完整地绘制出来，是机械类专业学生必须掌握的。本章结合机械制图的相关知识，继续深化看图和绘图的基本原则和方法，培养学生良好的绘图思路和习惯。学习本章的内容后，学生应达到如下要求：

1）掌握三视图的看图方法和画图的基本步骤，养成良好的绘图习惯。

2）会绘制圆与圆以及圆与圆锥的相贯线，会绘制习题与巩固中的三视图。

12.1　绘制简单的三视图

三视图的绘制，除了要使用前面章节介绍的基本绘图指令外，还需要应用机械制图课程中学到的"长对正、高平齐、宽相等"原则，分析图形的组成，并想象出它的空间形状。本节以图 12-1 所示的支座为例介绍三视图的绘制方法。

12.1.1　形体分析法和面形分析法

1. 运用形体分析法看图的基本要点

根据投影的形状特征，将零件分解成若干部分。例如，图 12-1 所示的支座可以拆分为两块立板和一个底座；分析各部分的形状、它们之间的位置关系和表面连接关系，想象出物体的空间形状。形体分析法是分析问题的一种方法，不会影响物体本身的整体性。

图 12-1　支座

2. 运用面形分析法看图的基本要点

根据面的投影特性，构成物体的各个表面，不论其形状如何，它们的投影如果不具有积聚性，一般都是一个封闭线框，以此来分析物体表面的组成以及它们的形状。例如，图 12-1 中的孔积聚为圆。

12.1.2　如何看三视图

1. 看图的注意事项

根据物体的投影，分析其组成，并想象出它的空间形状的过程，称为看图。显然，看图是画图的逆过程。看图时需要注意以下三点：

1）把几个投影联系起来进行分析。看图时要仔细观察所有的投影，并把它们联系起来进行分析，才能分析出物体的形状。

2）要找出特征投影。将物体的形状特征、相互位置特征反映得最充分的那个投影称为特征投影。但是，物体各部分的形状、位置特征并非总是集中在一个投影图上。看图时，要善于找出反映特征较多的投影，同时配合其他投影进行综合分析。抓住特征投影就抓住了看

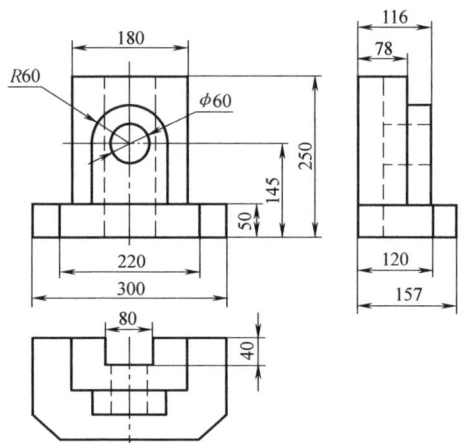

图的关键。

3）注意投影图中反映形体表面之间连接关系的图线。形体表面之间有线或无线，有实线或虚线，是它们的形状和相互位置关系的反映。分析反映表面连接关系的图线对于判断形体的形状以及形体之间的位置关系是十分重要的。

2. 看图的顺序

看图的一般顺序是"先整体后细部""先主要后次要"，对其形状有了大致了解后，再作细部分析，当然也要遵循"先易后难"的原则。

（1）认识投影抓特征　首先要搞清楚各投影的对应关系，这是看图的基本前提。"抓特征"即抓特征投影，从反映特征最多的投影入手，就能快速地了解物体的组成和大致形状。

（2）分析形体对投影　"对投影"即用"三等"关系对投影，确定每一部分形体的形状。图12-2 反映了后立板对正关系。

（3）综合起来想整体　在看懂每一部分形体的基础上，进一步分析它们之间的位置关系。最后综合起来想象，物体的整体形状也就浮出水面了。

12.1.3　例题解析

图 12-1 所示图形的绘制步骤如下：

1）看图：运用形体分析法将图 12-1 所示支座分解为两块立板和一个底座，用切割法去除中间的孔和后面的槽。

图 12-2　"三等"关系

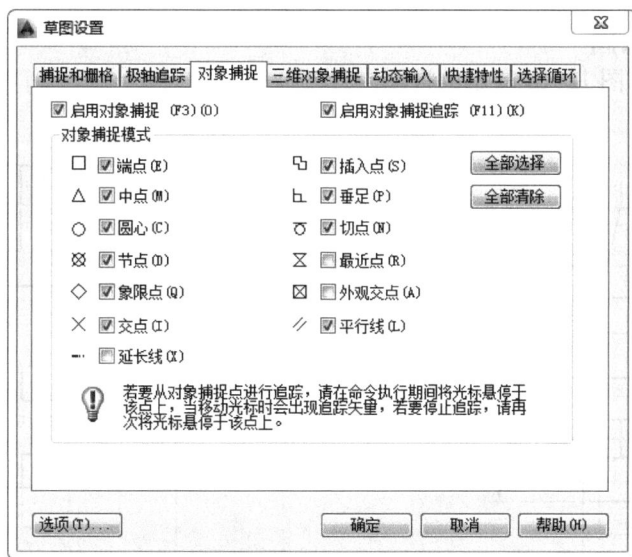

2）新建粗实线图层、细实线图层、虚线图层、中心线图层和标注图层。设置对象捕捉：取消"延长线""最近点"和"外观交点"选项，如图 12-3 所示。单击状态栏的"捕

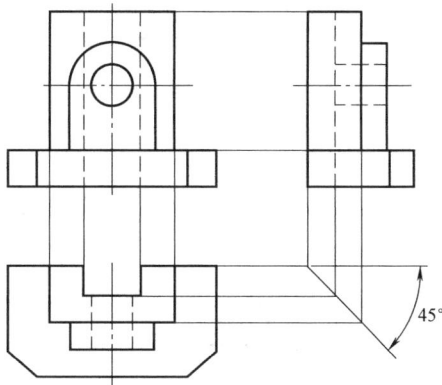

图 12-3　设置对象捕捉

捉""栅格""极轴""对象捕捉""对象追踪""DYN"和"线宽"按钮,在需要的时候打开"正交"模式。

3)图12-1 中俯视图积聚性较强,而且全部由直线构成,应先根据尺寸画俯视图的一半,然后通过镜像命令复制另一半,绘制过程如图12-4a 所示。由于本图较为简单,主视图的圆较明显,易分析,所以也可以先绘制主视图。

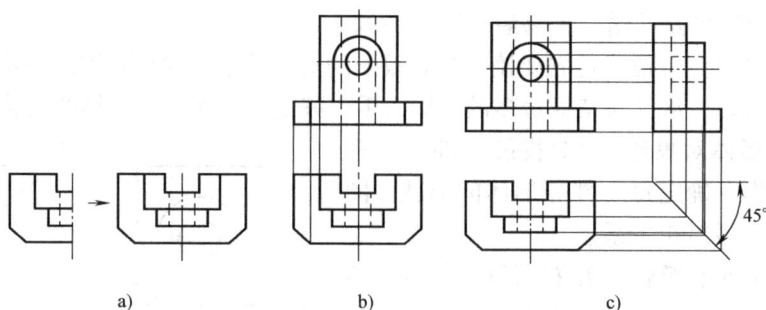

图12-4　例题图的绘制过程

a)绘制俯视图　b)对正绘制主视图　c)用"三等"原则绘制左视图

4)据"长对正、宽相等"的原则绘制主视图,绘制结果如图12-4b 所示。如果先绘制主视图,此时绘制俯视图。

5)绘制 45°线,根据"三等关系"绘制左视图,结果如图12-4c 所示。

6)选择标注图层,对图形进行尺寸标注,完成绘制。

在三视图中,主视图和俯视图一般对零件结构的表达最齐全,因此,在绘制复杂三视图时,也是从容易绘制的视图开始,先画主视图或俯视图。复杂三视图的绘制过程比较繁琐,绘制时必须要有耐心。从简单视图开始绘制,边画边对正,分析图形的结构和特点,逐步积累经验。

12.1.4　习题与巩固

根据图 12-15 和图 12-16 所示的视图。

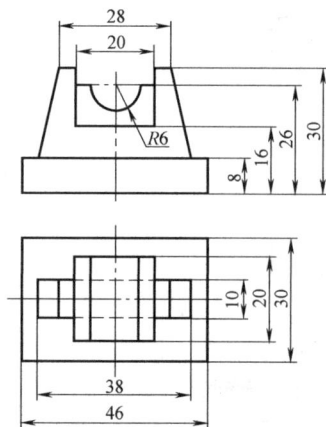

图 12-5　轴承座

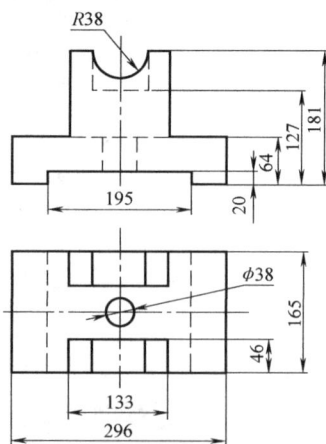

图 12-6　法兰座

12.2　补画三视图

本节介绍在三视图的基础上，根据已有视图补画第三个视图的方法，从而进一步提高学生的识图和绘图能力。作图时，先读懂已有视图，再采用45°线对正、利用投影关系逐步画出左视图，循序渐进地完成图12-7所示的图形。

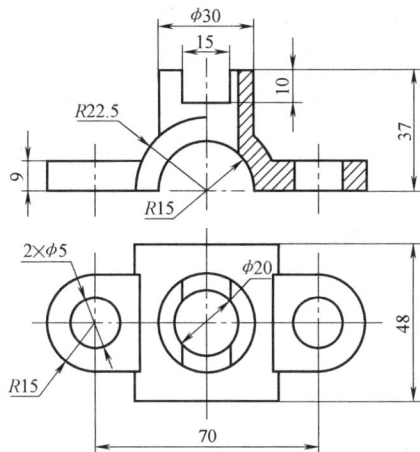

图 12-7　补画左视图示例

12.2.1　三视图的画法

较复杂的形体主要分为组合体和切割体。

1. 组合体的画法

画图时应从反映其形状或位置特征的那个投影开始，同时将几个投影配合起来作图，以便利用投影之间的对应关系。各投影之间的对应关系无论是整体还是局部均遵守"三等"规律。绘制组合体时，应掌握以下两个顺序：

1）组合体的各基本几何体的画图顺序：一般按组合体的生成过程先画基础形体，再画局部细节。

2）同一个形体三个视图的画图顺序：一般先画形状特征最明显的那个视图，或有积聚性的视图。

2. 切割体的画法

切割体的形体分析与叠加体基本相同，只不过是将各个形体依次切割下来而已。其画图顺序是：先画基本形体的投影，再进行依次切割，画出切割后的投影。在进行形体切割时，一般先从反映形状特征的投影开始画。画图时应注意以下三点：

1）对于被切去的形体均应先画反映形状特征的那个投影，然后再画其他投影。

2）画切割体不一定都从最简单的长方体、圆柱体开始，也可以将一个比较清晰的形体作为基本形体。

3）切割体的分析方法更适用于带有多个斜面的物体。

12.2.2　相贯线的画法

立体的相交包括：平面体与平面体相交、平面体与回转体相交以及回转体与回转体相交。立体相交又称立体相贯，其表面的交线称为相贯线。相贯线的形状因相交立体表面的形状、大小、相对位置的不同而异，但共性是：相贯线是相交立体表面的共有线。正确地画出相贯线的投影是十分必要的，它不仅有助于我们看图，有时甚至只有精确地绘出相贯线才能进行生产加工。

1. 两平面体相交

平面体的截交线是封闭的平面多边形。多边形的边是截平面与平面体表面的交线，而多边形的顶点是截平面与平面体各棱线（底边）的交点。其基本方法有如下两种：

1）棱线法：求平面体各棱线（底边）与截平面的交点。

2）棱面法：求平面体各表面（棱面、底面）与截平面的交线。

这两种方法的实质都是求直线与平面的交点。

2. 平面体与回转体相交

1）首先要进行交线分析：平面体与回转体表面相交，交线是由若干段平面曲线（或直线）构成的空间闭合线。每段平面曲线（或直线）均为平面体表面与回转体表面的截交线，而两段曲线（或直线）的交点（称为结合点）即平面体的棱线与回转体表面的交点。

2）辅助平面法：求平面体与回转体表面交线的基本方法是辅助平面法，为使作图方便，要求辅助平面与回转面交线的投影必须是直线或圆。

3）棱线与回转面外形轮廓线的画法：曲面外形轮廓素线上的点是该外形轮廓线的终止点，任一棱线或曲面的外形轮廓线在两个结合点之间无连线。

3. 两回转体相交

回转体间的表面相交，其交线一般为光滑的空间曲线，并为相交体表面所共有。因此，求交线的实质是求相交表面的共有点。求解的一般方法为辅助面法：绘图时先作辅助面，分别与两回转体表面相交；再分别求作辅助面与两回转体表面的交线，求出两条交线的交点，根据"三面共点"原理，该点即所求两回转体表面交线上的点。

12.2.3 例题解析

1）新建需要的图层，设置状态栏。新建中心线图层、虚线图层和粗实线图层。根据尺寸要求，先画俯视图，如图 12-8a 所示。

2）根据俯视图，结合尺寸要求，绘制主视图，结果如图 12-8b 所示。

3）分析视图关系，画出 45°线对正，构造出左视图基本外轮廓和内孔，如图 12-8c 所示。

4）修改左视图，改为半剖结构，对相贯线位置的多余线段进行修剪，如图 12-8d 所示。

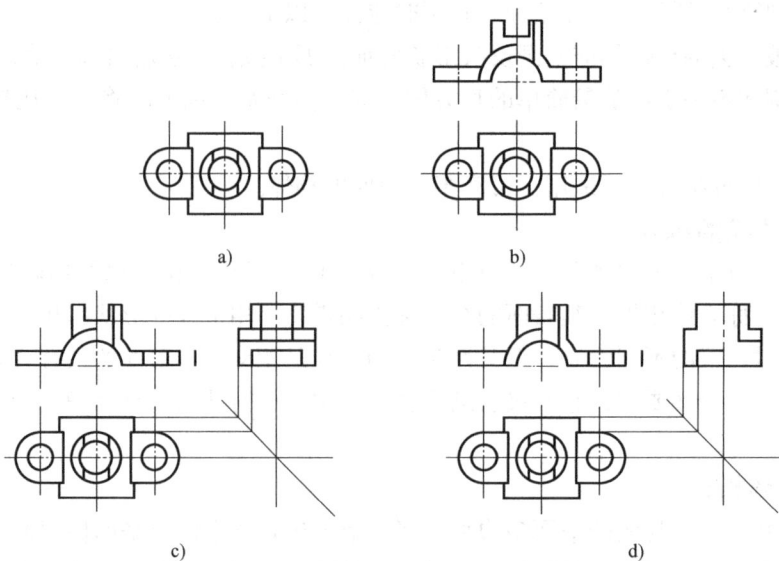

图 12-8 基本图形的绘制过程

a）绘制俯视图 b）绘制主视图 c）绘制左视图轮廓 d）绘制左视图的半剖结构

5）将俯视图中槽线与圆的交点 A、B 通过 45°线，对正到左视图中的 C、D，结果如图 12-9a 所示。

6）将主视图中两个圆的交点 E 水平对正到左视图的轴线，交点为 F。选择圆弧命令，拾取图 12-9b 中三点画弧，修剪右半部分。

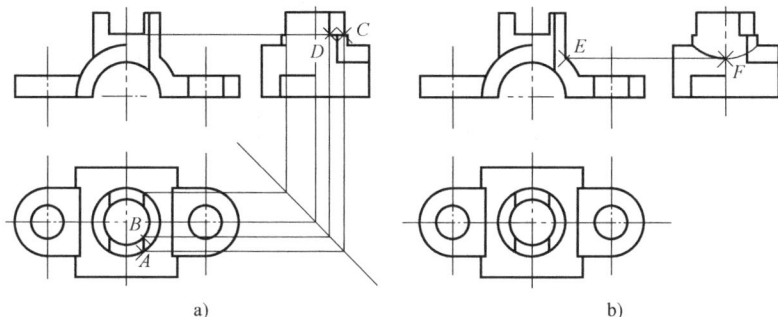

图 12-9 绘制外圆的相贯线

a）外圆相贯线的对应关系 b）绘制相贯线

7）将主视图中两个内孔的交点 G 水平对正到左视图轴线。选择镜像命令，将左视图的线段 l 关于轴线镜像，拾取图 12-10a 中三点画弧，修剪左半部分。

8）选择图案填充命令，选择图案 ANSI31，填充并完成图形，如图 12-10b 所示。

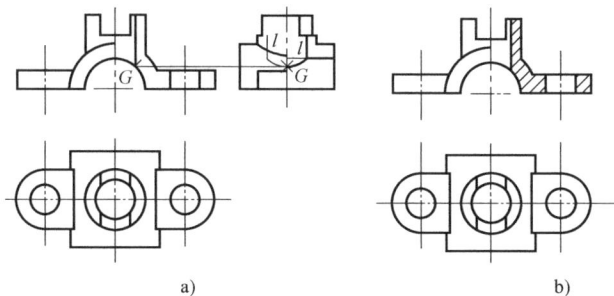

图 12-10 绘制内孔的相贯线

a）内孔相贯线的对应关系 b）绘制相贯线

绘制三视图，分析是关键。形体分析法和面形分析法是看图分析的基本方法。先分析基本几何体，再分析投影面垂直面，然后分析投影面平行面，最后综合归纳，想整体。在学习的过程中，要采用各种典型的组合体模型进行形体分析，然后按形体分析的过程绘制三视图。这个过程要反复训练。

12.2.4 习题与巩固

1. 按 2∶1 的比例抄画图 12-11～图 12-14 所示的图形，并补画其第三个视图。

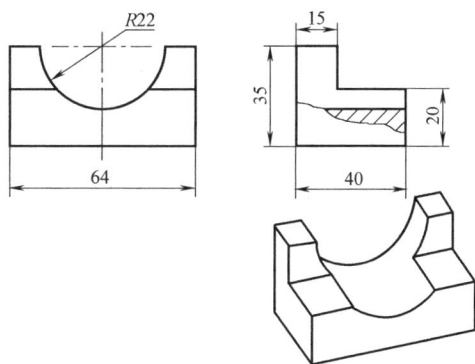

图 12-11 题 1 图（一）

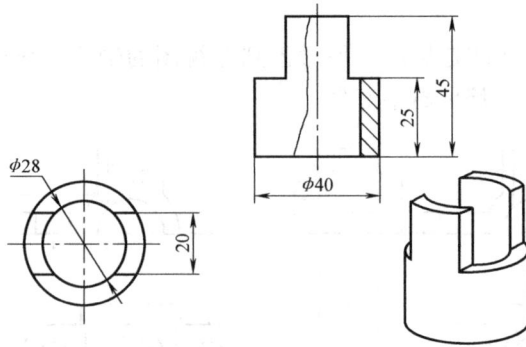

图 12-12 题 1 图（二）

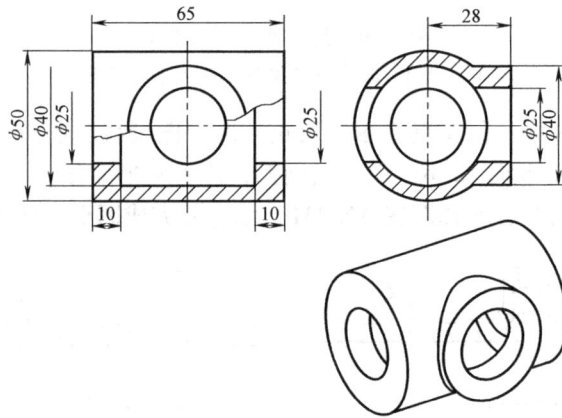

图 12-13 题 1 图（三）

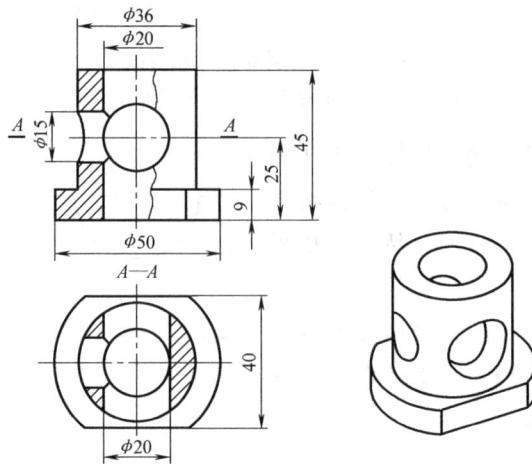

图 12-14 题 1 图（四）

2. 根据已知视图补画左视图。

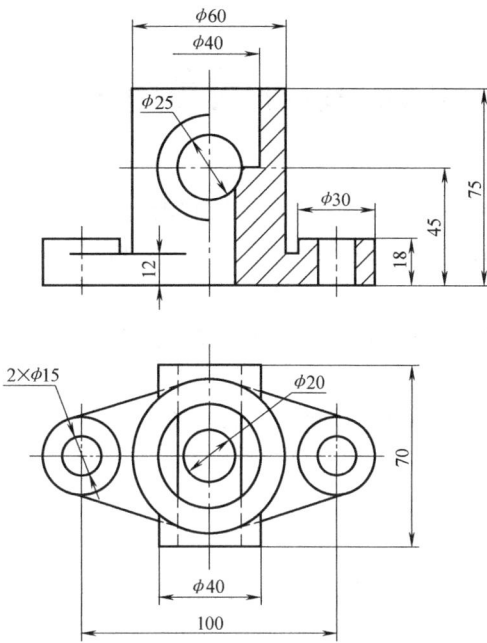

图 12-15 题 2 图（一）

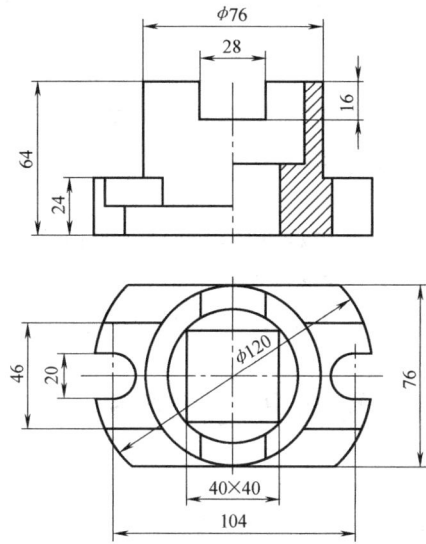

图 12-16 题 2 图（二）

第13章　电路图和建筑图的绘制

本章中的例题都来源于典型的电气工程实例，通过各个例题介绍常用的电气基础知识和典型电气图的绘制方法，培养学生电气识图与绘图的能力。学习本章的内容后，学生应达到如下要求：

1）了解各种低压电器元件的相关知识，掌握绘制电气原理图的规则，掌握基本的电气控制原理，掌握绘制电气原理图的步骤和方法。

2）了解 PLC 的一些基础知识，掌握绘制 PLC 外部接线图和梯形图的步骤。

13.1　绘制电气原理图

本节将介绍图 13-1 所示的三相异步电动机正反转控制电气原理图的绘制方法。通过学习典型电气原理图的绘制，学生可巩固常用的绘图命令，提高对电气原理图的绘制和识图能力。

13.1.1　低压电器元件

在工业生产中，大多数设备是由电动机拖动的，因此，控制电动机就可以间接地实现对设备各种动作的控制。传统的继电器—接触器控制系统具有结构简单、价格便宜、维护方便等优点，并能满足生产机械设备控制的一般要求，因此，继电器—接触器控制系统的应用仍然十分广泛。继电器—接触器控制系统又称电气控制，是由各种有触点的接触器、继电器、控制器、开关等低压电器

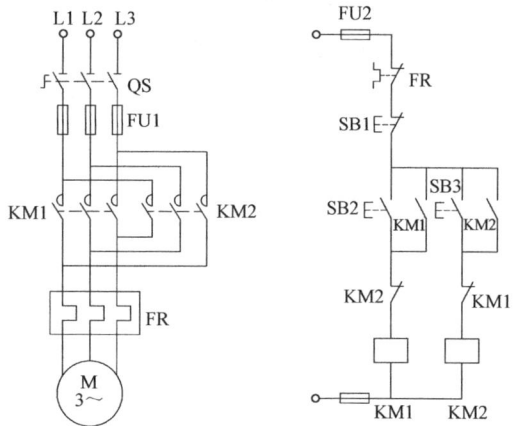

图 13-1　三相异步电动机正反转控制电气原理图

组成的控制系统。继电器—接触器控制系统所用的控制电器多属于低压电器。下面对图13-1中相关的电器元件作一简要介绍。

1. 刀开关

刀开关是一种手动电器，广泛应用于配电设备，作隔离电源用，有时也用于小容量、不频繁起动停止的电动机。刀开关由手柄、触刀、静插座、铰链支座和绝缘底板等组成。

图 13-2 所示为生产中常用的 HK2 系列刀开关，适用于照明和小容量电动机控制线路中，供手动不频繁地接通和分断电路，并起短路保护作用。刀开关的图形符号及文字符号如图 13-3 所示。

2. 熔断器

熔断器是一种用于短路保护的电器。其主体是由低熔点金属丝或金属薄片制成的熔体，串联在被保护的电路中。在正常情况下，熔体相当于一根导线，能承受额定电流。当短路发

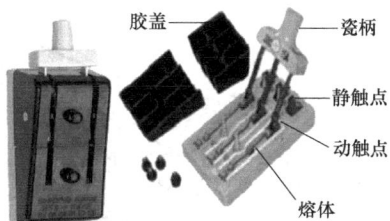

图 13-2　HK2 系列刀开关外形和结构图

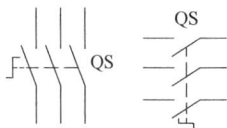

图 13-3　刀开关的图形符号及文字符号

生的瞬间，电流很大，熔断器的熔体会因过热熔化而切断电路。图 13-4 所示为几种常见的熔断器，熔断器的图形符号及文字符号如图 13-5 所示。

图 13-4　RL1、RT18 熔断器

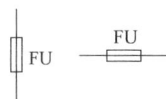

图 13-5　熔断器的图形符号及文字符号

3. 接触器

接触器是低压电器中的主要品种之一，广泛应用于电力传动系统中，用来频繁地接通和分断带有负载的主电路或大容量的控制电路，并可实现远距离的自动控制。接触器主要应用于电动机的自动控制、电热设备的控制以及电容器组等设备的控制等。工业生产中最常用的为电磁式交流接触器。图 13-6 所示为几种常见的交流接触器，接触器的图形符号及文字符号如图 13-7 所示。

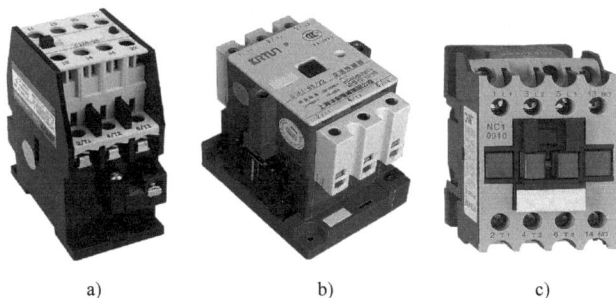

图 13-6　交流接触器
a）CJ20 系列交流接触器　b）CJX1 系列交流接触器
c）NC1 系列交流接触器

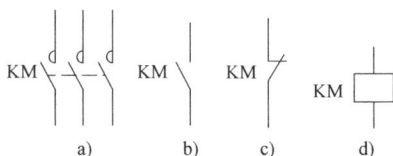

图 13-7　交流接触器图形符号及文字符号图
a）主触点　b）辅助常开触点
c）辅助常闭触点　d）线圈

（1）交流接触器的构造　交流接触器（图 13-8）主要由以下四部分组成：

1）电磁系统：包括线圈、上铁心（又叫衔铁、动铁心）和下铁心（又叫静铁心）。

2）触点系统：包括主触点、辅助触点。辅助常开和常闭触点是联动的，即常闭触点打开时，常开触点闭合。接触器的主触点的作用是接通和断开主电路。辅助触点一般接在控制电路中，完成电路的各种控制要求。

3）灭弧室：触点开关时产生很大电弧，它会烧坏主触点。一般容量稍大些的交流接触器都有灭弧室，以便迅速切断触点开关时的电弧。

　　4）其他部分：包括反作用弹簧、缓冲弹簧、触点压力弹簧片、传动机构、短路环以及接线柱等。

　　（2）交流接触器的工作原理　接触器的线圈和静铁心固定不动。当线圈得电时，铁心线圈产生电磁吸力，将动铁心吸合。由于动触片与铁心都是固定在同一根轴上的，因此，动铁心就带动动触片向下运动，与静触片接触，使电路接通。当线圈断电时，吸力消失，动铁心依靠反作用弹簧而分离，动触点断开，电路被切断。

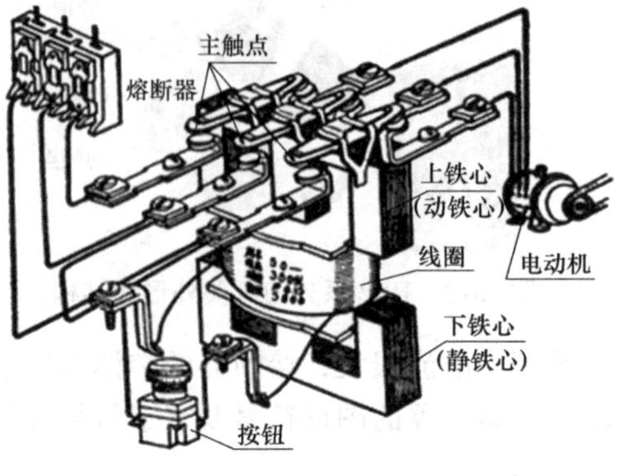

图 13-8　交流接触器的结构和触点系统示意图

4. 热继电器

　　电动机工作时，正常的温升是允许的，但是如果电动机在过载情况下工作，就会因过度发热造成绝缘材料迅速老化，使电动机寿命大大缩短。为了防止上述情况的产生，常采用热继电器作电动机的过载保护。

　　热继电器是电流通过发热元件产生热量使检测元件受热弯曲，推动执行机构动作的一种保护电器。热继电器主要用来保护电动机或其他负载免于过载以及作为三相电动机的断相保护等。图 13-9 所示为热继电器实物，图 13-10 所示为热继电器图形及文字符号图。

图 13-9　热继电器实物
a）JR36 系列热继电器
b）NRE8 电子式热继电器

　　热继电器主要由感温元件（或称热元件）、触点系统、动作机构、复位按钮、电流调节装置以及温度补偿元件等组成。

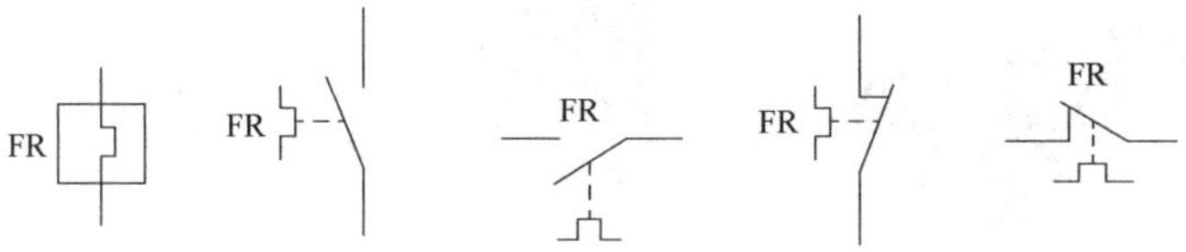

图 13-10　热继电器图形及文字符号
a）热元件　b）热继电器动合触点　c）热继电器动断触点

　　感温元件由双金属片及绕在双金属片外面的电阻丝组成。双金属片是由两种膨胀系数不同的金属以机械碾压的方式而成为一体的。使用时将电阻丝串联在主电路中，触点串联在控制电路中。图 13-11 所示为双金属片式热继电器结构原理图。

　　当过载电流流过电阻丝时，双金属片受热膨胀，因为两片金属的膨胀系数不同，所以就弯向膨胀系数较小的一面。利用这种弯曲的位移动作，切断热继电器的常闭触点，断开控制电路，使接触器线圈失电，接触器主触点断开，电动机便停止工作，起到了过载保护的作用。在过载故障排除后，要使电动机再次起动，一般需 2min 以上，待双金属片冷却，恢复原状后再按复位按钮，使热继电器的常闭触点复位。

5. 控制按钮

控制按钮是一种低压控制电器，同时也是一种低压主令电器。控制按钮除常开触点或常闭触点外，还具有常开和常闭触点的复式按钮。其触点对数有 1 常开 1 常闭，2 常开 2 常闭，以至 6 常开 6 常闭。对复式按钮而言，按下按钮时，它的常闭触点先断开，经过一个很短时间后，它的常开触点再闭合。有些控制按钮内装有信号灯，除用于操作控制外，还可兼作信号指示。

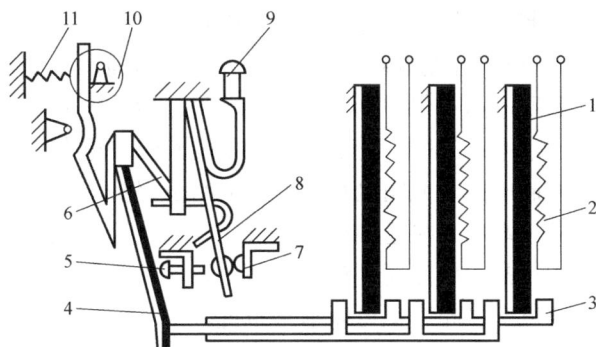

图 13-11　双金属片式热继电器结构原理图

1—主双金属片　2—电阻丝　3—导板　4—补偿双金属片
5—螺钉　6—推杆　7—静触点　8—动触点
9—复位按钮　10—调节凸轮　11—弹簧

控制按钮一般由按钮帽、复位弹簧、触点和外壳等部分组成。图 13-12 所示为控制按钮的外形和结构图，图 13-13 所示为控制按钮的图形及文字符号。

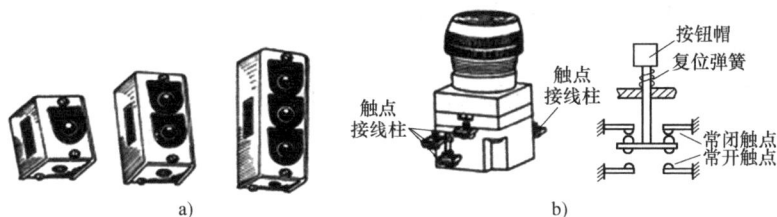

图 13-12　控制按钮的外形和结构图

a) LA10 系列按钮　b) LA19 系列按钮

控制按钮可以做成很多形式以满足不同的控制或操作的需要，主要的结构形式有以下几种：

1）钥匙型：按钮上带有钥匙以防止误操作。

2）旋转式（又称钮子开关）：以手柄旋转操作。

3）紧急式：带蘑菇钮头突出于外，常作为急停用，一般采用红色。

4）掀钮式：用手掀钮操作。

5）保护式：能防止偶然触及带电部分。

控制按钮的颜色包括红、黄、蓝、白、绿、黑等，操作人员可根据按钮的颜色进行辨别和操作。

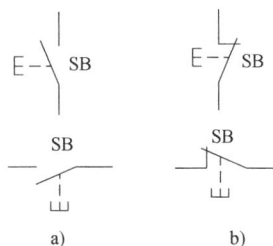

图 13-13　控制按钮图形及文字符号

a) 动合触点　b) 动断触点

13.1.2　电气原理图的绘制原则

电气原理图一般用国家标准规定的图形符号和文字符号代表各种元件，依据控制要求和各电器的动作原理，用线条代表导线将其连接起来。它包括所有电器元件的导电部件和接线端子，但不按电器元件的实际位置来画，也不反映电器元件的尺寸及安装方式。绘制电气原理图必须遵循的国家标准包括：《电气简图用图形符号》《电气技术用文件的编制》等。

绘制电气原理图应遵循以下原则：

1）电气控制电路一般分为主电路和辅助电路。辅助电路又可分为控制电路、信号电路、照明电路和保护电路等。主电路是指从电源到电动机的大电流通过的电路，其中，电源电路用水平线绘制，受电动力设备及其保护电器支路应垂直于电源电路画出。

控制电路、照明电路、信号电路及保护电路等应垂直地绘于两条水平电源线之间。耗能元件的一端应直接连接在电位低的一端，控制触点连接在上方水平线和耗能元件之间。

不论是主电路还是辅助电路，各元件一般应按动作顺序从上到下，从左到右依次排列，电路可以水平布置也可以垂直布置。

2）在电气原理图中，所有电器元件的图形、文字符号、接线端子标记必须采用国家规定的统一标准。

3）采用电器元件展开图的画法。同一电器元件的各部分可以不画在一起，但需用同一文字符号标出。若有多个同一种类的电器元件，可在文字符号后加上数字序号，如KM1、KM2。

4）在原理图中，所有电器按自然状态画出。所有按钮、触点均按电器没有通电或没有外力操作、触点没有动作的原始状态画出。

5）在原理图中，有直接电联系的交叉导线连接点，要用黑圆点表示。无直接联系的交叉导线连接点不画黑圆点。

6）在原理图上将图分成若干个图区，并标明该区电路的用途和作用。在继电器、接触器线圈下方列出触点表，说明线圈和触点的从属关系。图 13-14 所示为某车床的电气原理图。

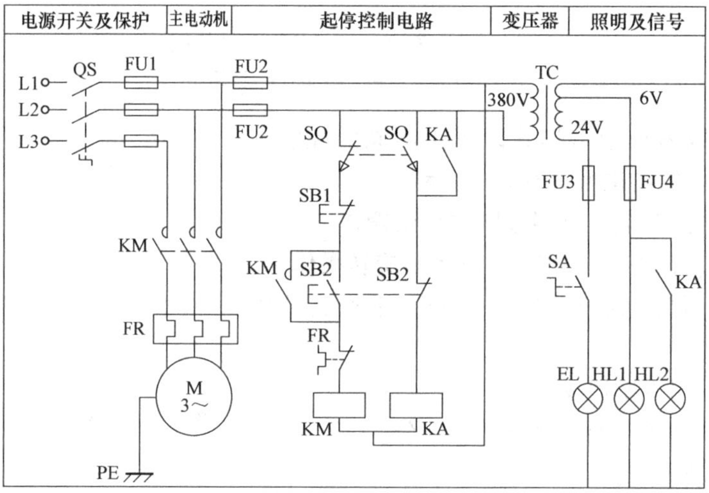

图 13-14　某车床的电气原理图

13.1.3　基本电气控制原理

1. 自锁控制

图 13-15 所示为接触器控制笼型电动机自锁电路。其中，QS 为三相转换开关，FU1、FU2 为熔断器，KM 为接触器，FR 为热继电器，M 为三相笼型异步电动机，SB1 为停止按钮，SB2 为起动按钮。其中，QS、FU1、KM 的主触点、FR 的热元件和 M 构成主电路，SB1、

SB2、KM 的线圈及其常开辅助触点、FR 的常闭触点
和 FU2 构成控制回路。

　　电路工作分析：合上 QS，引入三相电源。按下
SB2，KM 线圈通电，其主触点闭合，M 接通电源起
动。同时，与 SB2 并联的 KM 常开触点也闭合。当松
开 SB2 时，KM 线圈通过其自身常开辅助触点的闭合
继续保持通电状态，从而保证了电动机连续运转。当
需要电动机停止运转时，可按下 SB1，切断 KM 线圈
电源，KM 常开主触点与辅助触点均断开，切断电动
机电源和控制电路，电动机停止运转。这种依靠接触
器自身辅助触点保持线圈通电的电路，称为自锁电路
或自保持电路，辅助常开触点称为自锁触点。

2. 互锁控制

　　图 13-16 所示为三相异步电动机可逆运行控制电

图 13-15　笼型电动机自锁电路

路。其中，SB1 为停止按钮，SB2 为正转起动按钮，SB3 为反转起动按钮，KM1 为正转接触
器，KM2 为反转接触器。

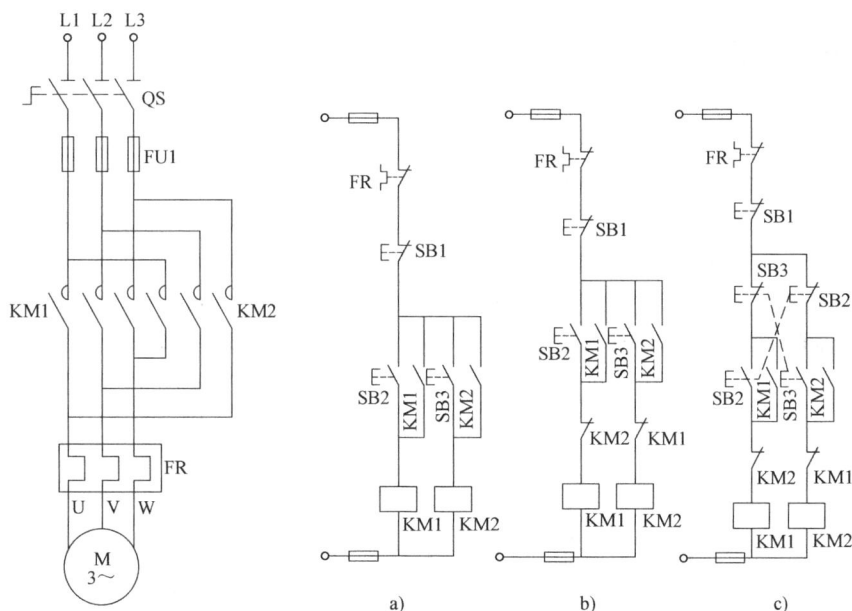

图 13-16　三相异步电动机可逆运行控制电路

　　在实际工作中，生产机械常常需要运动部件实现正、反双方向的运动，这就要求电
动机能够实现可逆运行。由三相异步电动机原理可知，改变通入三相交流电动机定子绕
组三相电源的相序可改变电动机的旋转方向。因此，借助于接触器将三相电源任意两相
对调即可。

　　由图 13-16a 可知，按下 SB2，KM1 线圈通电并自锁，KM1 主触点闭合，接通正序电源，
电动机正转。按下 SB1，KM1 线圈断电，电动机停止。再按下 SB3，KM2 线圈通电并自锁，

KM2 主触点闭合，使电动机定子绕组电源相序与正转时相序相反，电动机反转运行。

从主电路分析可以看出，若 KM1、KM2 同时通电动作，将造成电源两相短路，即在工作中如果按下了 SB1，再按下 SB2 就会出现这一事故现象。

在图 13-16a 的基础上，将 KM1、KM2 辅助常闭触点分别串接在对方线圈电路中，如图 13-16b 所示，形成相互制约的控制，称为互锁。当按下 SB1 的常开触点，使 KM1 的线圈瞬时通电，其串接在 KM2 线圈电路中的 KM1 的常闭辅助触点断开，锁住 KM2 的线圈不能通电，反之亦然。该电路欲使电动机由正向到反向，或由反向到正向，则必须先按下停止按钮，而后再反向起动。这种利用两个接触器（或继电器）的常闭辅助触点互相控制，形成相互制约的控制，称为电气互锁。

若要求实现频繁可逆运行，可采用图 13-16c 所示的控制电路。它是在图 13-16b 电路基础上，将 SB2 和 SB3 的常闭触点串接在对方常开触点电路中，利用按钮的常开、常闭触点的机械连接，在电路中形成相互制约的控制。这种接法称为机械互锁。

这种具有电气、机械双重互锁的控制电路既可以实现正—停—反—停的控制，又可以实现正—反—停的控制。

注意：正反转电路中电气互锁（接触器互锁）是必不可少的保护，是不能用机械互锁（按钮互锁）来取代的；否则，当发生接触器"熔焊"时，进行正反转切换将会造成两相短路。

13.1.4　例题解析

1. 单相主电路的绘制

1）选择圆命令，绘制半径为 $R3mm$ 的圆。

2）选择直线命令，拾取圆的下象限点为第一点，绘制一条长度为 20mm 的直线，结果如图 13-18 所示。继续选择直线命令，绘制长度为 4mm 的水平线。以直线的中点为基点移动至上条直线的下端点，结果如图 13-19 所示。

3）绘制直线，打开"对象追踪"模式。第一点在长度为 20mm 直线的下端点再向下追踪 7mm，绘制的直线长度为 10mm，角度为 120°，结果如图 13-20 所示。

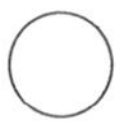

图 13-17　绘制圆 　　　　图 13-18　绘制垂直线 　　　　图 13-19　绘制水平线 　　　　图 13-20　绘制斜线

4）如图 13-21 所示，绘制直线，起点为上一直线的下端点，长度为 65mm，方向向下。绘制一个长为 5mm、宽为 15mm 的矩形，并以中点为基点移动至长度为 65mm 直线的上端点，如图 13-22 所示。在图 13-22 的基础上，再次移动矩形，将矩形向下移动 10mm，如图 13-23 所示。

5）绘制半径为 $R3mm$ 的圆，圆的下象限点为长度为 65mm 直线的下端点。选择修剪命令，修剪掉直线右边的半圆，效果如图 13-24 所示。

6）选择直线命令，绘制一条斜线。第一点在长度为 65mm 直线的下端点，再向下滑动，输入追踪距离 7，绘制长度为 10mm、角度为 120°的直线。选择直线命令，绘制起点为上一直线的下端点，长度为 40mm，方向向下的直线，如图 13-25 所示。

图 13-21　绘制直线　　图 13-22　移动矩形　　图 13-23　再次移动矩形　图 13-24　绘制圆并修剪

7）如图 13-26 所示，绘制长为 50mm、宽为 24mm 的矩形。移动矩形，指定基点为矩形上边中点，目标点为上一直线的下端点。再次移动矩形，使矩形向右平移 3mm。

8）如图 13-27 所示，在图 13-26 的基础上绘制 5 条直线，长度均为 8mm。继续绘制直线，长度为 15，方向向下，效果如图 13-28 所示。

图 13-25　绘制直线　　图 13-26　绘制矩形　　图 13-27　绘制 8mm 直线　图 13-28　移动矩形

2. 三相主电路的绘制

1）选择复制命令，选择对象为图 13-28 中除矩形以外的图形，分别向左、向右各复制一次，复制距离为 15mm，效果如图 13-29 所示。

2）以中间直线下端点为上象限点，绘制半径为 $R18$mm 的圆。选择延伸命令，延长左右两侧下端的直线与圆相交，效果如图 13-30 所示。

3）选择复制命令，选择对象为图 13-31 中虚线部分，向右复制，复制距离为 50mm，效果如图 13-32 所示。

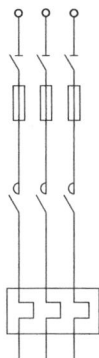

图 13-29　执行复制命令　图 13-30　绘制圆并延伸直线　图 13-31　选择复制的图形　　图 13-32　复制图形

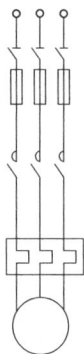

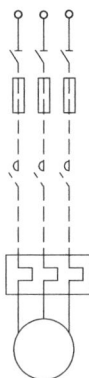

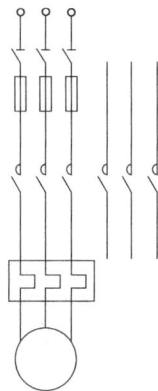

4）绘制 6 条水平直线，并进行修剪，效果如图 13-33、图 13-34 所示。

5）在"特性"工具栏中把线型更换为 DASHED2，绘制直线，完成电源开关、接触器主触点中的虚线部分，效果如图 13-35 所示。

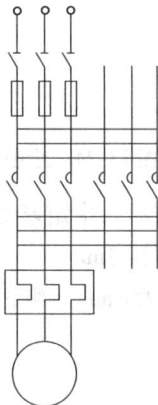

图 13-33　绘制 6 条水平直线　　　　图 13-34　修剪后的效果　　　　图 13-35　绘制虚线

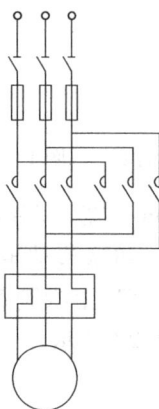

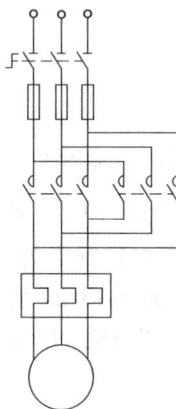

3. 控制电路的绘制

1）从主电路复制图 13-17 所示的图形。绘制一条直线：起点为上一步所绘制的圆的右象限点，方向水平向右，长度为 40mm，效果如图 13-36 所示。

2）绘制长为 15mm、宽为 5mm 的矩形，移动矩形，指定基点为矩形的中心，目标点为上一直线的中点。绘制直线，起点为上一直线的右端点，向下追踪长度 20mm，继续水平向右追踪长度 6mm，效果如图 13-37 所示。

3）绘制直线选择对象追踪命令，起点为垂直线的下端点，再向下追踪 7mm，绘制的直线长度为 10mm，角度为 60°。继续绘制直线，起点为上一直线的下端点，长度为 20mm，方向向下，结果如图 13-38 所示。

4）选择直线命令，完成热继电器常闭触点的绘制，各直线选取适当长度，效果如图 13-39 所示。

图 13-36　绘制直线　　　图 13-37　绘制矩形、直线　　　图 13-38　绘制直线　　　图 13-39　绘制热继电器触点

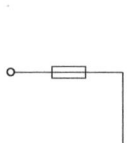

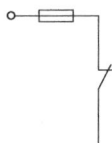

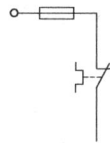

5）绘制直线，如图 13-40 所示。

6）选择直线命令，完成停止按钮的绘制，如图 13-41 所示。绘制两条直线，长度均为 20mm，方向分别向右、向下，效果如图 13-42 所示。

7）选择直线命令，完成正转按钮的绘制，如图 13-43 所示。

8）选择直线命令，完成正转接触器常开触点的绘制，并与正转按钮并联起来，如图 13-44 所示。

9）绘制反转接触器常闭触点，如图 13-45 所示。

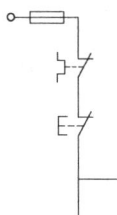

图 13-40　复制直线　　　　图 13-41　绘制停止按钮　　　　图 13-42　绘制直线

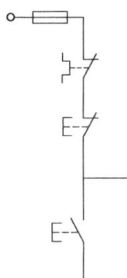

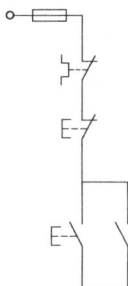

图 13-43　绘制按钮　　图 13-44　绘制接触器常开触点　　图 13-45　绘制反转接触器常闭触点

10）绘制正转接触器线圈，如图 13-46 所示。

11）如图 13-47 所示，选择复制命令，复制距离为 40mm。

12）绘制两条直线，将复制的图形并联起来，效果如图 13-48 所示。

13）选择复制命令，选择上方图形，复制后的效果如图 13-49 所示。

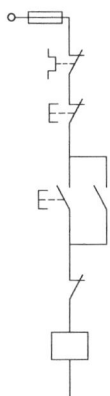

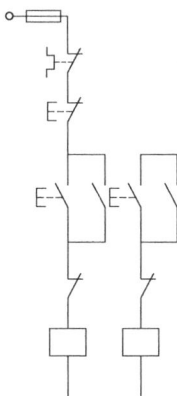

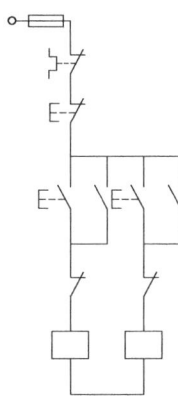

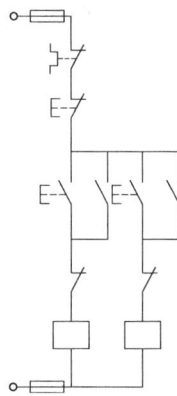

图 13-46　绘制正转　　　图 13-47　复制　　　图 13-48　绘制并联线　　　图 13-49　复制图形
　　接触器线圈

4. 添加文字

选择多行文字命令，字体选择"宋体"，字体大小为 8，加粗，输入文字，效果如图 13-1 所示。

在绘制电气图时，并没有严格的尺寸要求，只要能正确地表达出电气图中所包含的信息，绘制出的电气图整体协调、美观就可以了。因此，在本例中用到的图形尺寸仅作为绘制电动机正反转控制电气原理图的参考。

　　如果电气原理图中的电器元件较多，且重复率较高，一般采用复制命令。用户可先绘制各种电器元件，并定义成图块。在绘图过程中插入相应的图块，从而减少重复的绘制工作量，提高绘图效率，节省空间。

13.1.5　习题与巩固

　　1. 绘制图 13-50 所示的电动机可逆运行能耗制动电路。

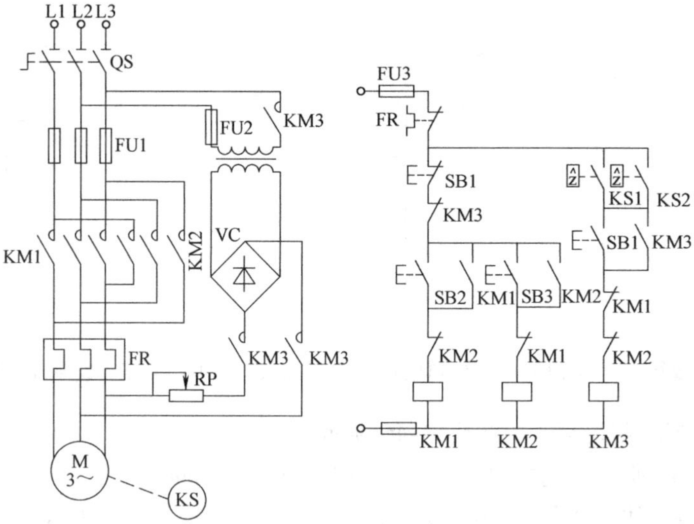

图 13-50　电动机可逆运行能耗制动电路

　　2. 绘制图 13-51 所示的电动机单向反接制动控制电路。

　　3. 绘制图 13-52 所示的电动机星形—三角形降压起动电路。

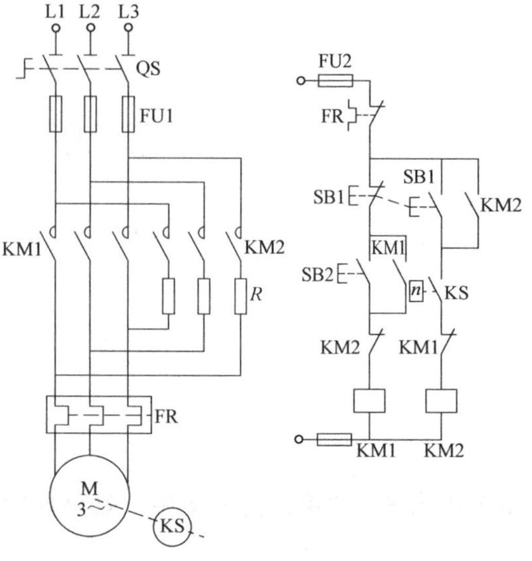

图 13-51　电动机单向反接制动控制电路 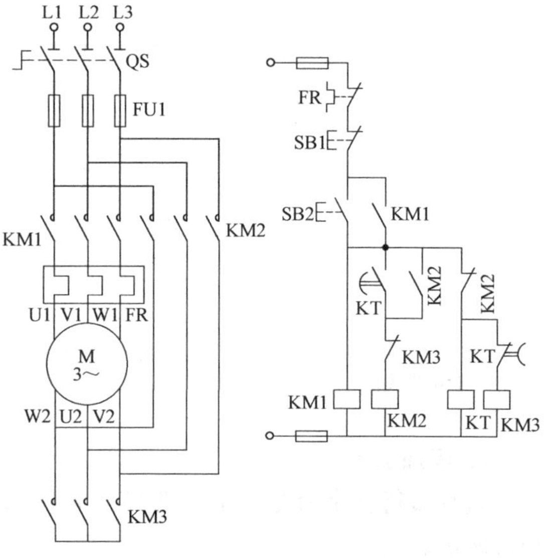　　　　图 13-52　电动机星形—三角形降压起动电路

13.2　绘制 PLC 控制系统图

图 13-53 所示为 PLC 外部接线图和梯形图。本节通过介绍 PLC 外部接线图和梯形图的绘制方法，让学生强化图块的创建和使用方法，并巩固常用绘图命令，具备对 PLC 相关电路图的绘制和识图能力。

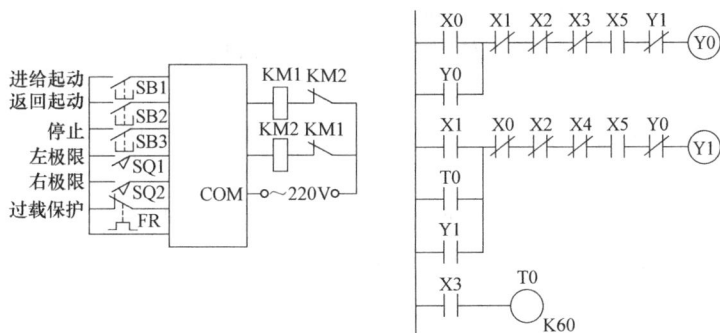

图 13-53　PLC 外部接线图与梯形图

图 13-54 所示为钻床刀架运动示意图。刀架开始是在限位开关 X4 处，按下进给起动按钮 X0，刀架左行，开始钻削加工，到达限位开关 X3 所在位置时停止进给，转头继续转动，进行无进给切削。6s 后定时器 T0 的定时时间到，刀架自动返回起始位置。刀架无论在任何位置处，按下停止按钮 X2 后，都将停止运行。

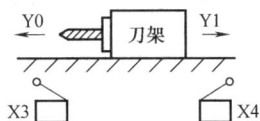

图 13-54　钻床刀架运动示意图

13.2.1　PLC 简介

可编程序控制器（Programmable Logic Controller，PLC）是在电气控制技术和计算机技术的基础上开发出来的，并逐渐发展成为以微处理器为核心，将计算机技术、自动化技术、通信技术融为一体的新型工业控制装置。目前，PLC 已广泛应用于冶金、石油、化工、建材、机械制造、电力、汽车、轻工、环保及文化娱乐等行业，随着 PLC 性价比的不断提高，其应用领域也将不断扩大。

13.2.2　梯形图编程语言

PLC 常见的编程语言有顺序功能图、梯形图编程语言、指令语句表编程语言、功能图编程语言和高级编程功能语言等。其中，梯形图编程语言是应用最多的 PLC 编程语言。

梯形图编程语言，简称梯形图，是在电气控制的电气原理图上演变过来的，与继电器控制系统的电路图很相似，形象直观、简单易学，是最常用的 PLC 编程语言，特别适合开关量逻辑控制。

梯形图由左右母线、触点、线圈和应用指令等组成。触点代表逻辑输入条件，如外部的输入信号（开关、按钮）和内部条件。线圈代表逻辑输出结果，可以是输出继电器线圈、PLC 内部辅助继电器、定时器和计数器线圈等，用来控制外部的指示灯、交流接触器和内部的输出标志位等。

梯形图与继电器控制系统不同，继电器控制电路是由硬件组成的，而梯形图是软件控制的程序。因此，梯形图中的继电器、定时器、计数器不是物理继电器、定时器，实际上是存储器中的存储位，因此称为软元件。这些软元件是靠软件实现控制的，因此，PLC 具有很高的灵活性，通过修改程序即可改变控制要求。

分析梯形图中的逻辑关系时，像继电器控制电路图一样，假想左右两侧垂直母线之间有一个左正右负的直流电源电压，左母线接直流电源正极，右母线接负极，所以有一个假想电流从左向右流动，层次改为先上后下。这个假想的电流称为能流。

PLC 扫描梯形图的顺序为自上而下、从左向右。梯形图中的每个编程元件用字母加数字表示，称为编程元件编号。但是不同厂家的 PLC 表示方法不同。梯形图的格式如下。

1）按行从上至下编写，每行从左至右顺序编写，PLC 程序执行顺序与梯形图编写顺序一致。

2）左右垂直线称为起始母线、终止母线，每一逻辑行必须从起始母线开始，终止母线可省略。

3）梯形图的触点有两种，常开触点和常闭触点，这些触点可以是输入触点或内部继电器触点，也可以是内部继电器、定时器、计数器的状态。每个触点都有自己的特殊标记，同一触点可以反复使用，次数不限。每个触点的状态存入存储单元中，可以反复读写。传统继电器控制每个触点使用次数有限。

4）梯形图最右侧必须连接输出元素（线圈），同一输出变量只能使用一次。

5）梯形图中的触点可以任意串并联，而输出线圈只能并联，不能串联。

6）程序结束时有结束符，一般用 END 表示。

13.2.3　例题解析

1. 创建图块

按钮、限位开关、常开触点、常闭触点、线圈等符号在梯形图中经常出现，可以把这些符号先绘制出来并定义成图块，相同的符号再次出现时，只需要插入相应的图块即可。下面以常开触点为例，介绍图块的创建。

1）绘制直线：长度为 5mm，方向向右。继续绘制直线，长度为 10mm，方向向下。移动长度为 10mm 的直线，指定基点为该直线的中点，目标点为长 5mm 的直线的右端点。选择镜像命令，捕捉上端点并向右追踪，输入 5 并回车，垂直向下追踪，拾取任意一点回车，完成镜像（图 13-55）。在命令行输入 wblock，打开写块命令，在弹出的对话框中的"名称"栏中输入"常开触点"，拾取第一条直线的左端点（图 13-56），并将其作为基点，选择全部直线为对象，单击"确定"按钮，完成"常开触点"图块的创建。

2）采用相同方法，把按钮、限位开关、常闭触点和线圈等定义成图块（图 13-57）。

常开触点	常闭触点	线圈
按钮	限位开关	FR 常闭触点
KM线圈	KM常闭触点	

图 13-55　移动直线　　　图 13-56　基点的拾取　　　图 13-57　各种元件的图形符号及图块名称

2. 绘制外部接线图

1）绘制矩形，长为 30mm、宽为 70mm。绘制直线，起点为矩形的左上角点向下追踪 5mm，方向向左，长度为 10mm，效果如图 13-58 所示。

2）单击"插入块"按钮，在弹出的对话框中，单击"名称"后的下拉箭头，选择"按钮"，单击"确定"按钮，插入"按钮"图块。绘制方向向左、长度为 5mm 的直线，如图 13-59 所示。

图 13-58　绘制直线　　　　　　　　图 13-59　插入"按钮"图块

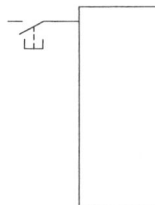

3）选择复制命令，选择按钮和直线，任意选择基点，向下依次复制，复制距离分别为 10mm、20mm，如图 13-60 所示。

4）绘制直线，起点为矩形左边的中点，方向向左，长度为 10mm。插入"限位开关"图块，效果如图 13-61 所示。

5）绘制直线，起点为限位开关的左端点，方向向左，长度为 5mm。用同样的方法依次绘制出其他输入设备的连接图，如图 13-62 所示。

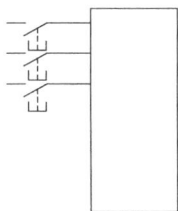

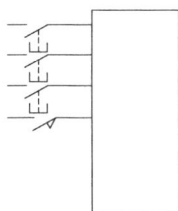

图 13-60　复制图形　　　　图 13-61　插入"限位开关"图块　　　　图 13-62　绘制其他连接

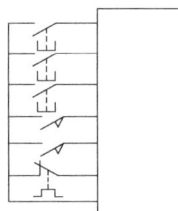

6）绘制直线，起点为矩形的右上角点向下追踪 15mm，方向向右，长度为 5mm。插入图块"KM 线圈"。插入图块"KM 常闭触点"，如图 13-63 所示。

7）绘制直线，起点为 KM 常闭触点的右端点，方向向右，长度为 5mm。选择复制命令，选择上步所绘图形，任意选择基点，复制距离为 20mm（图 13-64）。

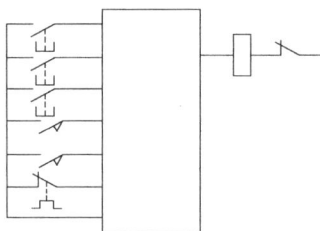

图 13-63　插入"KM 线圈"和"KM 常闭触点"图块　　　　图 13-64　复制图形

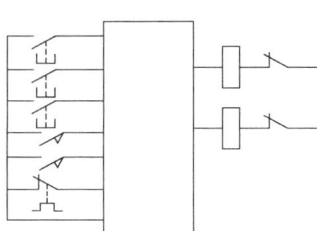

8）绘制直线，起点为矩形的右下角点向上追踪 15mm，方向向右，长度为 7mm。绘制圆，半径为 $R1$mm，效果如图 13-65 所示。

9）复制圆，基点为圆的左象限点，向右复制，复制距离为 25mm。依次绘制两条直线，效果如图 13-66 所示。

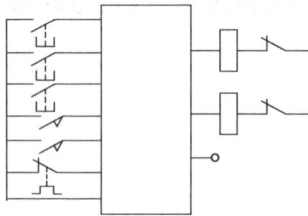

图 13-65　绘制圆

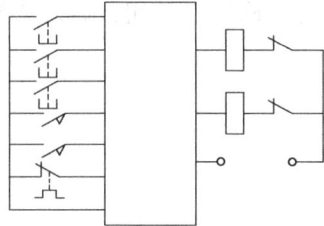

图 13-66　复制圆

3. 绘制梯形图

1）绘制直线，方向向下，长度为 120mm。绘制直线，起点为上一直线的上端点向下追踪 10mm，方向向右，长度为 5mm。插入"常开触点"图块。绘制直线，起点为"常开触点"图块的右端点，方向向右，长度为 5mm。依次插入"常闭触点""常开触点"及"线圈"图块，如图 13-67 所示。

2）选择复制命令，选择图 13-68 所示的对象，任意选择基点，向下复制，复制距离为 20mm。绘制直线，起点为新复制图形的右端点，方向向上，长度为 20mm。

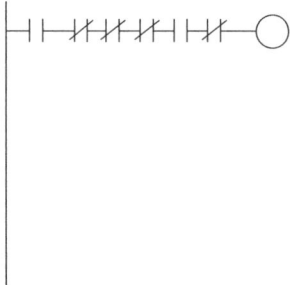

图 13-67　插入图块

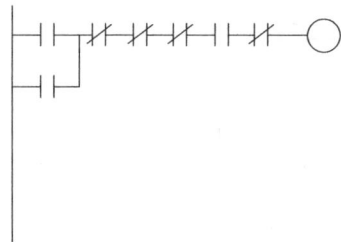

图 13-68　选择复制对象

3）选择复制命令，选择除垂直线以外的图形，任意选择基点，向下复制，复制距离为 40mm，效果如图 13-69 所示。

4）继续复制，完成梯形图的绘制，效果如图 13-70 所示。

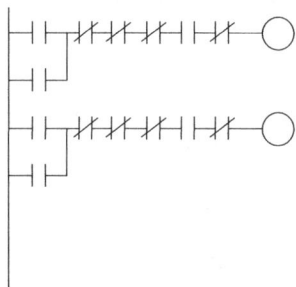

图 13-69　复制后的图形

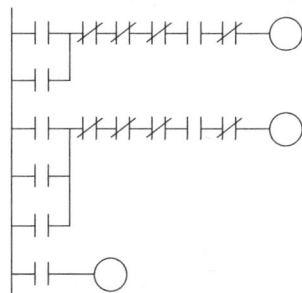

图 13-70　完成梯形图的绘制

4. 添加文字

选择多行文字命令，字体选择"宋体"，字体大小为 5，加粗，输入文字，效果如图 13-53 所示。

本节主要介绍了 PLC 外部接线图与梯形图的绘制方法。PLC 外部接线图与梯形图最突出的特点是元件种类较少、元件的重复利用率较高。因此，利用图块绘制会大大缩短绘图时间，提高绘图效率。

13. 2. 4　习题与巩固

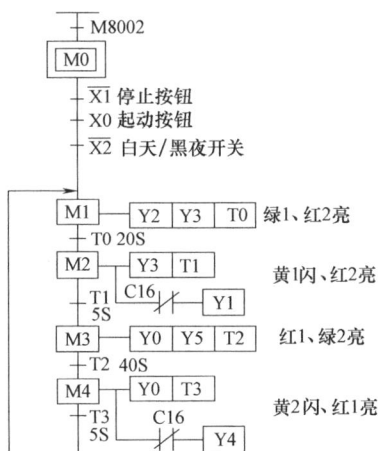

1. 绘制图 13-71 所示的交通灯控制顺序功能图。

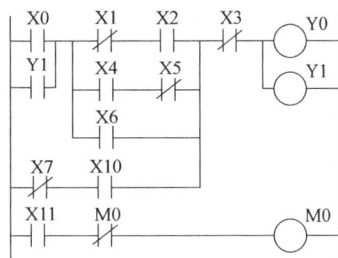

2. 绘制图 13-72 所示的梯形图。

图 13-71　交通灯控制顺序功能图

图 13-72　梯形图

13.3　绘制建筑图

本节将完成图 13-73 所示的建筑图。与机械图形和电路图不同，建筑图有相对固定的组成结构，如门、窗、墙、楼梯等；而且尺寸跨距大，从几十（百）米的外形尺寸到几毫米的门窗细部尺寸。通过学习本节中等难度的建筑图的绘制方法，学生能掌握绘制建筑图的步骤和基本特点。

13. 3. 1　建筑施工图简介

1. 建筑施工图的主要内容

建筑工程施工图简称"施工图"，是表示工程项目的总体布局、建筑物的外部形状、内部布置、结构、内外装修、材料做法以及设备、施工等要求的图样。施工图包括以下五部分：

（1）平面图　平面图包括首层平面图、标准层平面图和顶层平面图。平面图须有纵横向定位轴线，外墙、内墙、隔墙的位置与厚度，门窗的位置、编号、洞口宽度和门的开启方式。首层平面须标注室外地坪标高、散水、明沟、台阶、坡道及花台等的位置、平面尺寸剖切和指北针。各层平面图均应标注楼地面标高、楼梯中间平台标高、阳台板面标高、楼梯上下行线和步数、阳台的宽度与长度、烟道、通风道以及垃圾道及固定设备（如洗池、浴盆、

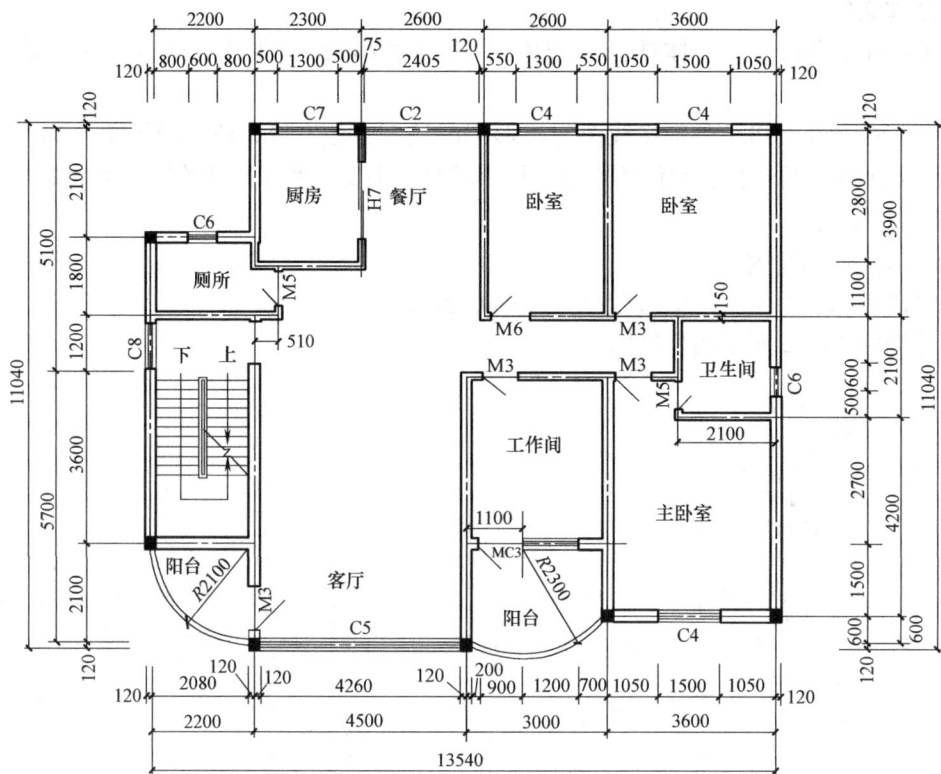

图 13-73　建筑平面图

马桶、灶台、壁橱、雨水管、消防栓箱和配电箱等）的位置。

（2）立面图　立面图包括正立面图、背立面图和侧立面图。立面图上须反映门窗的形状、开启方式和标高、楼地面标高，室外地坪标高，门廊雨棚、阳台、檐口、水箱间等的标高，端部和转折处轴线号，外装修的材料做法和分仓线以及雨水管位置等。

（3）剖面图　剖面图包括横剖面图、纵剖面图和局部剖面图，基础部分属于结构部分，不进行表示。剖面图须有轴线位置与编号，窗台、门窗、过梁、圈梁、楼板、檐口、台阶、梯段等的竖向尺寸，层高，总高以及地面、楼面、屋面的材料做法。

（4）屋顶平面图　屋顶平面图须反映屋顶的檐口轮廓线，端部及转折处的轴线号，水箱间、烟囱、通风口、上人孔、天沟、雨水口等的位置，排水分水线、汇水线、坡向、坡度以及屋面材料做法。

（5）建筑详图　建筑详图一般用来表达构配件的详细构造，对尺寸较小、构造较复杂的非标准设计部位须放大比例绘制，并详尽标注尺寸，如楼梯、门廊、檐口、吊顶、美术地面、卫生间及异型门窗等。

2. 识图步骤

1）粗略全览整套图样，对建筑有个概括了解。

2）粗读各层平面图，了解建筑的总长、总宽、总面积、单元分割、套型种类、开间、进深、结构类型、门窗、楼梯及各项设施的位置和尺寸。

3）了解构造，对照立面图上的线条，了解在平面图上的构造做法。

4）精读，根据平面图上所示的剖切位置及方向精读剖面图。通过剖面图辨认墙柱的受力特点，了解过梁、圈梁、梁板与墙体的关系。

5）深入了解，根据索引号指定的位置查阅，了解详图所示的构造方法、材料和尺寸。

6）精读屋顶平面图，了解排水方式、雨水口位置、分水线、汇水线的位置、坡度、坡向和防水材料做法。

7）综合分析，对照图样的设计说明、工程做法和门窗表等资料，进一步理解设计意图，并记录图中的疑点、遗漏和错误。

13.3.2　多线命令

多线是由多条（1 条～16 条）平行线组合而成的复合线。

在绘制多线之前，应先进行多线样式的设置。相关的命令调用方法如下：

1）命令：Mlstyle。

2）菜单："格式"→"多线样式"。

执行该命令后，打开"多线样式"对话框（图 13-74）。

如图 13-74 所示，AutoCAD 提供的基本样式是"STANDARD"样式，用户可以在此基础上创建新的多线样式，但不能编辑、修改和删除 STANDARD 样式。下面以定义建筑平面图中的墙线和窗线为例，介绍定义多线样式的方法。

图 13-74　"多线样式"对话框

1. 定义宽为 240mm 的墙线样式

1）打开设置对话框，选择"格式"→"多线样式"命令，在弹出的"多线样式"对话框中，单击"新建"按钮，打开"创建新的多线样式"对话框。在"新样式名"文本框中输入名称"墙体 240"，如图 13-75 所示。单击"继续"按钮，打开"新建多线样式"对话框，如图 13-76 所示。

2）输入说明文字：在"说明"文本框中输入说明文字，如"外墙宽度 240"。

图 13-75　"创建新的多线样式"对话框

3）设置"图元"选项组：标准样式定义了正负偏移0.5 的两个元素，颜色和线型均为随层，用户可在此基础上进行修改：单击"0.5"行，在"偏移"文本框中将 0.500 修改为 120。如果需要改变颜色，则单击颜色框右侧的按钮，选择所需颜色。如果需要改变线型，则单击"线型"按钮，在"选择线型"对话框中选择所需线型。单击"-0.5"行，在"偏移"文本框中将-0.500 修改为-120。

4）设置"封口"选项组：通过该选项组，可以设置多线的起点和终点是否封口及封口形式。选择直线封口：在"直线"后面选择"起点"和"端点"复选框。"角度"默认

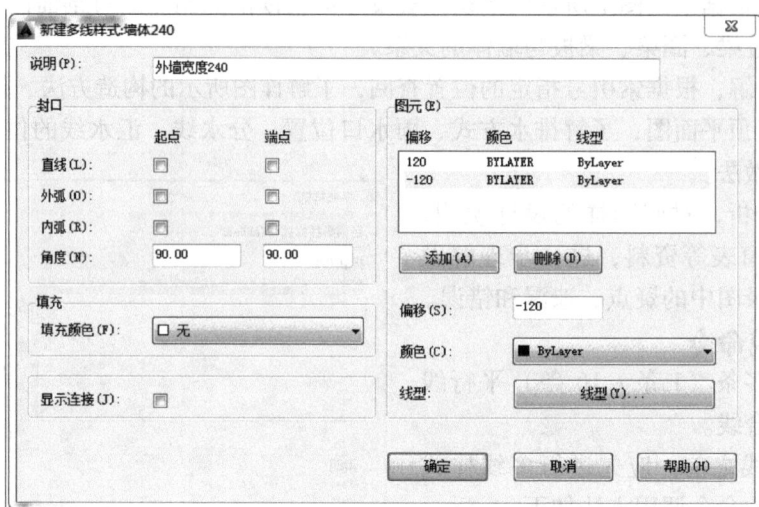

图 13-76　"新建多线样式"对话框

为 90。

5）设置多线的填充颜色：单击右侧的按钮可以选择颜色，多线将被选择的颜色填充，本例中选择"无"。

6）设置相邻多线的连接特征：不显示相邻多线顶点的连接线。设置完成，单击"确定"按钮，返回到"多线样式"对话框，"样式"中将显示出所定义的墙线外观，并可在预览框中观察效果（图 13-77）。

此时，对话框中全部按钮都可以操作，单击"保存"按钮，可以将创建的多线样式保存在一个＊.mlm 文件中，默认文件名是 acad.mlm。用户可以将多个样式保存在同一个文件中。同理创建宽为 150mm 的内墙。

2. 定义宽为 240mm 窗线的多线样式

图 13-77　"墙体 240"样式

选中样式"墙体 240"，单击"新建"按钮，在此样式基础上创建窗线样式，方法基本相同，步骤如下：

1）在"新样式名"中输入"窗宽 240"。

2）在"新建多线样式"对话框中，设置多线"图元"时，在原来基础上增加两条线。单击"添加"按钮，在"偏移"文本框中将 0 改为 30，再次单击"添加"按钮，在"偏移"文本框中将 0 改为 -30，颜色和线型设置均不变。

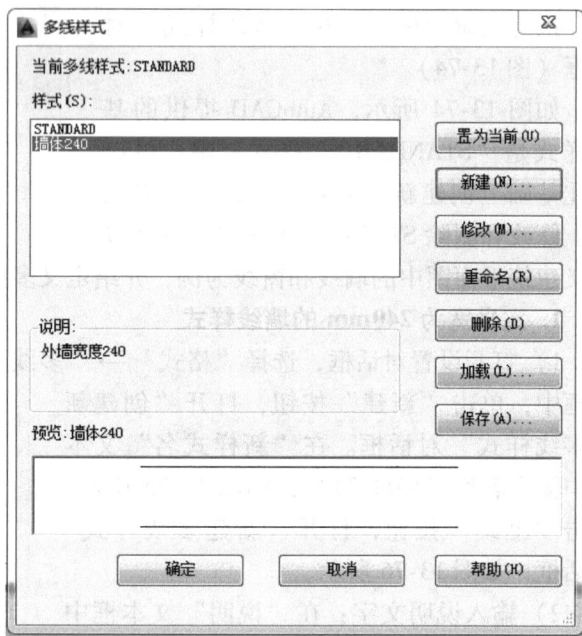

3）单击"确定"按钮，返回"多线样式"对话框（图13-78）。单击"保存"按钮，将样式保存在 duox. mln 文件中。单击"确定"按钮，关闭"多线样式"对话框。

3. 多线命令的调用

该命令的调用方法如下：

1）命令：Mline。

2）菜单："绘图"→"多线"。

启动该命令后，命令行提示：

"当前设置：对正 = 无，比例 = 1.00，样式 = 墙体240 指定起点或［对正(J)/比例(S)/样式(ST)］:"，其中

1）对正（J）：用于确定如何在指定点之间绘制多线，有三种方式：上（下），即在指定点下（上）方绘制多线；无，即将指定点之间作为原点，开始绘制多线。

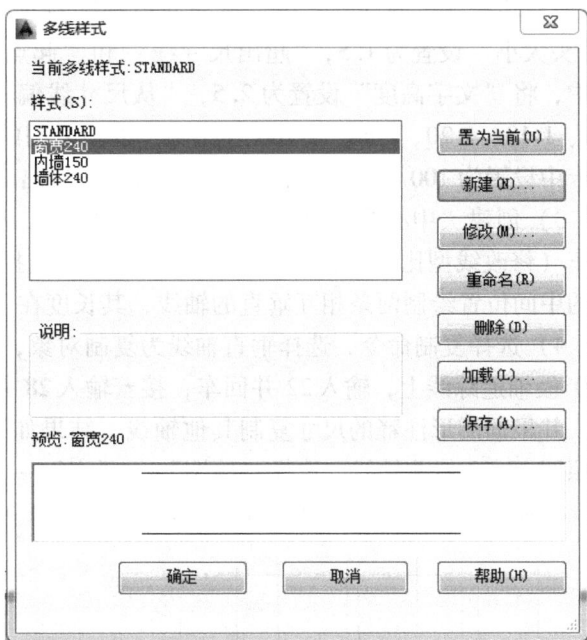

图13-78　窗宽240样式

2）比例（S）：用于控制多线的全局宽度，当比例因子为0时，多线为单一直线。

3）样式（ST）：用于选择所设置的多线样式。

4. 编辑多线

该命令的调用方法如下：

1）命令：Mledit。

2）菜单："修改"→"对象"→"多线"。

激活命令后，打开"多线编辑工具"对话框，对话框中有十字闭合、T形闭合等多种编辑形式，如图13-79所示。

13.3.3　例题解析

图13-73所示的建筑平面图的绘制步骤如下：

1）选择"格式"→"图形界限"命令，按回车键，输入右上角点

图13-79　"多线编辑工具"对话框

的坐标（150，150）。输入 ZOOM 并回车，输入 a 并回车（表示显示全部图形）。在状态栏中打开"对象捕捉""对象追踪"和"极轴"开关。

2）选择"标注"→"样式"命令，系统弹出"标注样式"对话框。单击"新建"按钮，在弹出"创建新标注样式"对话框中输入名称"建筑"，单击"继续"按钮，弹出

"修改标注样式"对话框。在"直线和箭头"选项卡中，将箭头类型设置为"建筑标记"，"箭头大小"设置为1.5；"超出尺寸线"和"起点偏移量"都设置为1；在"文字"选项卡中，将"文字高度"设置为2.5，"从尺寸线偏移"设置为1，建筑图样常用1:1、1:2、1:5、1:10、1:20、1:50、1:100等比例，本图采用的比例为1:100，因此在"全局比例"选项卡中设置为100。最后单击"确定"按钮，退出对话框。

3）创建"中心线""墙线""内墙""门窗"及"文字"等新图层，输入LTSCALE并回车（修改线型比例因子），输入0.5并回车。选择"中心线"图层为当前图层。在绘图区域的中间位置绘制两条相互垂直的轴线，其长度在150mm左右。

4）选择复制命令，选择垂直轴线为复制对象，捕捉交点A为基点，将光标移动到交点的0°极轴追踪线上，输入22并回车，接着输入28并回车，复制出两条轴线，使用同样的方法，并根据图形注释的尺寸复制其他轴线，结果如图13-80所示。使用修剪以及打断命令，参照图13-73修改轴线。选择"绘图"→"点"→"多点"命令，在各重要交点位置绘制点，以便于绘制墙线和尺寸标注，结果如图13-81所示。

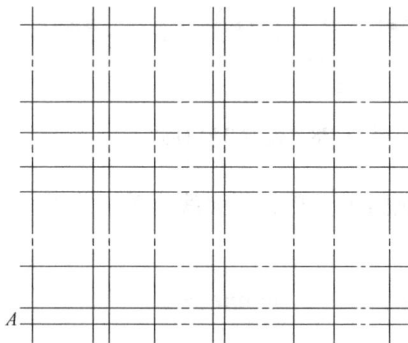

图13-80　绘制轴线

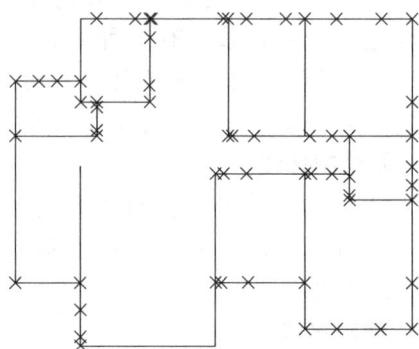

图13-81　修剪轴线

5）绘制外墙线。设置多线样式，参考知识链接，创建外墙线样式"墙体240"，并置为当前，并创建内墙线和窗线。选择"细实线"图层为当前图层，选择多线命令，指定O点为起点，逆时针绘制外墙，依次捕捉轴线各个交点，注意留出门窗位置，直至外墙线绘制完成，结果如图13-82所示。

6）选择"多线样式"为内墙样式，依次捕捉各点，绘制内墙线，如图13-83所示。

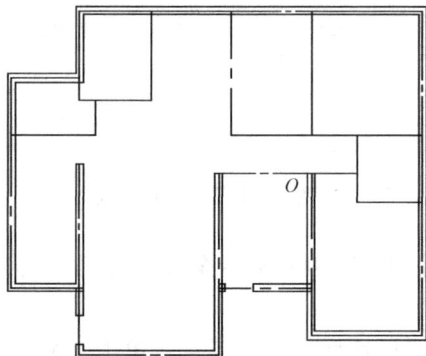

图13-82　绘制外墙线

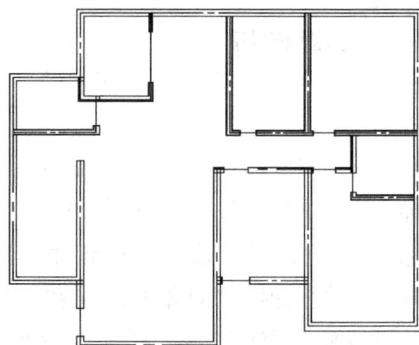

图13-83　绘制内墙线

7）编辑墙线。在图 13-83 中，有很多 T 形相交的多线，需要进行合并等编辑。选择"修改"→"对象"→"多线"命令，打开"多线编辑"对话框，单击"T 形合并"工具按钮，关闭对话框，在图中逐个编辑 T 形相交多线，编辑后的墙线如图 13-84 所示。

8）绘制窗线、门。选择"格式"→"多线样式"命令，在"多线样式"对话框中，选择窗线样式，并将其置为当前。在"门窗"图层上，使用多线命令在预留的窗线位置上绘制窗线。在"门窗"图层上，使用直线命令在预留的门户位置上画直线，使用旋转命令将其旋转 45°，或者插入已定义的门块。结果如图 13-85 所示。

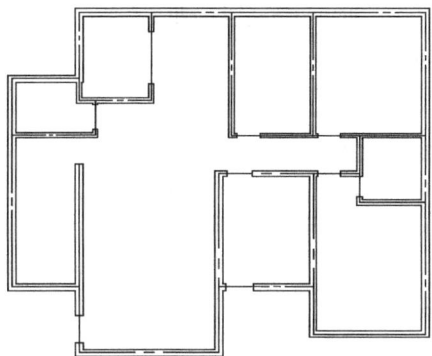

图 13-84　编辑多线

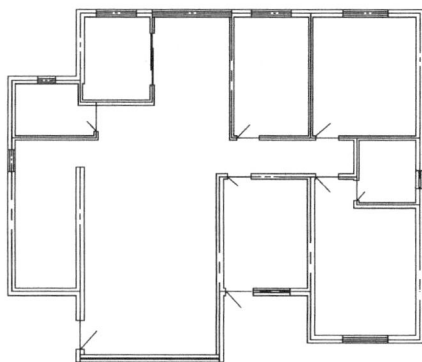

图 13-85　绘制窗线、门

9）绘制阳台圆弧和楼梯。选择圆弧命令，利用起点—端点—半径绘制阳台圆弧，再利用偏移命令绘制同心圆弧。使用直线和阵列等命令绘制楼梯图形，由于楼梯图形并没有详细的尺寸，所以适当绘制即可。结果如图 13-86 所示。

10）绘制墙角。使用矩形命令，绘制一个 240mm×240mm 的矩形，再使用图案填充命令将矩形填充成黑色，选择直线命令绘制一条矩形的对角线。选择复制命令，拾取矩形和内部的图案填充，并将其作为复制对象，捕捉矩形对角线中点，并将其作为基点，接着依次捕捉各轴线交点，复制墙角，结果如图 13-87 所示。

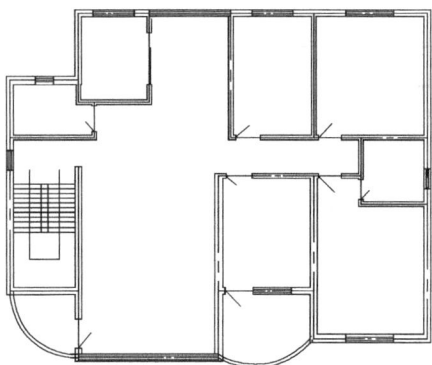

图 13-86　绘制阳台圆弧和楼梯

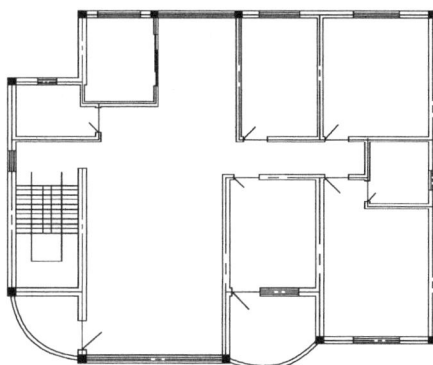

图 13-87　绘制墙角

11）创建注释文字。将"文字"图层设置为当前图形。单击"多行文字"按钮，在图形中注释文字，文字高度分别为 2.5、2、1.5，字体为"宋体"，结果如图 13-88 所示。

12）尺寸标注。选择"标注"图层，选择标注样式为"建筑"，按照图 13-73 标注尺寸。

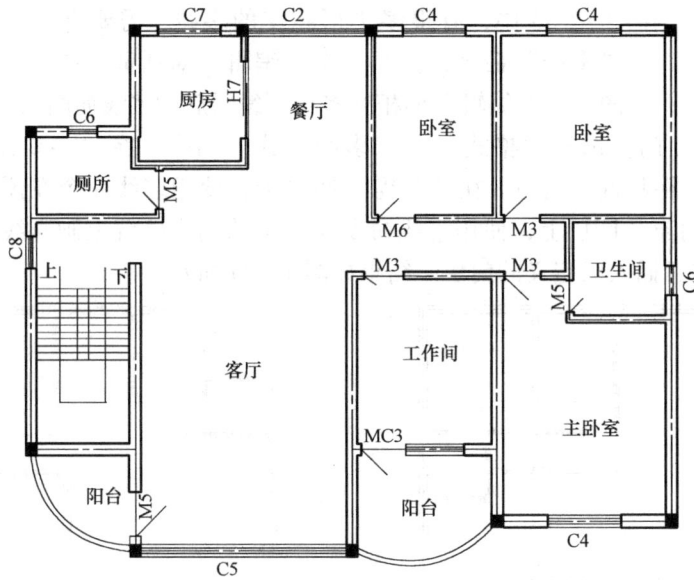

图 13-88   创建注释文字

建筑平面图中应标注房屋的总长、总宽，轴线之间的距离，门窗的定形尺寸和定位尺寸。尺寸的布局一般从靠近图形开始向外标注如下三道尺寸：

1）第一道尺寸：靠近图形，以轴线为基准，标注各细部的定形尺寸和定位尺寸。

2）第二道尺寸：标注轴线间距，表明房屋的开间和进深。

3）第三道尺寸：标注房屋的总长、总宽，即从一端的外墙到另一端的外墙尺寸。

与机械图一样，建筑平面图也是一种直观、准确、易于交流的表达形式。用户需要广泛地联系和及时地总结，不断积累素材库，并与专业软件适当结合。

13.3.4   习题与巩固

根据所学知识，绘制图 13-89～图 13-91 所示的建筑图。

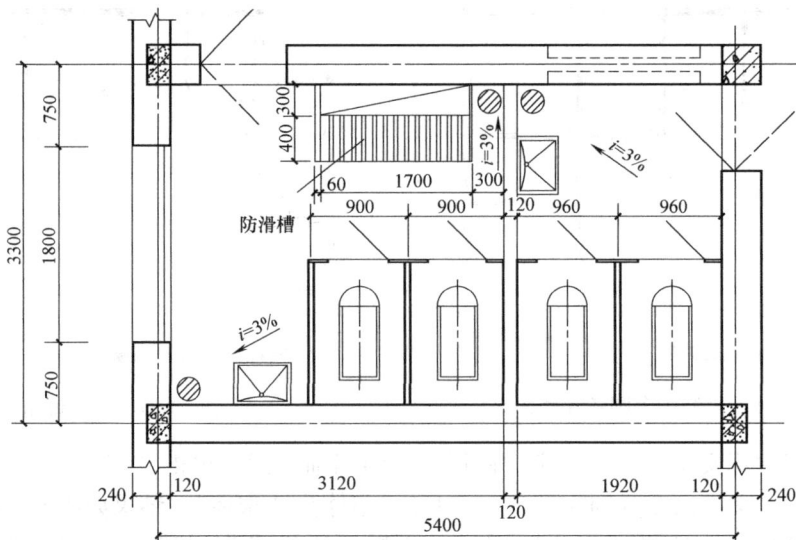

图 13-89   建筑平面图

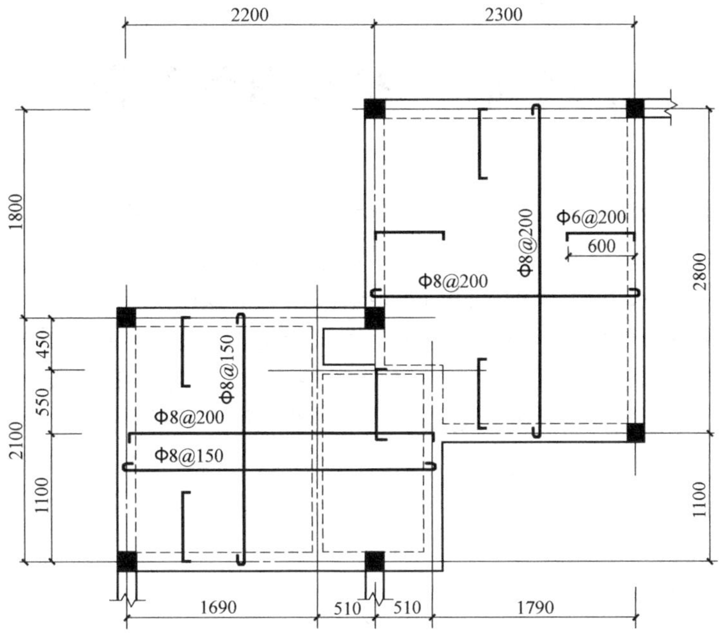

图 13-90　楼层图（一）

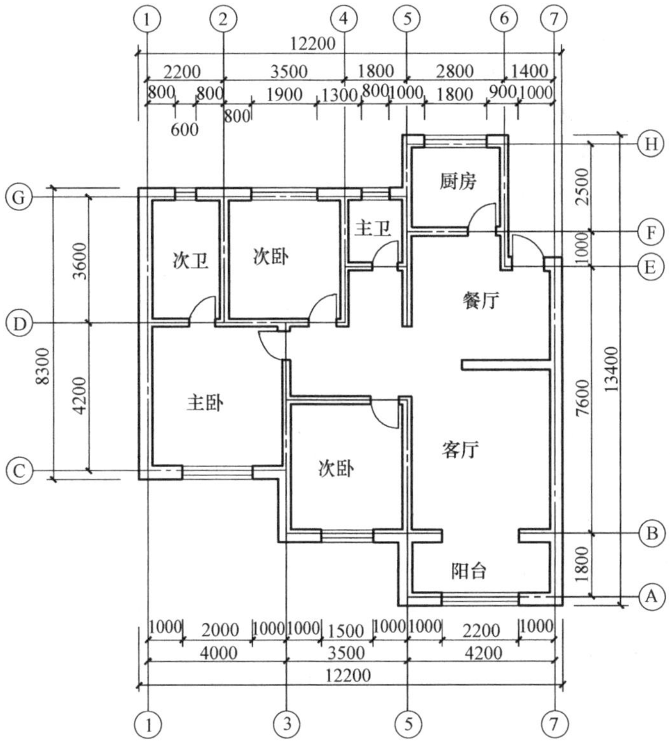

图 13-91　楼层图（二）

第14章 零件图的绘制

前面章节根据专业特点进行了专项的强化练习，用户已经初步掌握了软件的特色和绘图步骤。从本章开始，包括后面的装配图和立体图的绘制，将介绍如何绘制更加复杂的图形，这些图形使用命令较多、步骤繁琐，同时也锻炼绘图者的读图能力。

不管零件形状多么复杂，都需要用基本绘图命令完成。因此，细致的分析和严谨的工作态度是学习本章的基本要求和重要基础。表达零件结构、大小和技术要求的图样称为零件图。零件图是表达零件设计信息的主要媒体，是制造和检验零件的依据。绘制零件图的基本要求是完整、清晰和准确，即零件各部分的结构、形状及相对位置表达完全且唯一确定，视图之间的投影关系及表达方法要正确，而且图形要清晰易懂。学生通过学习绘制复杂的零件图，能够提高绘制和阅读零件图的能力，学习要求如下：

1）掌握零件图的构成和绘图步骤。

2）掌握典型零件图的绘图方法，会绘制例题图和习题与巩固中的零件图。

14.1 绘制蜗轮箱图

本节从基本零件图的绘图步骤开始，通过图 14-1 所示的蜗轮箱图的绘制过程，介绍零件图的组成、绘制步骤和视图选择。

14.1.1 零件图的组成

一张完整的零件图必须包括如下基本内容：

1）一组视图：把零件各部分的结构、形状表达清楚。

2）若干尺寸：把零件各部分的大小和位置确定下来。

3）技术要求：说明零件在制造时应达到的一些质量要求，如表面粗糙度、尺寸公差、几何公差、材料及热处理要求等。这些要求有的可以用符号注释在视图上，有的须统一注写在图样的空白处。

4）标题栏：说明零件的名称、材料、数量及图号等。由于标题栏的画法比较单一，本章只介绍图形的绘制，标题栏的绘制不再介绍。

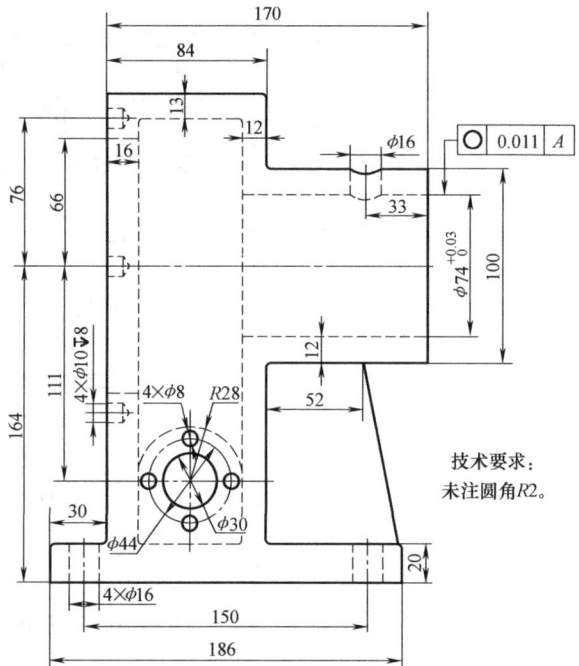

图 14-1 蜗轮箱图

14.1.2　零件图的绘图步骤

零件图的绘图过程一般按以下步骤进行：

1）根据零件的用途、形状特点、加工方法等，选取主视图和其他视图。

2）根据视图数量和实物大小确定适当的绘图比例，并选择合适的标准图幅。

3）画出图框和标题栏。

4）画出各视图的中心线、轴线、基准线，把各视图的位置定下来，各视图之间要注意留有充分的空间标注尺寸。

5）由主视图开始，画各视图的主要轮廓线，画图时要注意各视图间的投影关系。

6）画出各视图上的细节，如螺钉孔、销孔、倒角和圆角等。

7）仔细检查草稿后，描粗可见轮廓线并画剖面线。

8）画出全部尺寸线，注写尺寸数字。

9）注出公差及表面粗糙度符号等。

10）填写技术要求和标题栏。

11）最后进行检查，没有错误以后，在标题栏内签字。

画零件图时先画大轮廓，后画细部。画图时要充分利用投影关系，几个视图同时画。

14.1.3　零件图视图的选择

运用各种表示方法选取一组恰当的视图，把零件的形状表达清楚，是学习绘制零件图的主要内容。一张图样是否符合要求，标准是：零件上每一部分的形状和位置表示得是否完全、正确、清楚，是否符合国家标准、便于看图。

1. 选择视图的原则

1）应让主视图表示零件的基本特征和最多的零件信息。

2）在满足要求的前提下，使视图的数量尽量少。

3）尽量避免使用虚线表达零件的结构。

2. 选择视图的步骤和方法

1）分析零件的功能、工作状态、结构和加工过程。

2）由于主视图是最重要的视图，因此，在表达零件时，应该先确定主视图，然后确定其他视图。主视图的状态要符合零件的加工状态或工作状态，在投射方向上应能清楚地显示出零件的形状特征。

3）为了表达清楚零件的主体结构，可能还要选择其他基本视图；对于一些细节的表达，还须添加辅助视图，以把零件完全、清楚地表达出来。

4）最后对表达方案进行检查、比较、调整和修改，使方案更完善。

14.1.4　例题解析

图 14-1 所示图形的绘制步骤如下：

1）在状态栏中打开"对象捕捉""对象追踪"和"极轴"开关。

2）单击"图层特性管理器"按钮，弹出"图层特性管理器"对话框，在对话框中创建名为"粗实线""细点画线"和"虚线"的新图层；线型设置分别为 Continuous、Center2 和 Dashed2；粗实线的线宽为 0.3mm、其他均为"默认"。

3）单击"图层"工具栏下拉按钮，选择图层"粗实线"，使其成为当前层。单击"绘图"工具栏上的"直线"命令按钮，在图形的左下方单击一点，并将其作为图形外轮廓线的起始点。将光标向左侧水平拖动，此时将显示跟踪线，输入 186 并回车；向上垂直拖动，输入 20 并回车；再向右水平拖动，输入 30 并回车；向上垂直拖动，输入 233 并回车；再向右水平拖动，输入 84 并回车。绘制的外轮廓如图 14-2 所示。

4）单击修改工具栏上的圆角按钮，输入 R 并回车，输入 3 并回车，输入 M 并回车，在图中对需要修改圆角的地方进行倒圆角操作，结果如图 14-3 所示。

5）单击"图层"工具栏中的下拉列表框按钮，选择"细点画线"图层，使其成为当前层。单击"绘图"工具栏上的"直线"命令按钮，将鼠标移动到直线 EF 上，捕捉中点 A，绘制中心线 AB。以此方法来绘制其他中心线，并绘制 φ44mm 圆，结果如图 14-4 所示。

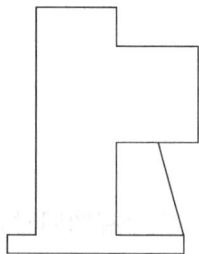

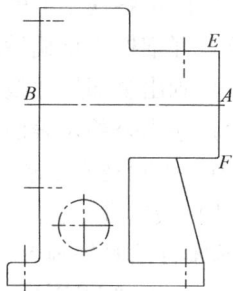

图 14-2　绘制轮廓线　　　　图 14-3　倒圆角　　　　图 14-4　绘制中心线和圆

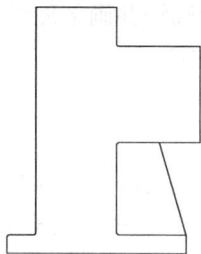

6）单击"图层"工具栏中的下拉列表框按钮，选择"虚线"图层，使其成为当前层。打开正交模式，单击"绘图"工具栏上的"直线"命令按钮，将鼠标移动到交点 E，向下追踪，输入 8 并回车，该点为直线的起点，向右水平追踪，输入 8 并回车，向下垂直追踪，输入 10 并回车，向左水平追踪，输入 8 并回车，绘制虚线孔，结果如图 14-5 所示。

7）选择复制命令，选中绘制好的孔，单击中心点，并将其作为基点，然后捕捉 B 点及其他中心点复制图形，结果如图 14-6 所示。

8）选择"虚线"图层。单击"绘图"工具栏上的"矩形"命令按钮，移动鼠标将光标放在 G 点上，向右侧水平方向追踪，输入 16 并回车，输入 D 并回车，输入长度 56 并回车，输入宽度 220 并回车，绘制长方形。单击修改工具栏上的"圆角"命令按钮，将矩形的直角修改成圆角。单击绘图工具栏上的"圆"命令按钮，捕捉中心圆的圆心，输入半径 28 并回车，绘制一个圆，单击修改工具栏上的"修剪"命令，选择矩形为修剪边，将 R28mm 圆的下半部分修剪掉，结果如图 14-7 所示。

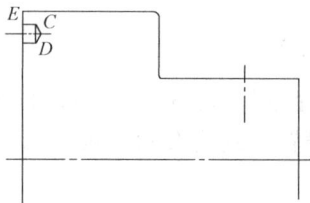

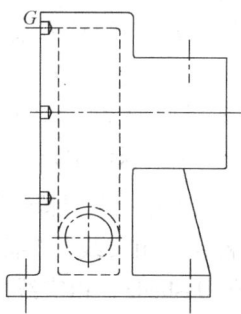

图 14-5　绘制孔局部图　　　　图 14-6　复制孔　　　　图 14-7　绘制虚线矩形和圆

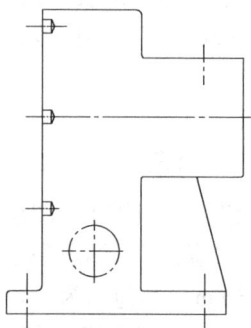

9）单击"绘图"工具栏上的"直线"命令按钮，根据给出的尺寸，使用对象捕捉追踪绘制底部和右侧的不可见投影线。结果如图 14-8 所示。

10）选择"粗实线"图层。单击绘图工具栏上的"圆"命令，绘制直径为 ϕ8mm 和 ϕ30mm 的两个圆。单击"修改"工具栏中的"阵列"按钮，选择直径为 ϕ8mm 的小圆为阵列对象，以圆心为中点进行环形阵列，绘制完成，结果如图 14-9 所示。

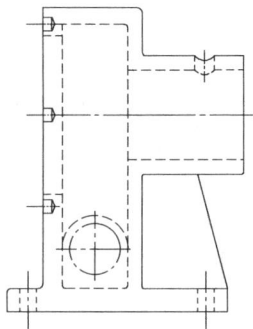

图 14-8　绘制其余虚线

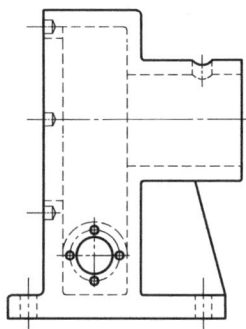

图 14-9　绘制圆

11）单击"标注样式管理器"按钮，新建符合要求的标注样式，进行尺寸标注。注意：直线部分的直径标注，如 ϕ16 等的样式。单击"引线"命令，标注圆度公差要求。创建文字样式，输入备注要求。

14.1.5　习题与巩固

按照 1:1 的比例绘制图 14-10 ~ 图 14-13 所示的零件图。

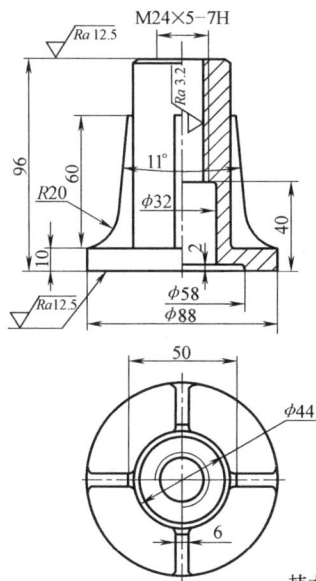

图 14-10　阀座

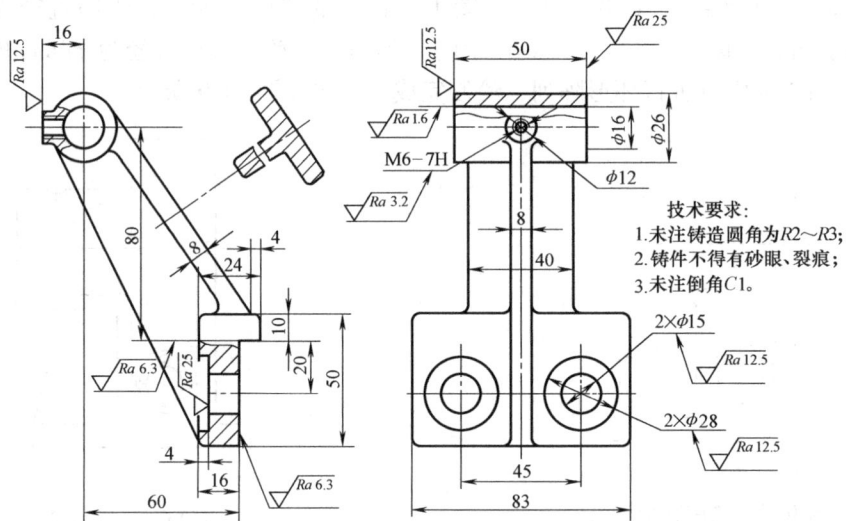

图 14-11　连接支架

技术要求:
1.未注铸造圆角为R2~R3;
2.铸件不得有砂眼、裂痕;
3.未注倒角C1。

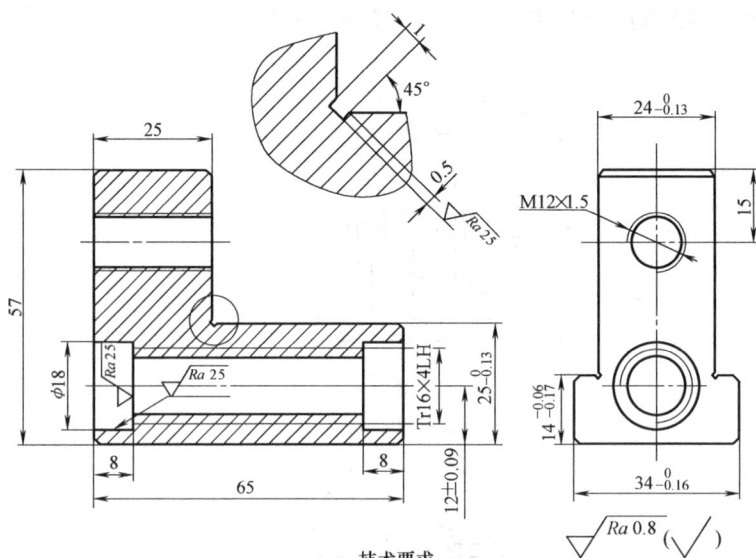

技术要求:
1.处理硬度50~55HRC:渗碳深度0.2~0.8mm;
2.未注倒角C1。

图 14-12　固定座

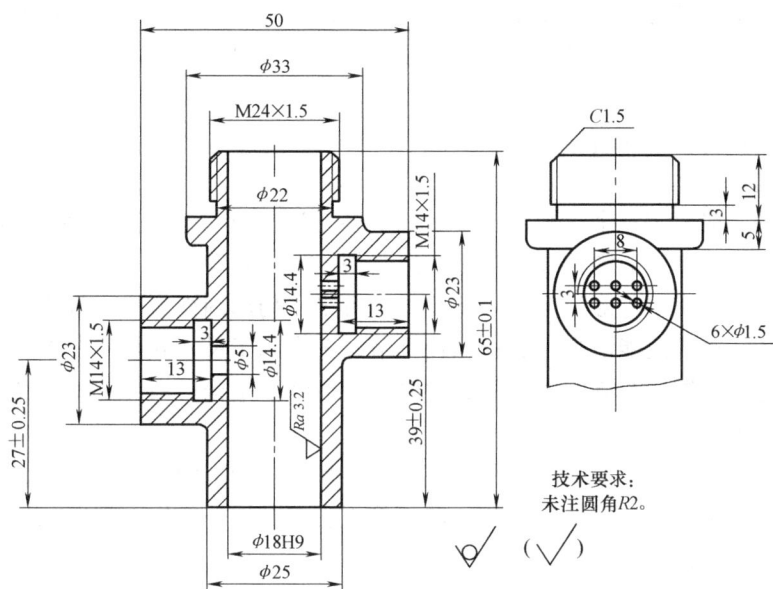

图 14-13　阀体座

14.2　绘制复杂的零件图

　　本节将在上一节的基础上，增大读图和绘图难度，介绍更加复杂的零件图（图 14-14）的绘制方法。复杂零件图的绘制与简单零件图类似，只是线、圆更多了，最重要的是读图难

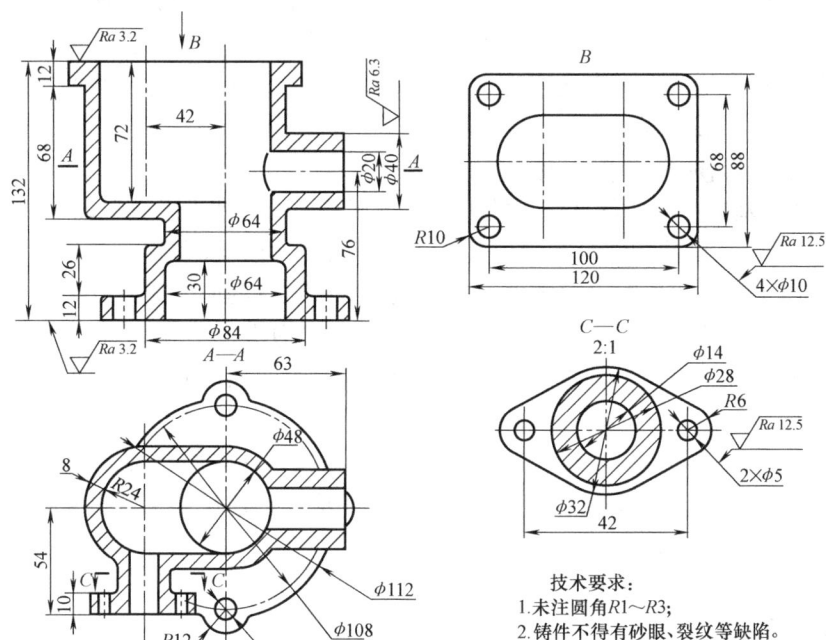

图 14-14　复杂零件图示例

度加大了，需要更多精力去分析投影关系，有些图甚至有更多的相贯线。这就要求绘图者要有足够的基础和耐心，通过大量的练习，养成良好的绘图习惯，以便更快、更准确地完成复杂零件图的绘制。

14.2.1　典型零件图的画法

1. 轴套类零件

这类零件图一般只用一个主视图来表示轴上各轴段长度、直径及各种结构的轴向位置。轴按水平放置，与车削、磨削的加工状态一致，便于加工者看图。

实心轴主视图以显示外形为主，局部孔、槽可采用局部剖视表达。键槽、花键等结构需画单独的断面图，这样既能清晰地表达结构细节，又有利于尺寸和技术要求的标注。当轴较长时，可采用断开后缩短绘制的画法。必要时，有些细节结构可用局部放大图表达。

2. 轮盘类零件

这类零件图一般将过中心线的全剖视或取旋转剖的全剖视图作为主视图，中心轴线水平放置，与车削、磨削时的加工状态一致，便于加工者看图。一般用侧视图表达孔、槽的分布情况。某些局部细节需用局部放大图表达。

3. 叉架类零件

这类零件图一般将最能表示零件结构、形状特征的视图作为主视图。因形状复杂，仅用基本视图往往不能完整表达真实形状，所以常用斜视局部视图和斜剖等表达方法来表达。对肋结构用断面图表示。当连杆类零件较长时，可采用断开后缩短绘制的画法。

4. 箱体类零件

箱体类零件一般较为复杂，为了完整地表达其复杂的内部结构、外部结构和形状，所以采用的视图较多。主视图以能反映箱体工作状态以及结构、形状特征作为出发点。

箱体类零件的功能特点决定了其结构和加工要求的重点在于内腔，所以大量地采用剖视画法。一般以把完整孔形剖出为原则，当多个孔不在同一平面时，要使用局部剖视、阶梯剖视和复合剖视表达。为了达到表达完整、减少视图数量的目的，可适当地使用虚线，但要注意不可多用，且需容易理解。

14.2.2　标注零件图的注意事项

1）合理选择基准：根据基准作用的不同，可把零件的尺寸基准分成以下两类：

① 设计基准：在设计零件时，为保证功能、确定结构形状和相对位置所选用的基准。用作设计基准的大多是工作时确定零件在机器或机构中位置的面、线或点。

② 工艺基准：在加工零件时，为保证加工精度和方便加工、测量而选用的基准。用作工艺基准的一般是加工时用作零件定位、对刀起点及测量起点的面、线或点。有时工艺基准和设计基准是重合的。

2）功能尺寸应从设计基准直接注出。功能尺寸是指直接影响机器装配精度和工作性能的尺寸。这些尺寸应从设计基准出发直接注出，而不应用其他尺寸推算出来。

3）避免出现封闭尺寸链。

4）应尽量方便加工和测量。

14.2.3　例题解析

图 14-14 所示的零件图的绘制步骤如下：

1）先绘制主、俯视图的中心线，然后根据尺寸绘制底座的俯视图，完成 $R3mm$ 的倒圆，并剪切，结果如图 14-15 所示。

2）将俯视图中的小圆和圆弧进行环形阵列，并剪切，结果如图 14-16 所示。

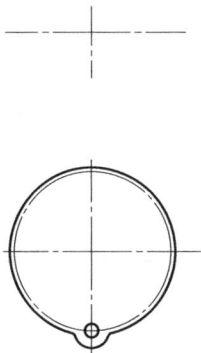

图 14-15　绘制底座圆

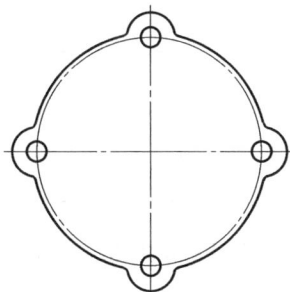

图 14-16　阵列图

3）利用主、俯视图宽相等的对应关系，绘制主视图上的底座部分。例如，绘制底座高度为 12mm 的部分，可以先选择直线命令，在俯视图上选取 R12mm 的圆弧与中心线的交点，然后将鼠标上移，选取与主视图水平线的交点，单击"确定"按钮，结果如图 14-17 所示。再将鼠标上移，绘制长度为 12mm 的直线，结果如图 14-18 所示。

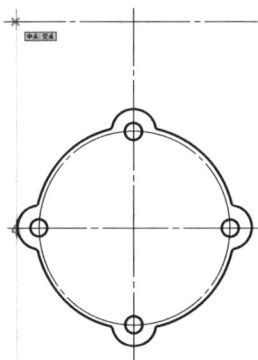

图 14-17　确定主视图位置

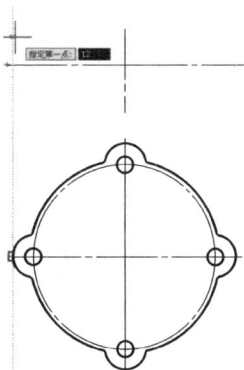

图 14-18　绘制主视图 12mm 的直线

4）采用步骤 3）中的方法，将底座孔对应的主视图结构绘出，并将底座上表面对应的直线绘出，结果如图 14-19 所示。

5）根据主视图的尺寸画直线，并进行倒圆角，结果如图 14-20 所示。

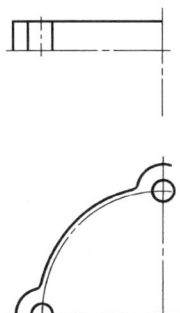

图 14-19　主、俯视图对应

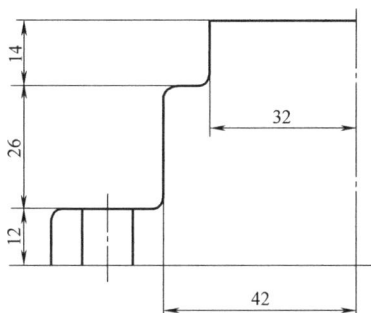

图 14-20　绘制主视图外轮廓并倒圆角

6）在主视图中绘出内轮廓所对应的直线，并进行倒圆角，结果如图 14-21 所示。

7）选择镜像命令，将图形镜像，结果如图 14-22 所示。

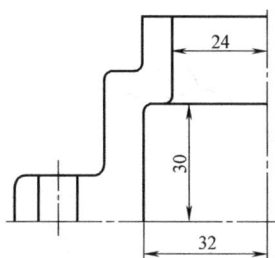

图 14-21　绘制主视图内轮廓并倒圆角

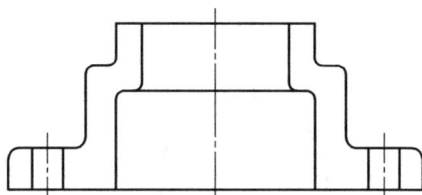

图 14-22　镜像

8）根据主视图两中心线距离 42mm，选择偏置命令绘制中心线，再根据俯视图中圆弧半径 $R24$mm 和距离 8mm，在俯视图中画圆，并作 $R32$mm 圆的公切线，结果如图 14-23 所示。

9）将步骤 8）中的多余线段剪切或删除，并采用长对正、高平齐的方式捕捉线段的起点，绘制主视图，结果如图 14-24 所示。

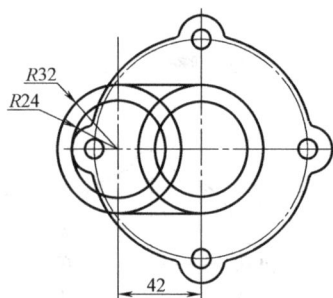

图 14-23　绘制俯视图

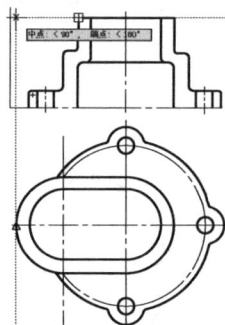

图 14-24　对应绘制主视图

10）根据尺寸 132mm 作出最顶端直线，根据 B 向视图作出尺寸为 12mm 的直线，再按照长对正作出长为 72mm 的直线，并进行倒圆角，结果如图 14-25 所示。

11）捕捉线段 AC 的中点，将主视图左边部分相对于该点镜像，根据尺寸 76mm 和 63mm 作出 D 处凸台轮廓，交点处倒 $R1 \sim R3$mm 的圆角（根据技术要求），相贯线用样条曲线或圆弧作出，结果如图 14-26 所示。

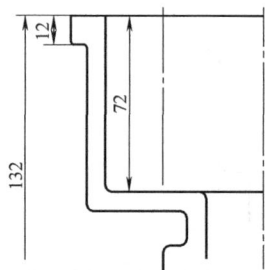

图 14-25　与向视图结合绘图

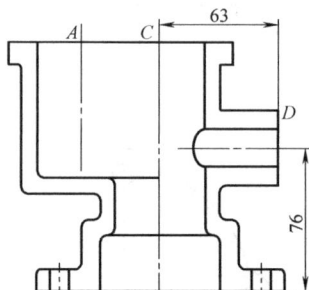

图 14-26　绘制主视图凸台

12）复制 *D* 处凸台至俯视图，结果如图 14-27 所示。

13）按照 *C*—*C* 剖视图中的尺寸绘制俯视图凸台，结果如图 14-28 所示。

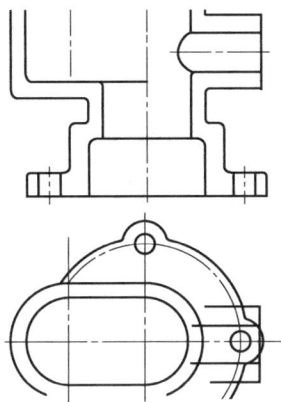

图 14-27　复制凸台

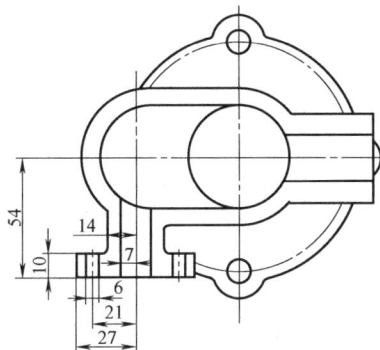

图 14-28　绘制俯视图凸台

14）按照给定尺寸绘制 *B* 向视图和 *C*—*C* 剖视图。选择缩放命令，将 *C*—*C* 剖视图放大一倍（图 14-29）。整理各视图（修剪、移动、倒角等），绘制剖面线，结果如图 14-30 所示。

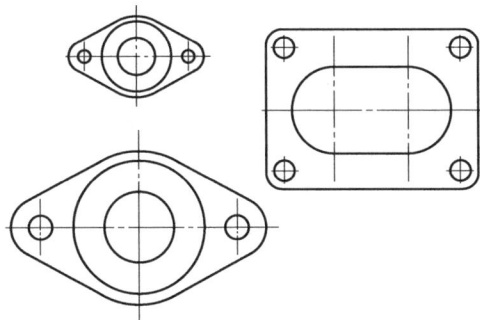

图 14-29　绘制 *C*—*C* 剖视图、*B* 向视图

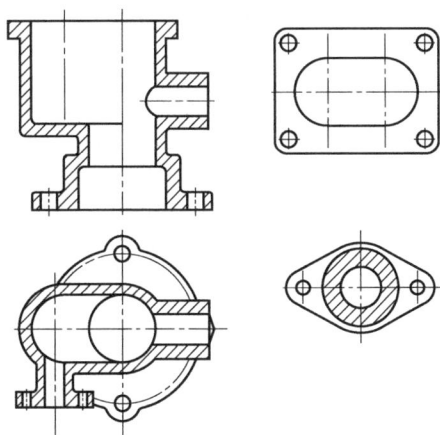

图 14-30　图案填充

15）单击"标注样式管理器"按钮，新建所需标志样式。例如，有些尺寸需要的文字对齐方式为 ISO、*C*—*C* 剖视图需要将主单位改为 0.5 等。用默认和新建的标注样式进行标注。

16）创建表面粗糙度块，并插入。选择引线命令，绘制向视图及表面粗糙度符号处的箭头（图 14-31）。单击多行文字，书写技术要求，完成此复杂零件图的绘制。

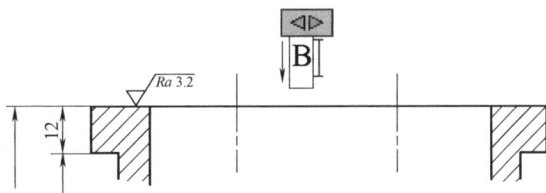

图 14-31　快速引线

14.2.4　习题与巩固

1. 按 2:1 的比例完成图 14-32、图 14-33 所示的零件图。

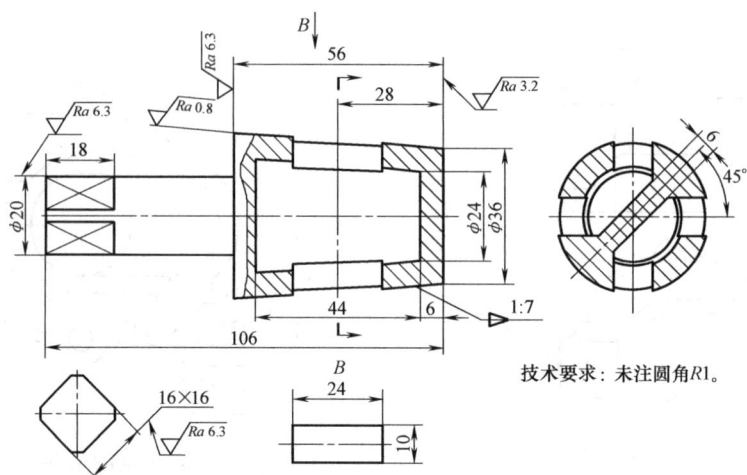

图 14-32　阀杆

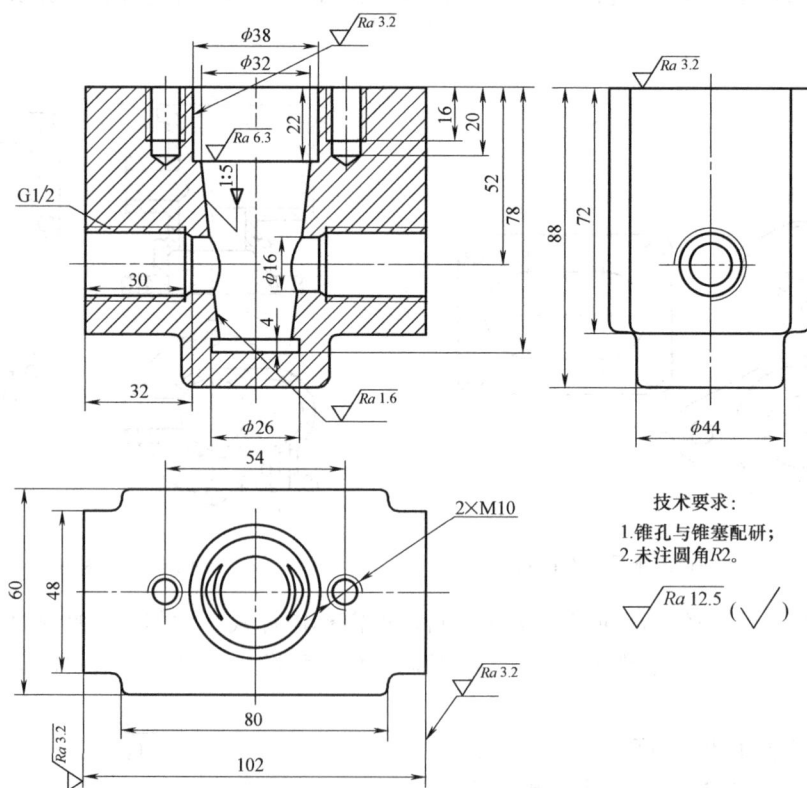

图 14-33　旋阀阀座

2. 按照 1:1 的比例绘制图 14-34 所示的零件图。

3. 按照 2:1 的比例绘制图 14-35 所示的阀体零件。

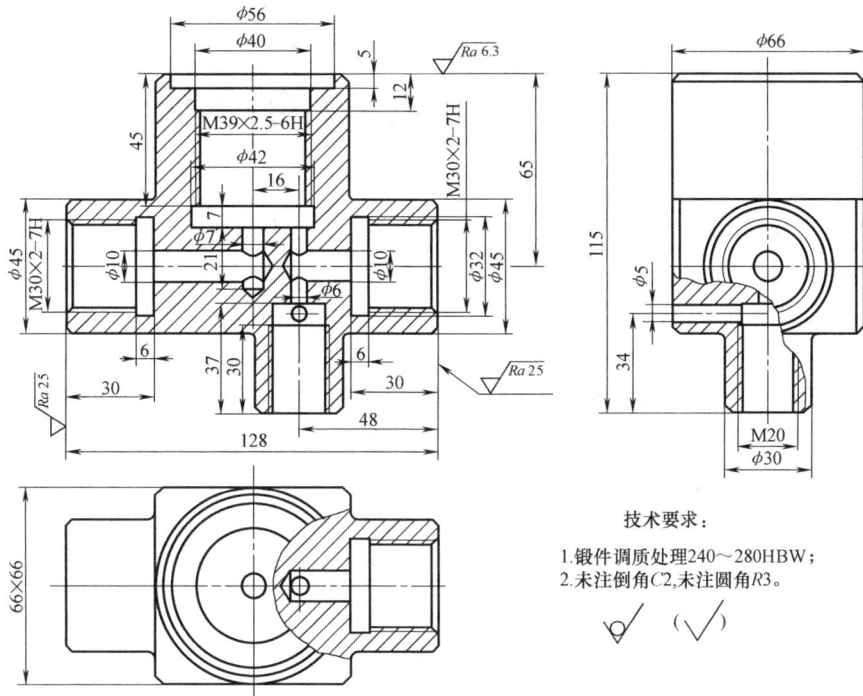

图 14-34 换向阀阀体

技术要求:

1. 锻件调质处理240~280HBW;
2. 未注倒角C2,未注圆角R3。

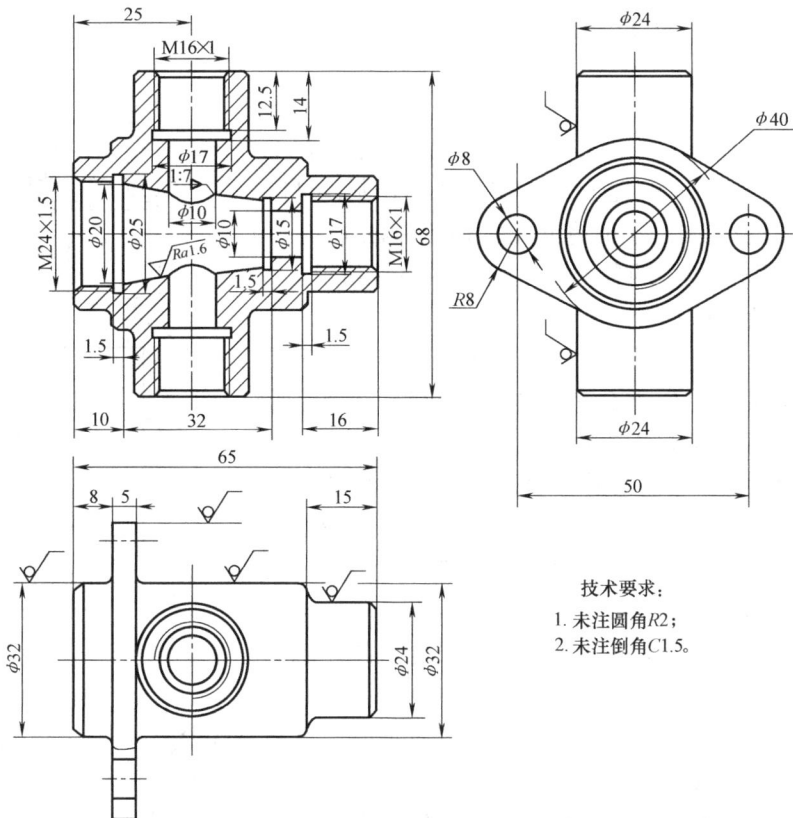

图 14-35 阀体

技术要求:

1. 未注圆角R2;
2. 未注倒角C1.5。

第 15 章　装配图的绘制

表示产品及其部件结构的图样称为装配图。装配图要表达各个零件之间的相互位置关系，能清楚地表达产品的工作原理。绘制装配图的前提是读懂图样，通过阅读和分析，了解部件的功用、使用性能和工作原理，弄清各零件的作用和它们之间的相对位置、装配关系和连接固定方式，弄懂各零件的结构形状，了解部件的尺寸和技术要求。零件图和装配图的绘制是相辅相成的，多数产品设计都是从装配图开始，逐个拆分零件图，一个表达清晰准确的装配图是绘制好零件图的基础。有时候也需要把零件图整合为装配图，每个零件图都是绘制装配图不可或缺的组成部分，是分析装配体工作原理的依据。

本章通过千斤顶和溢流阀装配图的绘制，介绍装配图的基本绘制流程和思路。学生应达到如下要求：

1）掌握装配图的内容和绘制流程。

2）掌握绘制明细栏、零件序号指引线的方法，掌握装配尺寸标注及文本填写方法。

3）会绘制中等难度的装配图。

15.1　绘制千斤顶装配图

装配图中的零件多，绘制中经常需要进行修改，手工制图难度很大。AutoCAD 绘制装配图可以把零件绘制在不同的图层，也可制作成块。通过对图层与块的控制，可以较为方便地绘制装配图。本节将介绍如何绘制图 15-1 所示的千斤顶装配图，其中的各个零件图如图 15-2 所示。

15.1.1　装配图的内容

装配图表示装配体的基本结构、各零件相对位置、装配关系和工作原理，是生产中重要的技术文件。一个完整的装配图一般包括以下几个部分：

1）一组视图。一组视图需要表达所有组成部件的零（组）件，反映各零（组）件之间的装配关系；清楚地表达部件的工作原理，包括本部件和其他部件或机座间的装配关系；另外，还需要表达零件的基本结构形状。

2）必要的尺寸：用来表达零件间的配合、部件的安装及部件外形。

3）技术要求：用来说明对装配、安装质量的要求和调试、检测及使用的某些要求。

4）标题栏：用来表示部件的名称、数量及填写与设计和生产管理有关的一些内容。

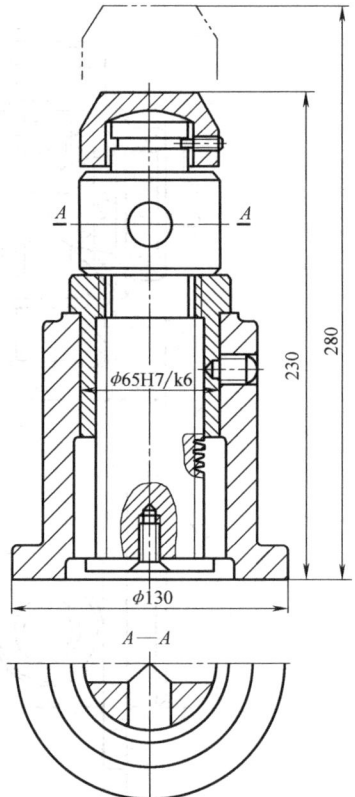

图 15-1　千斤顶装配图

技术要求：
1.未注圆角R3～R5；
2.调质处理220～240HBW。

制图			螺杆	1	
审核					
			材料	数量	比例

技术要求：
1.未注圆角R3～R5；
2.人工时效处理。

制图			底座	1	
审核					
			材料	数量	比例

制图			挡圈	2	
审核					
			材料	数量	比例

技术要求：
人工时效处理。

制图			螺母	1	
审核					
			材料	数量	比例

制图			顶垫	1	
审核					
			材料	数量	比例

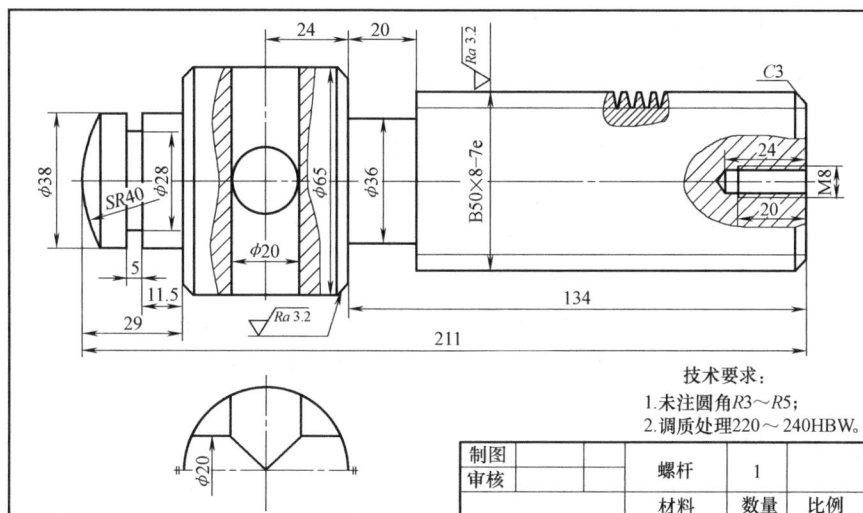

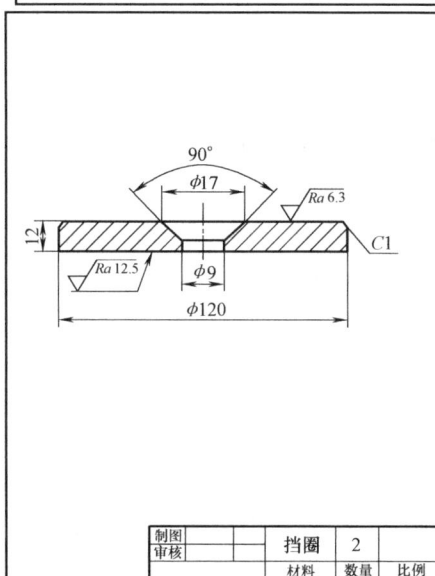

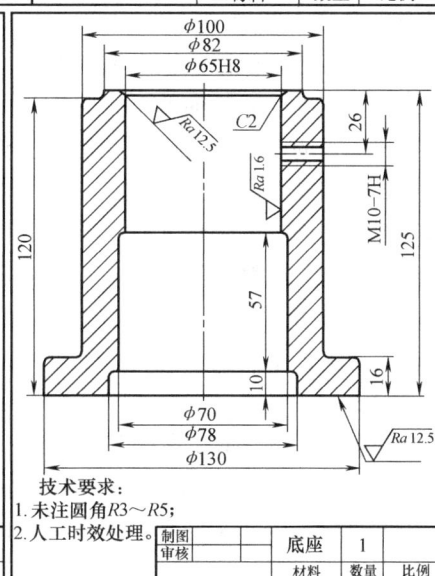

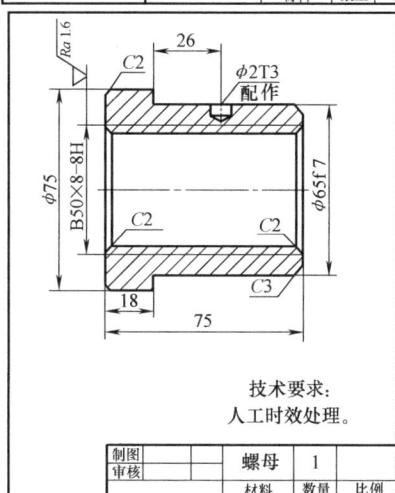

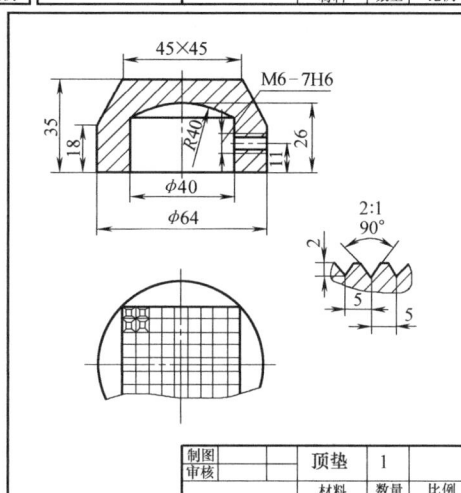

图 15-2　千斤顶的各个零件图

5）零（组）件序号、指引线和明细栏：用来说明各零件的名称、数量、材料及规格等。

15.1.2　装配图的绘制方法

AutoCAD 绘制装配图一般有以下两种方法：

1）根据已有的零件图画装配图。调用已有零件图，可以采用插入块、外部参照、复制、粘贴及分解等工具，按一定的装配关系采用搭积木的方法进行拼凑，然后再对对象进行编辑、修改、标注尺寸以及书写文字（标题栏、明细栏、技术要求等）。

2）采用绘制零件图的方法画装配图。

若没有现成的零件图，或者直接绘制装配图，就需要像绘制零件图一样，先绘制出基准线、中心线，再绘制已知线段、圆弧或曲线等，再进行编辑、修改，最后再标注尺寸、编写序号、书写文字和技术要求。

15.1.3　外部参照

需要调用已有的零、部件图时，外部参照可以有效减少绘图时间和存储空间。

1. 外部参照与插入图块的区别

外部图形文件有更新或修改变动时，当前图形文件中的外部参照会立即得到更新。而外部图块文件插入后则不会有任何改动，除非用户去编辑它。

用外部参照插入的图形文件可以在打开文件或打印时重新加载，更新状态；而插入的外部图块与主图的数据库融为一体。

对于用外部参照插入的图形文件，不能删除、修改其中任何一部分；而插入的外部图块则可以分解后进行删除或修剪等编辑，使之更符合装配图的要求。

2. 外部参照的使用

命令的调用方法如下：

1）命令：Xref。

2）菜单："插入"→"DWG 参照"。

执行上述命令后，系统弹出"选择参照文件"对话框（图 15-3），单击"打开"按钮后，弹出"附着外部参照"对话框，如图 15-4 所示。对话框中各选项含义如下：

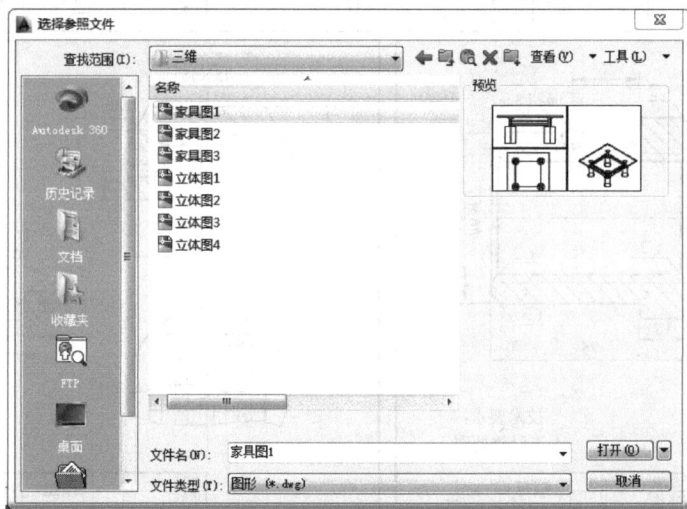

图 15-3　"选择参照文件"对话框

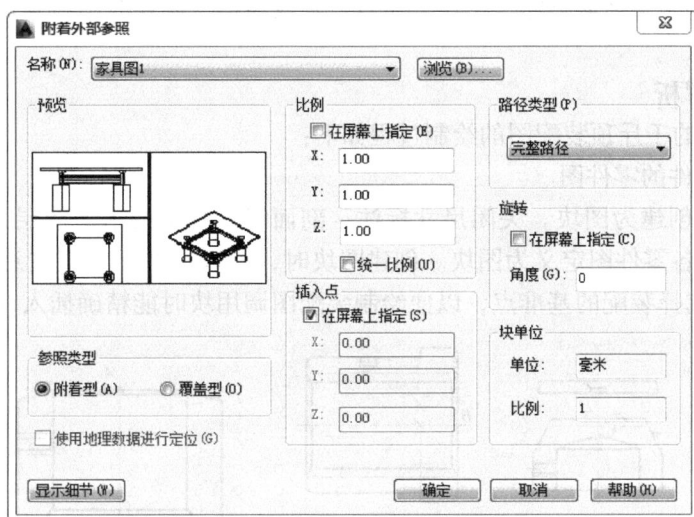

图 15-4　"附着外部参照"对话框

1）名称：显示上一次打开的文件名称，可浏览重新选择文件。

2）路径类型：包括完整路径、相对路径和无路径。

3）参照类型：分为附加型和覆盖型。在图形中附着附加型的外部参照时，如果其中嵌套有其他外部参照，则将嵌套的外部参照包含在内。在图形中附着覆盖型外部参照时，则任何嵌套在其中的覆盖型外部参照都将被忽略，而且其本身也不能显示。

4）插入点：由屏幕指定或在对话框输入插入点的坐标位置。

5）比例：由屏幕指定或在对话框输入 X、Y、Z 方向的比例值。

6）旋转：由屏幕指定或在对话框输入旋转角度。

设置好参数后，单击"确定"按钮插入文件。插入并建立图块时，会冻结标注层、虚线层和点画线层，因此，图块信息量减少，更适合于画装配图。

3. 复制与粘贴

复制和粘贴是绝大多数应用软件都具有的功能，且可以在各个不同的软件之间应用。采用复制和粘贴的方法插入图形，对图形和图层都没有什么要求，也不会改变原图的特性，可以在任何图层上进行。

15.1.4　图块的插入

将零件图绘制好后，每个零件图都可以以图块的形式保存起来。一般可将零件图绘制在不同的图层上，待装配图完成后，打开和关闭相应的图层即生成相应的零件图，这样可分离出零件图，以便对其进行编辑、修改等操作。

画装配图时，调出图块进行插入，再用分解的形式炸开，对其进行删除或修剪等编辑即可。在建立图块时必须注意如下几点：

1）用 Wblock 命令创建外部图块，以便在任何 AutoCAD 文件中都可插入使用。

2）对零件图中不需要的标注和图线，可先冻结其所在的图层。

3）插入时的当前层必须是 0 层，这样才能保证原图上的所有信息不会改变。

为了使零件图块插入到位，在选择插入点位置时，应选择装配关键点。在捕捉状态下捕捉所需点，同时为了整体调整零件图块的位置，建议在插入图块时不将其炸开，待调整到位后再炸开。

15.1.5　例题解析

图 15-1 所示的千斤顶装配图的绘制过程如下：

1）绘制各零件的零件图。

2）将各零件创建为图块。关闭尺寸标注、剖面线、技术要求等图层，而只留下图形，用 Wblock 命令将各零件图定义为图块。创建图块时，拾取点的确定应注意零件间的装配关系，尽可能考虑选择装配的基准点，以便绘制装配图调用块时能精确插入（图 15-5）。

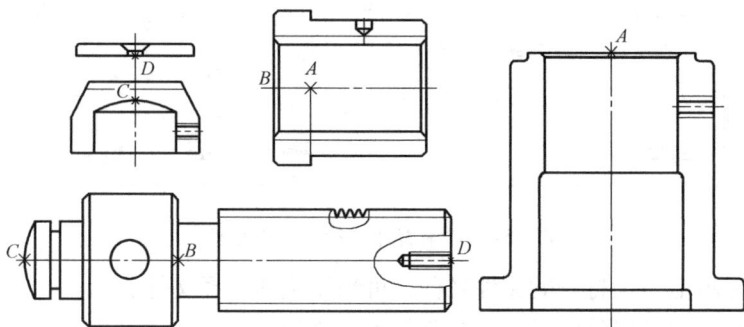

图 15-5　将各零件的零件图定义为图块

3）设置绘图环境。设置图幅、图层、线型、线宽、精确度、文字样式及标注样式等参数，也可以直接调用已设置好的绘图模板，并在图面上的适当位置绘制中心线和装配基准线，为摆放装配零件做准备（图 15-6）。

4）插入各零件图块。单击"插入块"按钮，将底座图块放在中心线的合适位置，如图 15-7 所示。插入螺母图块，将图块顺时针旋转 90°放在主视图中（图 15-8）。插入螺杆

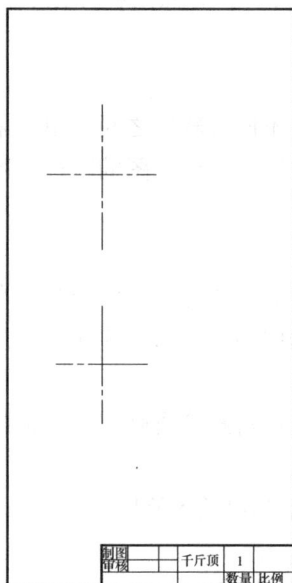

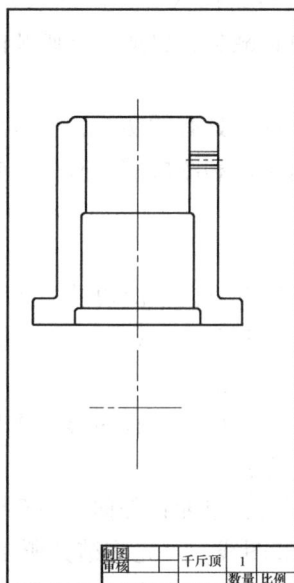

图 15-6　设置图幅　　　　　图 15-7　插入底座图块　　　　　图 15-8　插入螺母图块

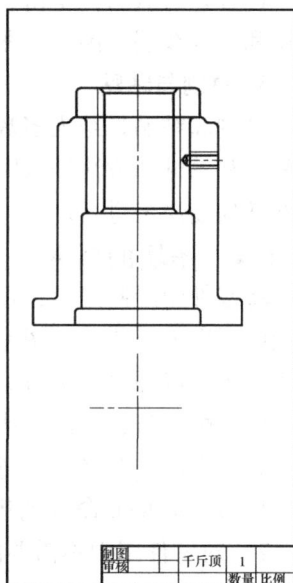

图块，将图块顺时针旋转 90°放在主视图中（图 15-9）。插入顶垫图块，放在主视图中（图 15-10）。插入挡圈图块，旋转 180°后放在主视图中，结果如图 15-11 所示。

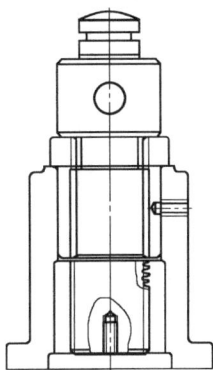

图 15-9　插入螺杆图块　　　　　图 15-10　插入顶垫图块　　　　　图 15-11　插入挡圈图块

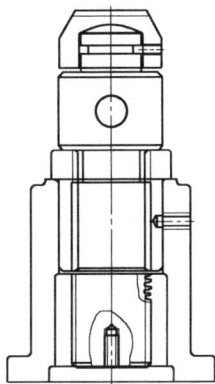

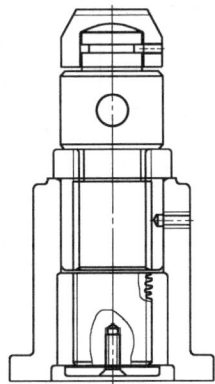

绘制装配图中的三个螺钉，分别是连接挡圈和底座的锥端紧固螺钉 M8mm×16mm、连接底座和螺母的压紧螺钉 M10mm×16mm 以及顶垫和螺杆的压紧螺钉 M6mm×16mm。绘制时，可先在其他空白位置处画出图形，再整体移动到装配图中的相应位置上（图 15-12）。

5）完善装配图。单击"分解"按钮，对主视图进行修整，将被遮挡的部分去掉，将缺少的线条补画上去，并绘制俯视图。在主视图上画出剖切平面的位置，在俯视图上标出视图名称"A—A"，结果如图 15-1 所示。利用"图案填充"命令添加剖面线。注意：相邻件的剖面线方向要相反。对装配尺寸进行尺寸标注，标注完成的尺寸如图 15-1 所示。

6）检查所绘图形。检查时，画面要清洁干净，擦去多余线条，保证图线线型的正确性。

图 15-12　绘制螺钉

如果装配图中的零件图较少，创建图块的意义就不大了。绘制装配图在考试和实际工作中的差距很大，考试的重点是考查绘图的熟练程度，考生需要尽量节约时间，所以装配图中不需要对视图以及尺寸等进行注释。而在实际工作中，图形大多有关联性和连续性，后续工作很有可能需要这些图块，所以，建立图块反而是比较重要的内容。为了使创建的图块更有应用性，创建时要用 Wblock 命令。另外，图块的名称要便于识别，要能反映出所在部件和总装的位置。

利用"设计中心"也可方便地插入零件图：选择"工具"→"设计中心"命令，打开设计中心管理器，显示"设计中心"对话框。在对话框的列表中选中所需图形，同时按住鼠标左键，将被选中图形拖到当前绘图区的适当位置后，松开鼠标左键，此时移动鼠标，在绘图区会显示要插入的图形。

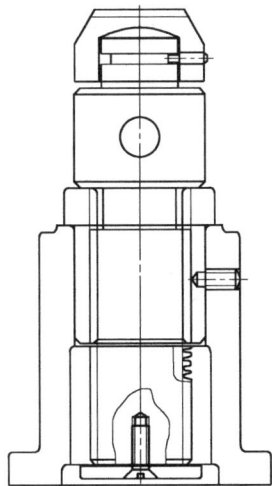

15.1.6　习题与巩固

根据图 15-13 ～图 15-17，参考图 14-35 所示的阀体零件，绘制图 15-18 所示的旋阀装配图。

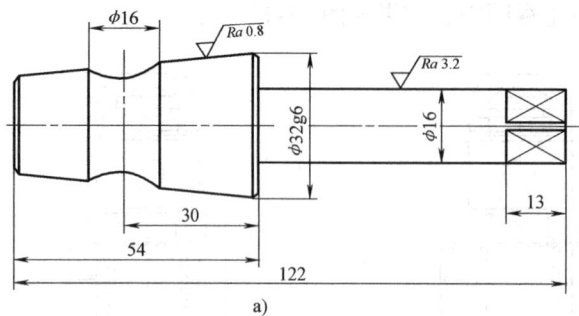

图 15-13　阀杆零件图

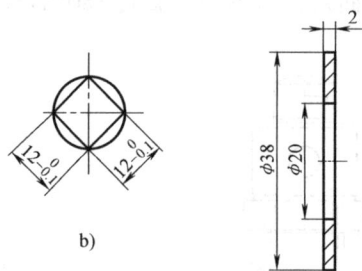

图 15-14　垫圈零件图

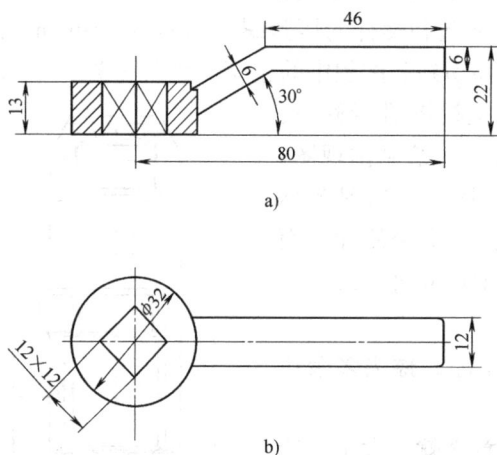

图 15-15　手柄零件图

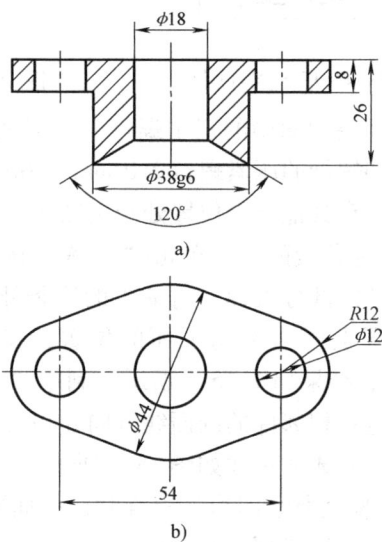

图 15-16　填料压盖零件图

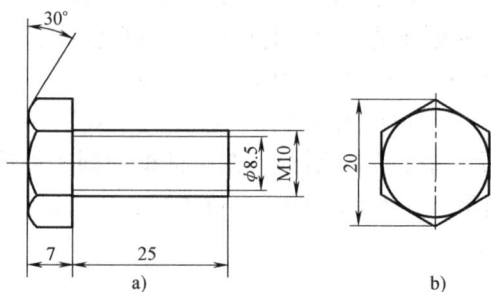

图 15-17　螺栓零件图

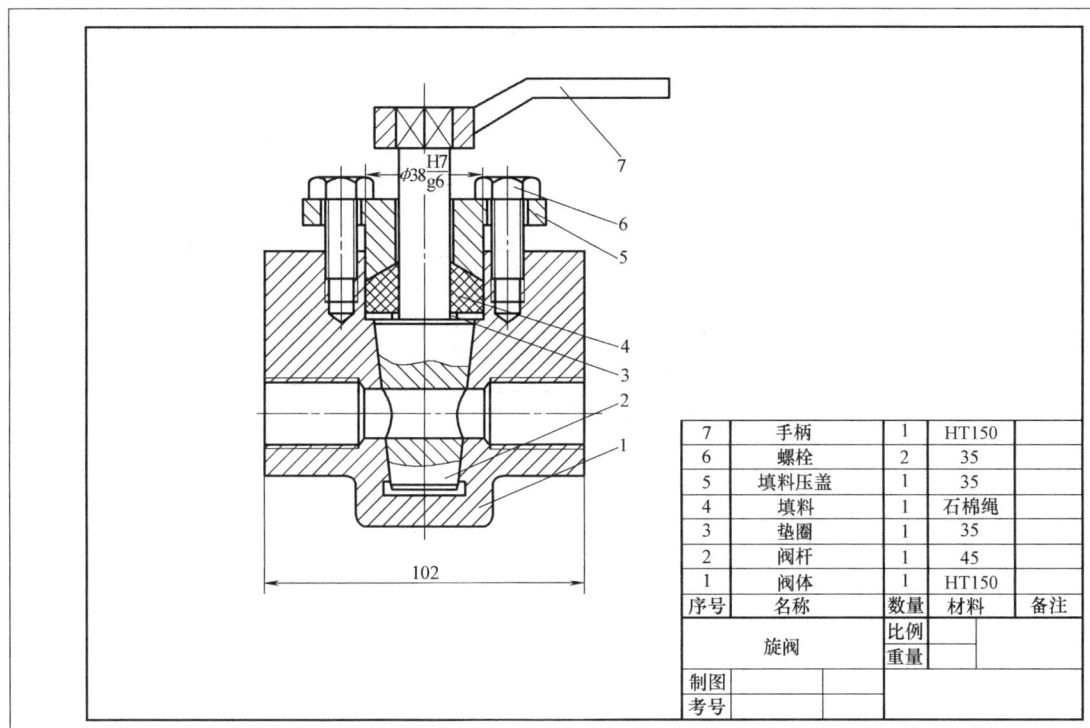

图 15-18　旋阀装配图

15.2　绘制溢流阀装配图

　　本节将绘制图 15-19 所示的溢流阀装配图。画图思路为：先画出图框、标题栏和明细栏，并制作为块。然后根据例题给定零件图（图 15-20 ～ 图 15-25）尺寸绘制各零件图，再以阀体零件图为基本视图，将其他各零件图拾取合理的插入点放置到阀体上。插入时，需要通过旋转、移动等指令，将零件间的相互位置调整后放置，也可将各零件图做成块后再插入。最后标注出必要的尺寸，编注零件序号，并填写明细栏和标题栏、书写技术要求等。

15.2.1　尺寸及技术要求

　　装配图是用来表达装配体中各零部件间的装配关系和工作原理的。尺寸及技术要求是装配图的重要内容，特别是配合尺寸的标注，可以表达零件间的配合关系。

　　1. 尺寸的注写

　　装配图中的尺寸是指装配体的性能规格尺寸、配合尺寸、外形尺寸、安装尺寸等重要尺寸。其中大部分尺寸与零件图的尺寸标注一样，在标注配合尺寸时，需要用多行文本，书写方法参考第 4 章 4.1.3 小节和第 10 章的 10.3.2 小节。

　　2. 技术要求

　　技术要求的书写方法参考 4.1.3 小节。

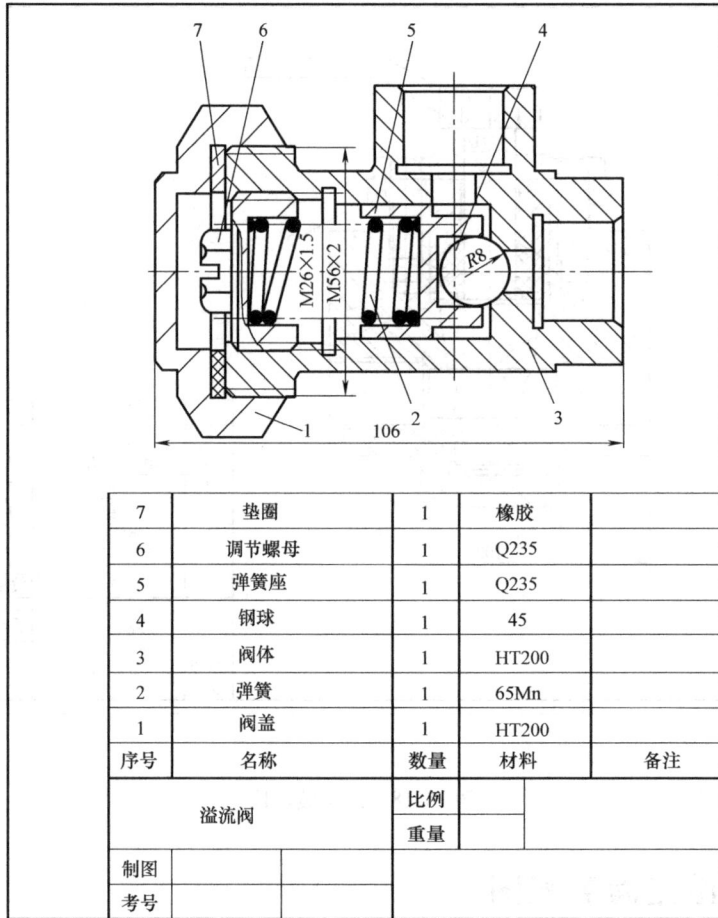

7	垫圈	1	橡胶	
6	调节螺母	1	Q235	
5	弹簧座	1	Q235	
4	钢球	1	45	
3	阀体	1	HT200	
2	弹簧	1	65Mn	
1	阀盖	1	HT200	
序号	名称	数量	材料	备注
溢流阀		比例		
		重量		
制图				
考号				

图 15-19　溢流阀装配图

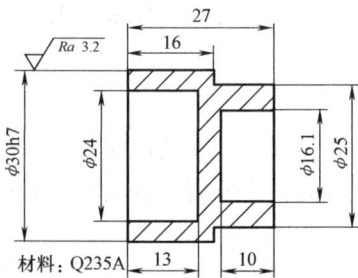

图 15-20　弹簧座零件图

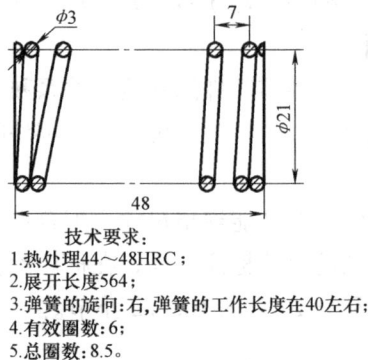

技术要求:
1.热处理44～48HRC;
2.展开长度564;
3.弹簧的旋向:右,弹簧的工作长度在40左右;
4.有效圈数:6;
5.总圈数:8.5。

图 15-21　弹簧零件图

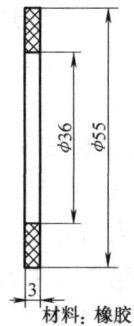

图 15-22　垫圈零件图

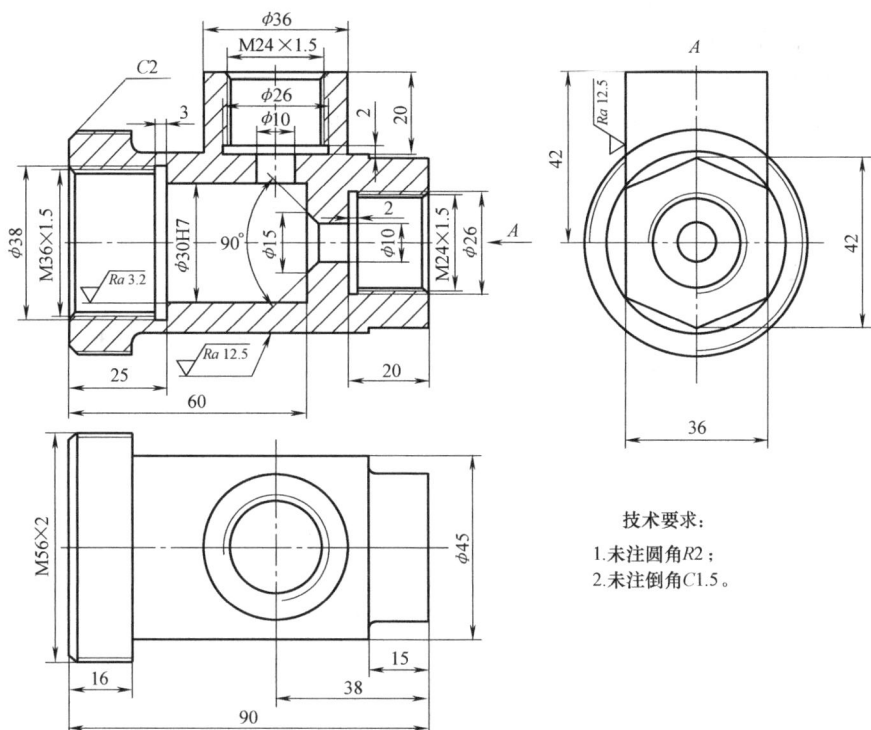

图 15-23　溢流阀阀体零件图

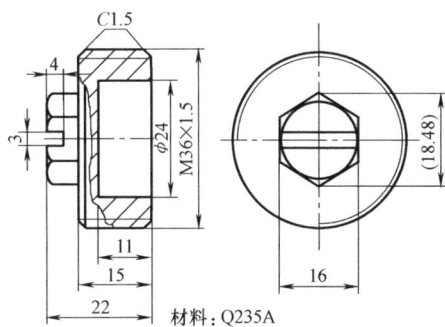

图 15-24　调节螺母零件图

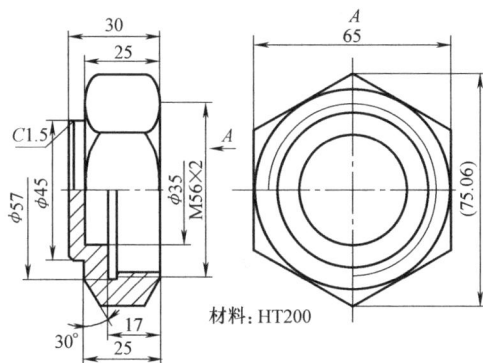

图 15-25　阀盖零件图

15.2.2　指引线及序号编排

指引线及序号编排是装配图的主要内容，用来表示组成装配体的不同零件，需要按照顺时针或逆时针方向依次排列整齐。零件序号应用细实线的指引线从零件上引出，可以使用"标注"工具栏中的"多重引线"来绘制。

多重引线对象通常包含箭头、水平基线、引线或曲线和多行文字对象或块。多重引线可创建为箭头优先、引线基线优先或内容优先。如果已使用多重引线样式，则可以从该指定样式创建多重引线。快速引线的设置可利用下列两种途径实现。

1）单击"多重引线样式管理器" ，弹出如图 15-26 所示的对话框。单击"修改"按钮，在弹出的修改对话框中，单击"引线格式"选项组，将箭头的"符号"由"实心闭合"修改为"点"。在"内容"选项组里，单击"引线连接"选项中的"连接位置-左"按钮，选择"最后一行加下划线"，设置完成后退出。

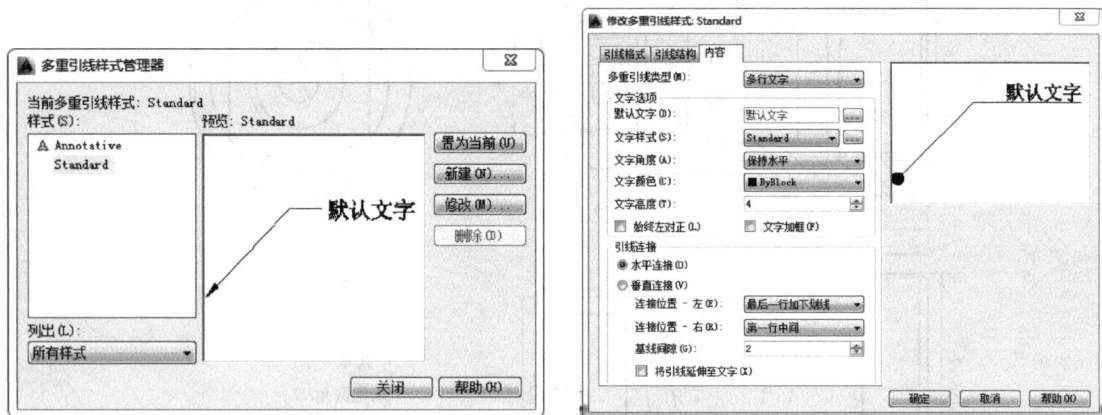

图 15-26　多重引线的修改过程

2）在"标注"菜单栏或"标注"工具栏中单击"多重引线"按钮 ，命令行中的提示："指定引线箭头的位置［或引线基线优先（L）内容优先（C）设置（O）］＜选项＞:"。根据提示，在零件上拾取一点，并将其作为起点位置，拖动鼠标，单击一点为下一点，水平追踪拾取另一点，输入序号如 18，单击确定按钮，完成绘制，结果如图 15-27 所示。

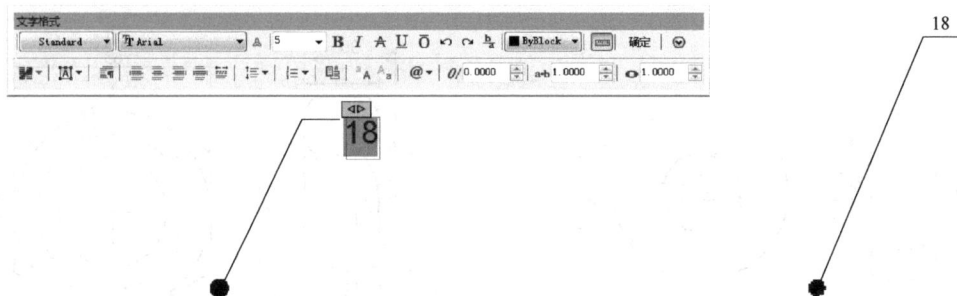

图 15-27　多重引线的使用方法

15.2.3　标题栏及明细栏

标题栏及明细栏也是装配图的重要组成部分。标题栏用来表达装配体的名称、代号等，明细栏表达了装配体各组成零件的名称、序号、代号、材料、数量等。

标题栏及明细栏可采用表格命令（参见第 4 章的例题二），或使用偏移、直线等命令绘制。为了加强通用性，绘制好标题栏和明细栏后应创建成块文件，以备直接调用。

15.2.4　例题解析

图 15-19 所示的溢流阀装配图的绘制过程如下：

1）绘制零件图：绘制各零件图以备用，也可将绘制完的零件图创建为图块，结果如图 15-28 所示。

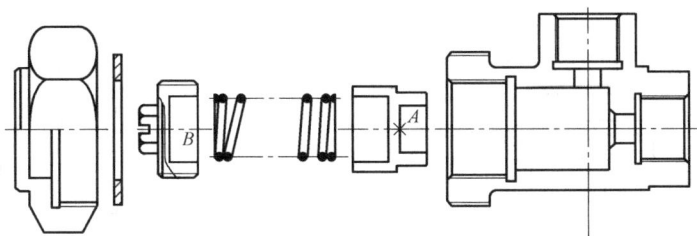

图 15-28　零件图汇总

2）设置绘图环境：设置图幅、图层、线型、线宽、精确度、文字样式、标注样式等参数，并在图面上的适当位置绘制中心线和装配基准线。

3）插入零件图：选取图 15-28 所示的阀体图块作为主视图，采用圆（相切—相切—半径）命令绘制半径为 R8mm 的钢球，并将多余线段剪切，如图 15-29 所示。

插入弹簧座时，注意基准点 A 的选择。装配时，钢球的最左端与弹簧座 φ16.1mm 孔的左端面对齐，所以，以孔左端面中心点为基准点 A，插入点为钢球的左象限点（图 15-30）。插入后，根据投影关系删除多余图线。若零件图已创建为图块，需要先把图块进行分解再删除图线。在装配调整螺母前，分析其位置。为压紧弹簧，螺母至少应全部旋入阀体内，根据分析，绘制一条辅助线作为插入参考，如图 15-30 中距端面 16.5mm 的点 B 所示。

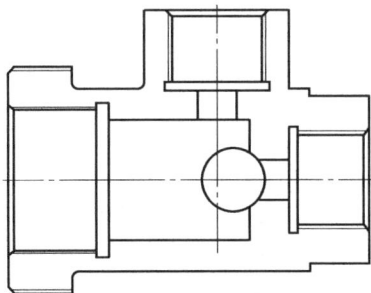

图 15-29　绘制钢球

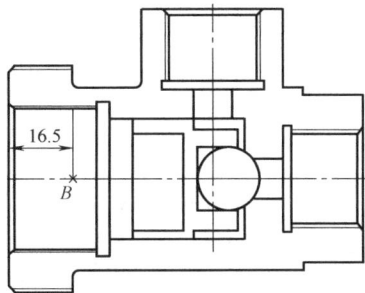

图 15-30　插入弹簧座

插入调整螺母，基准点是右端面中心点，目标点是辅助线与中心线的交点 B。调整后，根据投影关系删除多余图线，结果如图 15-31 所示。

将垫圈装入阀盖。两个零件以中心位置安装，作为一个部件。装入挡圈后，将阀盖改为全剖视图，准备插入到装配图中（图 15-32）。

分析插入位置。当阀体左端面贴紧挡圈后，螺母到达旋紧极限位置，可选择右端面中心点 C 为基准点。在图 15-32 中，已经对阀体进行了修剪，需要补充一条辅助线作为插入点。

以 C 点为基点，以辅助线与中心线交点为第二点，将图 15-32 所示的部件插入到装配图中。测量弹簧的安装空间，以便调整弹簧长度（38.69mm），结果如图 15-33 所示。

安装测量尺寸，调整弹簧长度，以左端中心或右端中心为基准点，插入弹簧零件图，根据投影关系删除被遮挡的部分，结果如图 15-34 所示。

4）完善装配图。选择图案填充命令，给装配图添加剖面线。注意：相邻件剖面线方向要相反。根据装配关系，对装配尺寸进行尺寸标注，如图 15-35 所示。

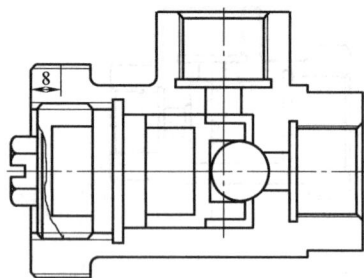

图 15-31　插入调整螺母

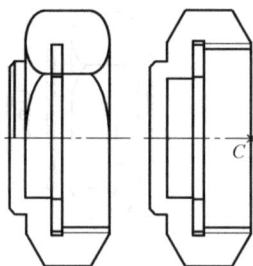

图 15-32　将垫圈装入阀盖

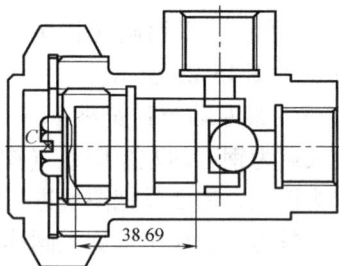

图 15-33　安装螺母

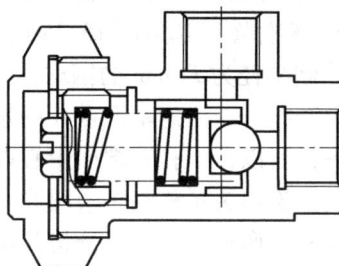

图 15-34　插入弹簧

5）绘制各零件的指引线及序号。注意：各指引线不能相交。各零件序号按逆时针方向由小到大排列，序号的字高可比尺寸标注的字高大一号。绘制好的零件序号如图 15-36 所示。

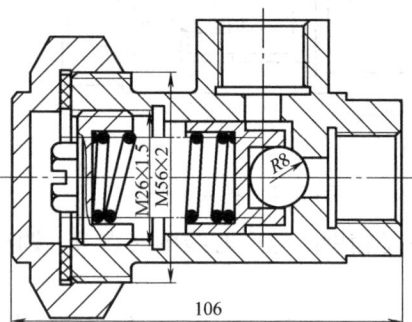

图 15-35　完善装配图

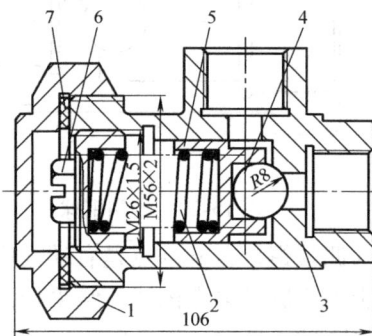

图 15-36　添加序号

6）填写标题栏、明细栏。利用图块插入标题栏和明细栏的表头，画出一个零件的明细表格，其余按照零件数量进行复制或使用矩形阵列进行批量复制。

7）检查装配图。注意图线线型的正确性，擦去多余线条。若无误，则绘制装配图的工作完成。

与上一节相比，本节例题中零件装配的基准点更多、更复杂，需要边绘制边分析。对于装配中的螺纹连接，可以考虑极限位置。为达到安装牢固的目的，一般选择旋紧的极限位置。例题中的弹簧伸缩性较大，因此，对于需要插入弹簧的装配图，可在安装相关零件后，根据安装空间来调整弹簧的长度。

15.2.5　习题与巩固

根据图 15-37 ~ 图 15-42 绘制换向阀装配图（图 15-43）。

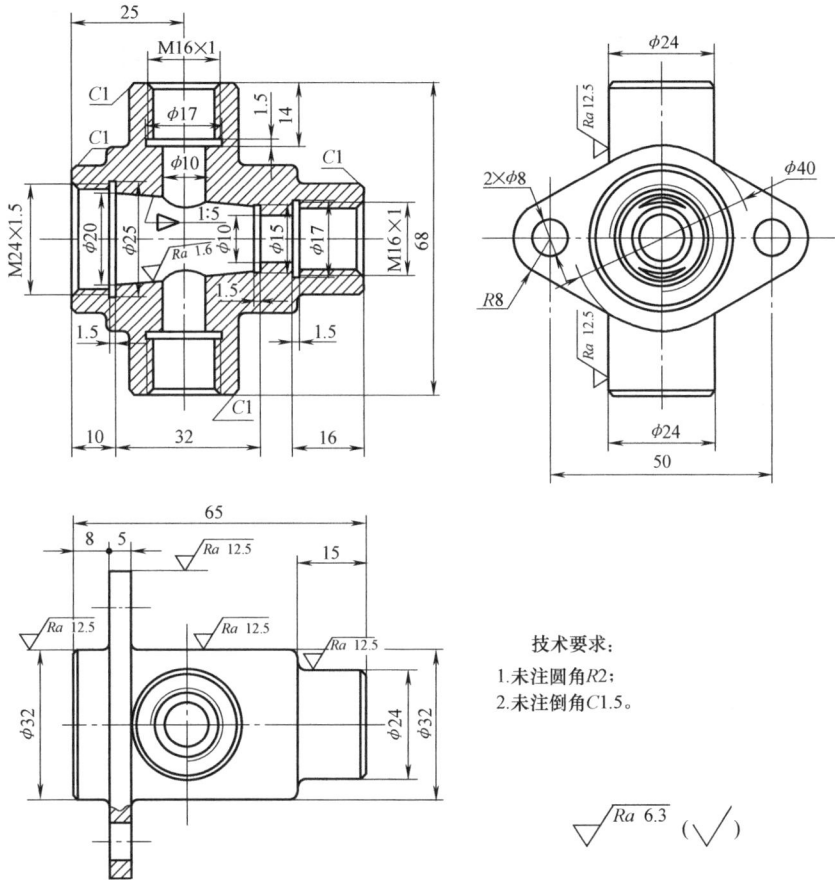

图 15-37　换向阀阀体零件图

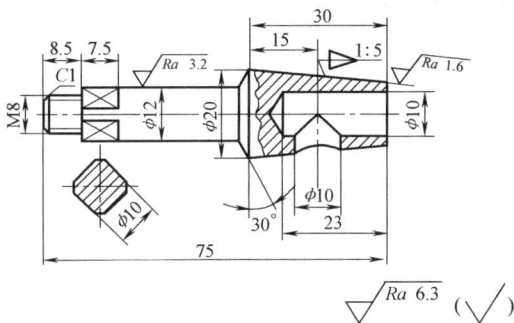

技术要求:
1.未注圆角R2;
2.未注倒角C1.5。

图 15-38　阀杆零件图

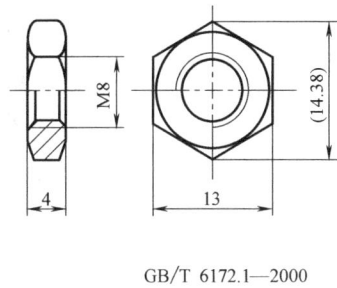

GB/T 6172.1—2000

图 15-39　六角螺母零件图

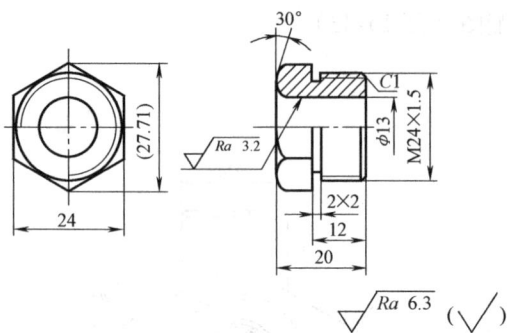

图 15-40 锁紧螺母零件图

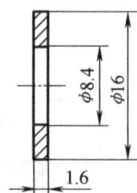

GB/T 97.1—2002

图 15-41 垫圈零件图

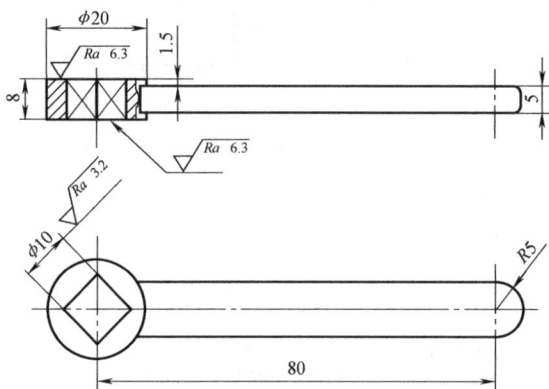

技术要求:
未注圆角R1~R2。

图 15-42 扳手零件图

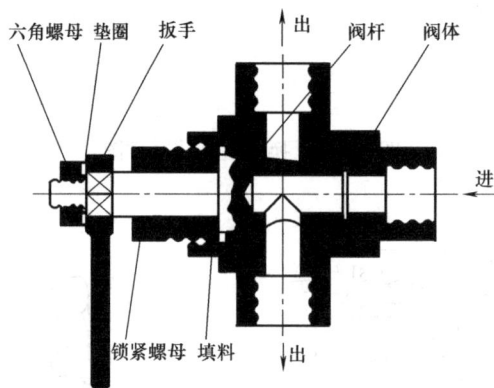

图 15-43 换向阀装配示意图及工作原理

第16章 立体图绘制基础

传统设计是基于二维绘图平面的，而三维造型用于表达物体的立体形状，并已广泛应用在各个行业。AutoCAD 提供了较强的三维图形功能和"三维建模"空间。本章主要介绍基本三维建模命令和方法，学生应该达到如下要求：

1）提高空间想象能力，掌握 AutoCAD 三维建模的基本概念和操作。

2）熟悉调整三维视图和设置合适的视觉样式的方法。

3）重点掌握绘制和编辑三维图形的命令，会绘制简单的立体图。

16.1 三维绘图环境

本节通过图 16-1 所示立体图的绘制，介绍三维建模的基本环境、视图和基本建模命令，并简要介绍立体图的尺寸标注。

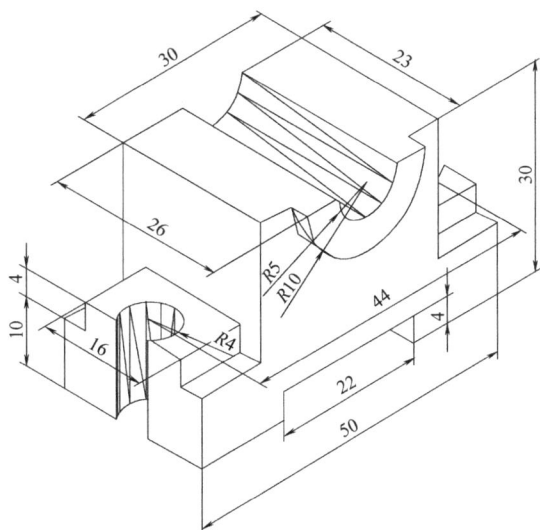

图 16-1 例题图

三维建模所绘制的立体模型可从任意方向观察，也可以剖切实体作为剖面图。与渲染效果相结合，可以更加逼真地模拟真实效果。在三维环境下进行装配，可以直观地检查装配体的组合关系和正确性。

1. 进入三维建模空间

AutoCAD 为三维建模提供了三维工作空间，用户可以通过"工作空间"进入"三维建模"，也可在状态栏上的"切换工作空间"按钮上，单击右侧下拉箭头，在弹出的菜单中选择"三维基础"或"三维建模"。当然，用户也可以在经典界面中创建三维图形，通过选择"西南"等视图进入三维空间坐标系。

2. AutoCAD 的三种模型类型

在 AutoCAD 中，根据创建模型的方式不同，三维模型可以分为三类：线框模型、表面模型和实体模型。三种模型均有自己的创建方法和编辑方法。

线框模型描述的是三维对象的框架。它仅由描述对象的点、直线和曲线构成，不含描述表面的信息。可以将二维图形放置在三维空间的任意位置来生成线框模型，也可以使用 AutoCAD 提供的三维线框对象或三维坐标来创建三维模型。

表面模型比线框模型复杂一些，它不仅定义了三维对象的边，而且定义了三维对象的表面。表面模型由表面组成，表面不透明，且能挡住视线。

实体模型描述了对象所包含的整个空间，是信息最完整且二义性最小的一种三维模型。实体模型在构造和编辑上比线框模型和表面模型更为复杂。用户可以分析实体的质量、体积、重心等物理特性，可以为一些应用分析（如数控加工、有限元等）提供数据。实体模型也以线框形式显示，用户可以通过消隐、着色或渲染进行处理。

3. 用户坐标系 UCS

采用世界坐标系，图形的绘制与编辑只能在一个固定的坐标系中进行，这对绘制三维图形造成了一定的困难。而用户坐标系 UCS 是一个可变化的坐标系，其原点可以是空间任意一点，而且可采用任意方式旋转或倾斜其坐标轴，UCS 的坐标轴方向按照右手定则定义（图 16-2）。

（1）UCS 图标的选择与控制　单击"视图"菜单→"显示"→"UCS 图标"→"特性"命令，弹出"UCS 图标"对话框（图 16-3）。该对话框用于指定二维或三维 UCS 图标的显示及外观。

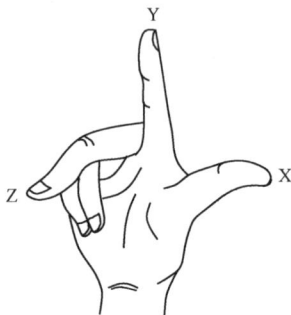

图 16-2　右手定则定义坐标轴正向　　　　　图 16-3　"UCS 图标"对话框

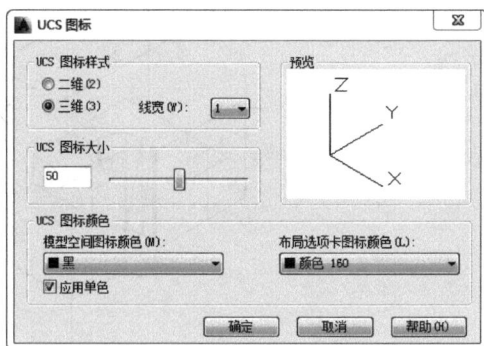

通过"视图"→"显示 USC 坐标"→"开/关"，可以控制 UCS 图标是否显示。

（2）UCS 命令　UCS 命令用于新建或修改当前的用户坐标系、保存当前坐标以及恢复或删除已经保存的坐标系。该命令的调用方法如下：

1）命令：UCS。

2）菜单："工具"→"新建 UCS"。

3）工具栏："UCS"工具条中 按钮（右键单击工具栏，在弹出的菜单中选中该工具条，如图 16-4 所示）。

执行该命令后，坐标系跟随十字光标移动，命令行提示：

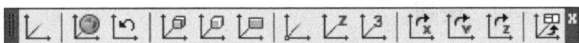

图16-4 UCS工具栏

"指定UCS的原点或[面(F)/命名(NA)/对象(OB)/上一个(P)/视图(V)/世界(W)/X/Y/Z/Z轴(ZA)]<世界>"。

1）指定UCS的原点：保持UCS的坐标轴方向不变，移动UCS的原点到新的位置。

2）面（F）：选择一个三维实体中的平面对象，使新建用户坐标系与之平行。选择实体对象的平面后，有四个选项：接受、下一个（N）、X轴反向（X）和Y轴反向（Y）。其中，"下一个（N）"表示当被选对象为两个平面的交线时，新建坐标系将与另一平面平行；X轴反向（X）表示将用户坐标系X轴翻转180°；Y轴反向（Y）表示将用户坐标系Y轴翻转180°。

3）命名（NA）：按名称保存并恢复通常使用的UCS方向。

4）对象（OB）：选择一个实体对象建立新的用户坐标系。新坐标系的Z轴正方向与所选三维对象的延伸方向一致。

5）上一个（P）：恢复前一个用户坐标系。AutoCAD系统会保存最近设置的10个用户坐标系，因此采用该选项可以重复使用10次。

6）视图（V）：设置一个新的用户坐标系，以原坐标系的原点为原点，使Z轴垂直于当前视图，由右手定则确定X、Y轴正向。

7）世界（W）：表示世界坐标系，该选项为默认选项。世界坐标系是定义所有用户坐标系的基础，不能被重命名。

8）X/Y/Z：使当前坐标系绕用户指定的坐标轴转过一个角度，产生新的用户坐标系。转角可以是正值或负值。正值表示使坐标系按正旋转方向绕指定轴转过一角度，负值则表示使坐标系按相反方向转过一角度。

9）Z轴（ZA）：要求用户指定新坐标系的原点和Z轴的正向。

UCS坐标系可以用"工具"菜单→"命名UCS"或Ucsman命令进行管理。

16.1.1 三维视图的显示

AutoCAD提供多种显示三维图形的方法。

1. 视点

在模型空间中，可以从任何方向观察图形，观察图形的方向叫视点。对于在XY平面上绘制的二维图形而言，为了直观反映图形的真实形状，视点设置在XY平面的上方，使观察方向平行于Z轴。但在绘制三维图形时，用户往往希望能从各种角度来观察图形的立体效果，这就需要重新设置视点。视点设置可以用"视图"菜单→"三维视图"→"视点预置"或"视点"命令进行设置。

2. 视口

视口是屏幕上显示的绘图区域，AutoCAD能把屏幕分成两个或更多独立的视口。系统默认视口为单个视口，在绘制三维图形时，为便于从不同角度观察图形实体，需要进行多视口配置，在屏幕上划分出多个绘图区域。视口命令的调用方法如下：

1）命令：Vports。

2）菜单："视图"→"视口"→在弹出的下拉菜单中选择视口数量。

3）工具栏："视口"→ 📇 按钮。

执行该命令后，AutoCAD 将弹出图 16-5 所示的"视口"对话框。

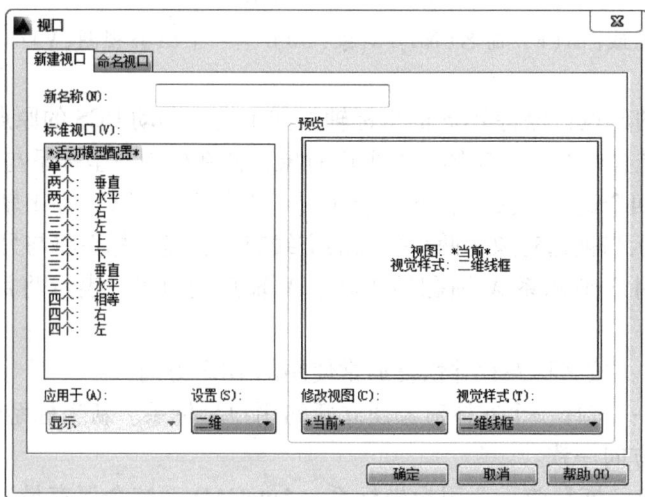

图 16-5 "视口"对话框

若创建图 16-6 所示的视口，方法如下：

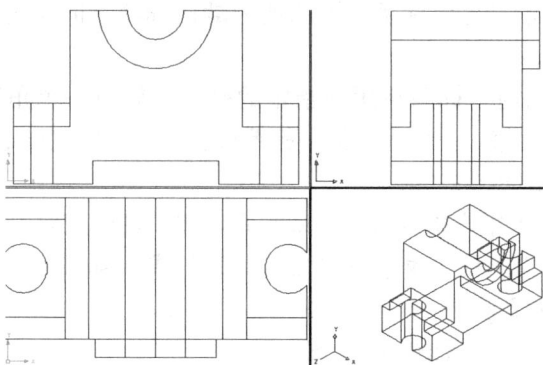

图 16-6 创建四个视口

1）在"视图"菜单中选择"视口"→"新建视口"命令。

2）在"新名称"编辑框中输入视口名称。

3）在"标准视口"列表框中选择视口配置："四个：相等"。

4）在"设置"列表框中选择"三维"。

5）在"预览"框中单击左上角的视口，从"修改视图"列表框中选择主视图。接下来分别在左下角、右上角和右下角的三个视口选择俯视图、左视图和西南等轴测图。单击"确定"按钮关闭对话框。

3. 动态观察、消隐与视觉样式（图 16-7）

（1）动态观察 三维动态观察在建模过程中使用灵活方便。右键单击工具栏，在弹出的菜单中选中"动态观察"工具条，也可通过"视图"菜单进行选择。执行该命令后，图形中会出现三维动态观察器转盘。按住鼠标左键移动光标可以拖动视图旋转，当光标移动到弧线球的不同部位时，可以用不同的方式旋转视图。

图 16-7　动态观察、消隐与视觉样式工具条

（2）图形的消隐　消隐命令用于隐藏面域或三维实体被挡住的轮廓线。命令调用方法如下：

1）命令：Hide。

2）菜单："视图"→"消隐"。

3）工具栏："渲染"→按钮。

执行该命令后，用户不需要进行目标选择，AutoCAD 会检查图形中的每根线。当确定线位于其他物体的后面时，将把该线条从视图上消隐掉，这样图形看起来就更加逼真。当需要恢复消隐前的视图状态时，可采用"重生成"命令实现。图形消隐后不能使用"实时缩放"和"平移"命令。

（3）视觉样式　AutoCAD 提供了二维线框、三维线框、三维隐藏、真实和概念五种视觉样式。

1）二维线框：默认的对象显示方式，用直线和曲线表示对象边界，此时光栅、OLE 对象、线型和线宽均可见。

2）三维线框：用直线和曲线表示对象边界，反白显示。

3）三维隐藏：以三维线框方式显示对象并消隐图形。

4）真实：以着色多边形平面和曲面显示对象，使对象的边平滑化，显示已附着到对象的材质。

5）概念：以着色多边形平面和曲面显示对象，使对象的边平滑化，着色时使用金属质感样式，这是一种冷色和暖色之间的过渡。图 16-8 所示为"隐藏""二维线框"和"概念"三种样式。

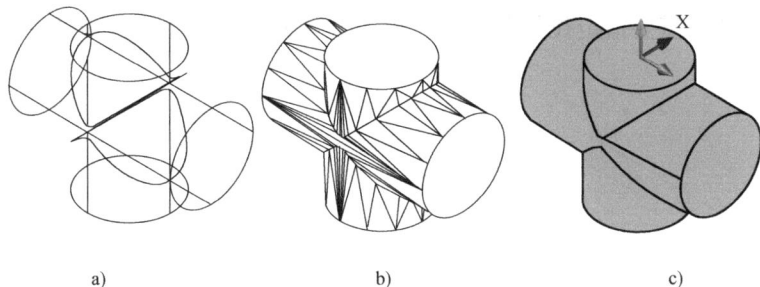

图 16-8　实体的视觉样式
a）二维线框　b）三维隐藏　c）概念

16.1.2　基本建模命令

1. 三维基本体

AutoCAD 除提供命令创建长方体、球、圆锥等实体外，还可通过拉伸、旋转二维对象

以及用实体相加、相减、相交等来创建各类复杂实体。常见的球体、圆锥、圆台、螺旋及圆环等基本实体都可在"建模"工具栏中找到相应的命令（图 16-9）。

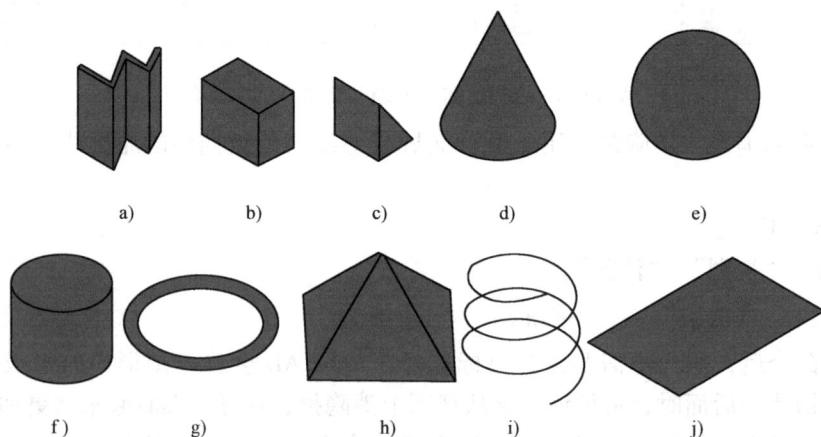

图 16-9　常见的基本实体

a）多段体　b）长方体　c）楔体　d）圆锥体　e）球体
f）圆柱体　g）圆环体　h）棱锥体　i）螺旋　j）平面曲面

2. 拉伸命令和按住并拖动命令

拉伸命令用于将二维的闭合对象沿指定路径或给定高度和倾角拉伸成三维实体。但不能拉伸三维对象、包含块的对象、有交叉或横断部分的多段线和非闭合的多段线。拉伸命令的调用方法如下：

1）命令：Extrude。

2）菜单："绘图"→"实体"→"拉伸"。

3）工具栏："建模"→ 按钮。

在图 16-10a 中，用多段线命令绘制截面图后，选择"建模"工具栏中的拉伸命令按钮 ，单击截面图后，命令行提示：

"指定拉伸的高度或［方向（D）/路径（P）/倾斜角（T）］< -0.1192 >:"，输入拉伸长度并回车。

绘制图 16-10b，需要指定拉伸路径时，输入 P 并回车，再单击多段线。

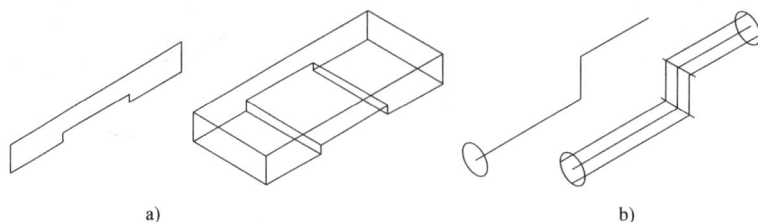

图 16-10　拉伸命令的应用

a）拉伸多段线　b）指定拉伸路径

注意：拉伸对象必须封闭，而且必须是一个对象（如多段线或面域）。如用直线命令绘制图16-10a所示的截面图，只能将其中一条直线拉伸为面，此时，可以通过面域命令将截面中各线创建为面域。编辑多段线命令也可将各线转换或合并为一条多段线，该命令的调用方法如下：

1）命令：Pedit。

2）菜单："修改"菜单→"对象"→"多段线"。

3）工具栏："修改Ⅱ"→ ![] 按钮。

按住并拖动命令与拉伸类似，其区别是：执行该命令时，只需将光标移至封闭区域（无论它是由一个还是多个对象组成），系统会自动分析边界，然后按住鼠标左键不放，就可通过拖动或输入高度创建实体了。另外，拉伸操作后原对象被删除，执行该命令时原对象被保留；拉伸操作只能创建新实体，执行该命令时，如果生成的实体与另一个实体相交，会自动执行布尔差集操作。

3. 旋转

三维的旋转命令用于将闭合的二维对象绕指定轴旋转生成回转实体。二维对象可以是圆、椭圆、圆环、面域、以独立实体出现的封闭的二维多段线和样条曲线。特别注意：截面不能垂直于轴线。旋转命令的调用方法如下：

1）命令：Revolve。

2）菜单："绘图"→"实体"→"旋转"。

3）工具栏"建模"→ ![] 按钮。

图16-11所示实体的绘制过程为：单击"建模"工具栏中的旋转命令，单击左图为对象，在旋转轴线上拾取两点，输入角度值270，完成绘制。

4. 扫掠

扫掠命令可以通过沿开放或闭合的二维或三维路径扫掠开放或闭合的平面曲线（轮廓）来创建新实体（扫掠封闭对象）或曲面（扫掠开放对象）。该命令的调用方法如下：

1）命令：Sweep。

2）菜单："绘图"→"建模"→"扫掠"。

3）工具栏："建模"→ ![] 按钮。

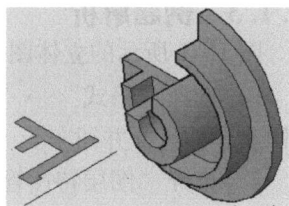

图16-11　旋转命令的使用

图16-12所示为弹簧的绘制过程。单击"建模"工具栏中的 ![] 按钮，命令行提示："选择要扫掠的对象"，单击圆并回车。

"选择扫掠路径或［对齐（A）/基点（B）/比例（S）/扭曲（T）］:"，单击螺旋线并回车，完成弹簧的创建。

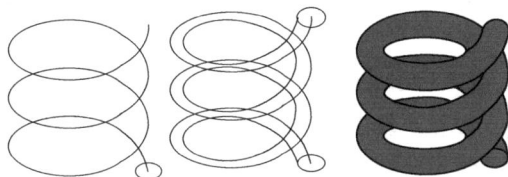

图16-12　扫掠形成弹簧

5. 放样

使用放样命令，可以通过对包含两条或两条以上横截面曲线的一组曲线进行放样来创建三维实体或曲面。该命令的调用方法如下：

1）命令：Loft。

2）菜单："绘图"→"建模"→"放样"。

3）工具栏："建模"→　按钮。

图 16-13 所示的绘制过程为：单击"建模"工具栏中的　按钮，选择四个横截面并回车，从弹出的选项列表中单击"路径"，选择放样路径并回车。

6. 并集与差集

并集、差集的用法详见第 8 章第 3 节的内容，此处只介绍在三维建模中的应用。图 16-14 所示为两个圆柱的并集、差集：单击并集按钮　后，分别选择两个圆柱体，单击右键完成并集操作。单击差集按钮　后，先选择大圆柱体，单击右键或按 Enter 键，再选择横圆柱体，按回车键完成差集操作。

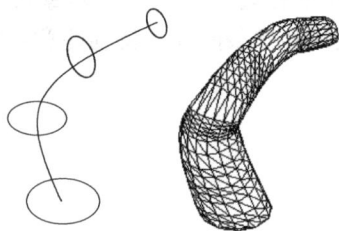

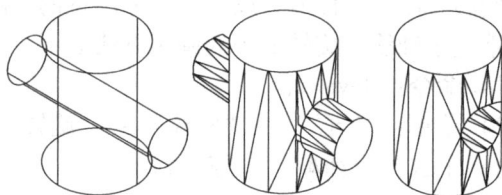

图 16-13　放样　　　　　　　　图 16-14　并集与差集

16.1.3　例题解析

图 16-1 所示的立体图的绘制过程如下：

1）选择"格式"→"图形界限"命令，输入右上角点的坐标（100，100）。输入 zoom 并回车，输入 a 并回车。

2）打开"图层特性管理器"对话框，新建粗实线图层和标注图层。单击状态栏中的"极轴""对象捕捉"和"对象追踪"按钮。

3）右键单击工具栏，在弹出的快捷菜单中选择"视图""建模""视觉样式"和"动态观察"。单击"视图"工具栏的"主视"按钮　。单击"绘图"工具栏中的"多段线"命令，根据图 16-15a 所示的尺寸标注绘制多段线。

4）选择圆命令，捕捉长度为 30mm 的水平直线中点，并将其作为圆心，分别绘制圆 R5mm 和 R10mm，如图 16-15b 所示。选择修剪命令，修剪两圆的上半部分，如图 16-15c 所示。

5）选择直线命令，连接大圆弧两端点 1 和 2；重复直线命令，连接小圆弧两端点 3 和 4，结果如图 16-16a 所示。单击"绘图"工具栏的"面域"按钮　，先选择直线 34 和小圆弧，并将其作为对象，按回车键。命令行提示：

"已创建 1 个面域"。

重复面域命令，将大圆弧和直线 12 创建为面域。

6）单击"视图"工具栏中的西南等轴测视图按钮　。单击"建模"工具栏的拉伸按

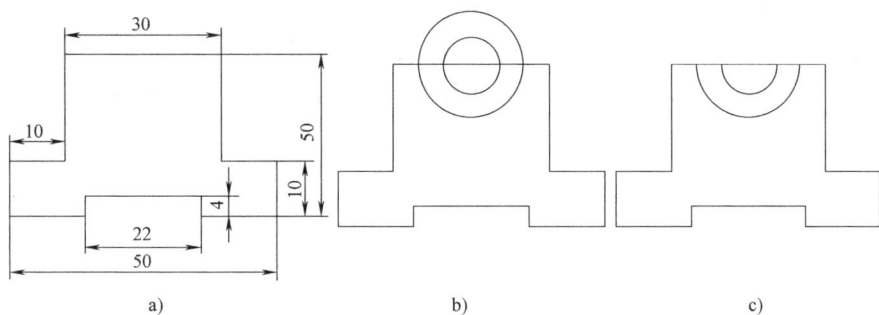

图16-15 绘制多段线
a) 绘制多段线 b) 绘制圆 c) 修剪圆

钮，单击步骤3）所绘制的多段线，并将其作为对象，按回车键后，输入拉伸距离23并回车，如图16-16b所示。继续选择拉伸命令，选择两个半圆弧，按回车键后，输入拉伸距离26并回车，如图16-16c所示。

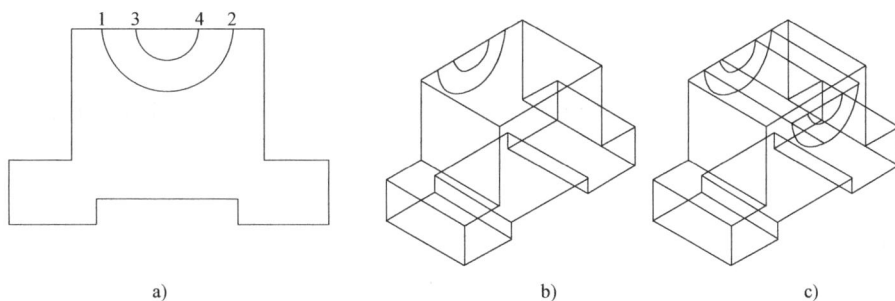

图16-16 拉伸和镜像
a) 创建面域 b) 拉伸多段线 c) 拉伸半圆弧

7）单击"建模"工具栏的"并集"按钮，选择多段线体和大半圆柱，按回车键。单击"差集"按钮，先单击合并后的实体，按回车键后，再单击小半圆柱，按回车键，结果如图16-17a、b所示。

8）单击"视图"工具栏的"俯视"，再单击西南等轴测视图按钮。此时XY平面转换为水平面，如图16-17c所示。

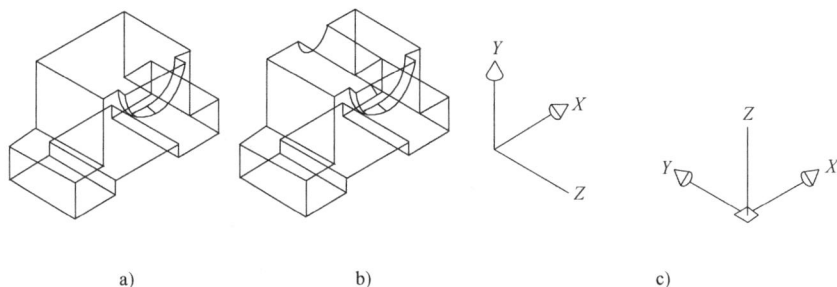

图16-17 实体的编辑
a) 并集 b) 差集 c) 坐标系的变换

9）选择圆命令，用十字光标捕捉底部侧边中点 A，向右滑动鼠标沿 X 方向追踪，输入 3 并回车（图 16-18a），从而确定圆的圆心，输入半径 4 并回车，绘制圆。采用步骤 5）中的方法，绘制直线并修剪圆，将圆弧与直线创建为面域。绘制长为 10mm、宽为 16mm 的矩形，选择移动命令，捕捉矩形中点 B，并将其作为基点，捕捉 A 点，并将其作为目标点，如图 16-18b 所示。

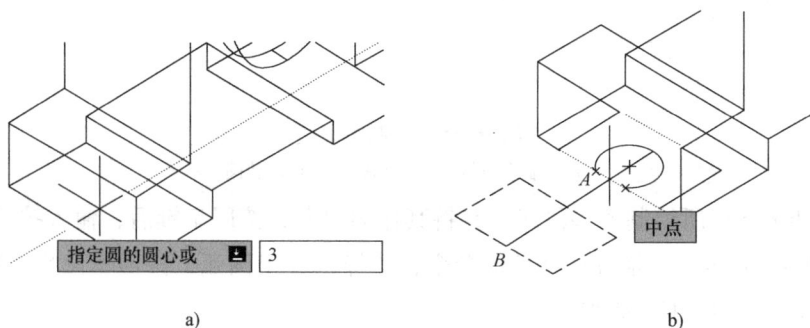

图 16-18　绘制圆与矩形
a）找圆心　b）矩形的绘制及移动

10）单击"建模"工具栏的"拉伸"按钮，单击步骤 9）所绘制的矩形和圆弧，并将其作为对象，按回车键后输入拉伸距离 26 并回车，拉伸立方体和圆柱，如图 16-19a 所示。

11）选择镜像命令，选择步骤 10）中的拉伸实体，捕捉中点 A、B，并将其作为镜像线的两点，按回车键完成镜像，结果如图 16-19b 所示。也可单击"视图"工具栏的"主视"按钮，进行镜像，如图 16-19c 所示，这种方法便于选择镜像点。

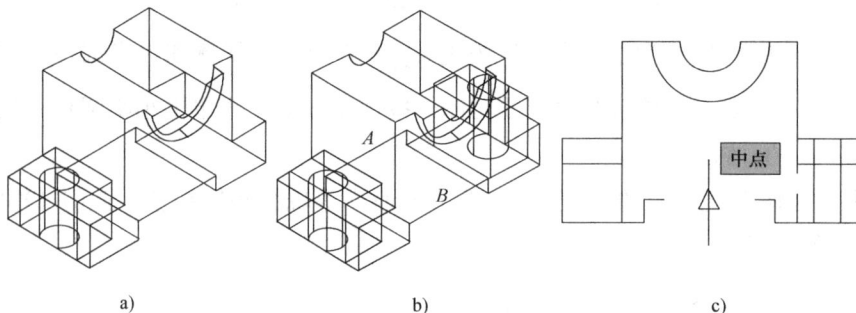

图 16-19　绘制两侧立体
a）拉伸左侧立体　b）镜像立体　c）主视图镜像方法

12）单击"并集"按钮，选择大立体和两侧小立体，按回车键。单击"差集"按钮，先单击合并后的实体，按回车键后，再单击两个小半圆柱，按回车键，结果如图 16-20a 所示。单击"渲染"工具栏的"隐藏"按钮，如图 16-20b 所示。

13）单击"标注样式管理器"按钮，弹出"标注样式"对话框，单击"新建"按钮，新建一种标注样式并置为当前。由于当前水平面为 XY 平面，先标注水平面上的 23mm、

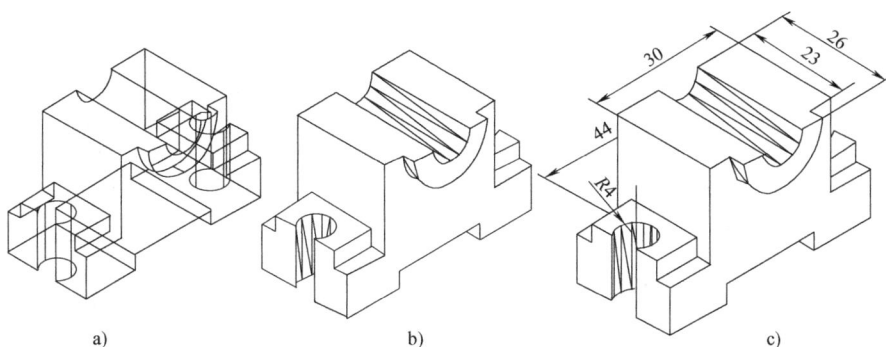

图 16-20　编辑视图和标注尺寸
a）并集和差集　b）消隐图形　c）标注尺寸

26mm 等尺寸，如图 16-20c 所示。标注其他平面时，需要旋转 UCS 坐标系，使 XY 平面放置在该面上。

在三维空间依然可以使用二维绘图命令，所有目标捕捉方式也可以继续使用。但三维环境下只能捕捉三维对象的顶面和底面的一些特殊点，不能捕捉实体侧面的特殊点，因为主体侧面上的竖线只是帮助显示的模拟曲线，而且在三维对象的平面视图中也不能捕捉目标点，因为在顶面上的任意一点都对应着底面上的一点，系统无法辨别所选的点究竟在哪个面上。所以，当在形体的不同表面上创建模型时，就需要用户不断地改变当前绘图面，保证绘图表面是 XY 平面。

16.1.4　习题与巩固

按照给定尺寸绘制图 16-21 ~ 图 16-24 所示的立体图。

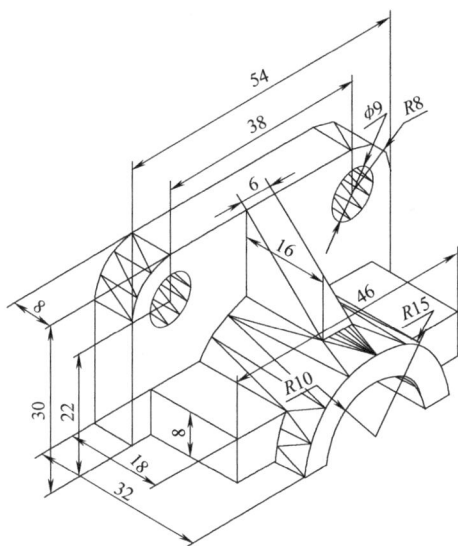

图 16-21　习题图（一）

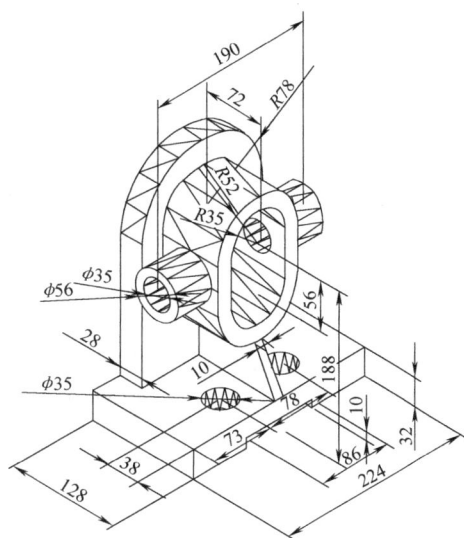

图 16-22　习题图（二）

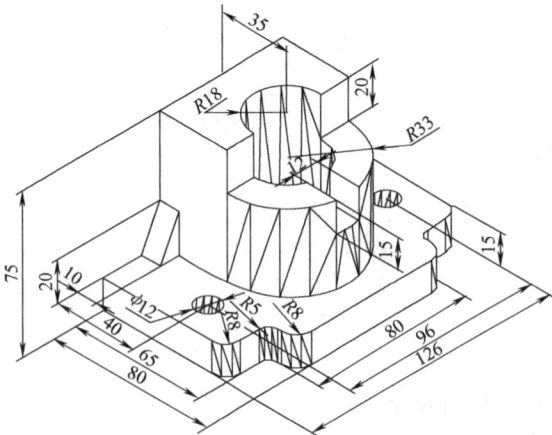

图 16-23　习题图（三）

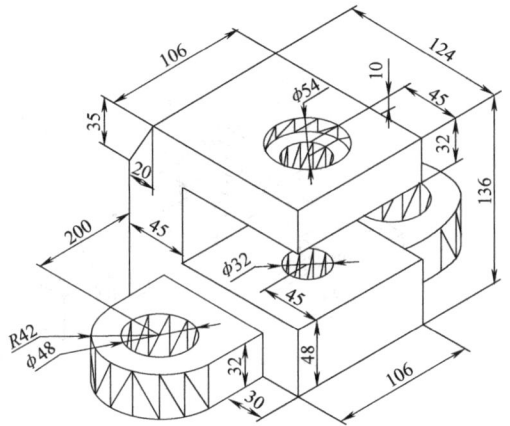

图 16-24　习题图（四）

16.2　绘制鼠标立体图

本节主要介绍如何绘制图 16-25 所示的鼠标立体图。该建模过程需要先绘制底部截面，将截面拉伸为锥台后，与椭球体求交集，再经过抽壳、切槽后完成。

16.2.1　三维操作

1. 实体剖切

用平面把三维实体剖开成两部分，可选择保留一部分或全部保留。

调用实体剖切命令的方法如下：

1）命令：Slice。

2）菜单："修改"→"三维操作"→"剖切" 。

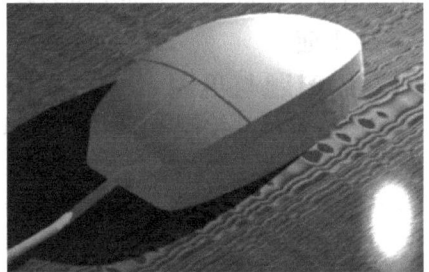

图 16-25　鼠标立体图

命令执行后，命令行提示：

"选择要剖切的三维实体"，选择对象后单击鼠标右键或回车。

"指定切面上的起点或［平面对象（O）/曲面（S）/Z 轴（Z）/视图（V）/XY/YZ/ZX/三点（3）］＜三点＞"，默认选项为三点剖切。

2. 实体干涉

该功能用于查询两个实体之间是否产生干涉，如果存在干涉，用户根据需要确定是否要将公共部分生成新的实体。命令的调用方法如下：

1）命令：Interfere。

2）菜单："修改"→"三维操作"→"干涉检查" 。

3. 其他三维操作

1）三维移动：可以使用"移动夹点工具"，把对象方便准确地移动到指定位置。

2）三维旋转：可使对象绕三维空间中任意轴（X、Y 或 Z 轴）、视图、对象或两点旋转。

3）三维对齐：可以在三维空间中通过移动、旋转或倾斜对象来使该对象与另一个对象对齐。该命令常用于各零件间的组装。

4）三维阵列：可以在三维空间中通过矩形阵列或环形阵列复制对象。

5）三维镜像：以某一平面作为镜像平面镜像复制对象，镜像平面可以通过对象、*Z* 轴、视图、*XY*、*YZ*、*ZX* 平面或指定三点来定义。

6）加厚命令：可以为曲面添加厚度，使其成为一个实体。

7）倒角命令和圆角命令：这两个命令也适用于三维实体。

16.2.2　实体编辑

1）命令：Solidedit。

2）菜单："修改"→"实体编辑"菜单中的相关菜单项。

3）工具栏："实体编辑"工具条（图16-26）中的各按钮，具体功能如下。

图16-26　"实体编辑"工具条

1. 对实体面进行拉伸、移动、偏移、删除和复制等操作

1）拉伸面：可指定高度或沿着已知路径进行拉伸，一次可以拉伸实体的多个面。注意：此命令只能拉伸面，要避免与建模中的拉伸实体命令混淆。

2）移动面：可按指定距离移动选定的面，一次也可以移动实体的多个面。

3）偏移面：按指定距离或通过指定点，将实体的面均匀偏移。输入正值为增大实体尺寸，输入负值为减小实体尺寸。

4）删除面：删除实体上的面，包括圆角或倒角。

5）旋转面：用于绕指定轴旋转实体的一个或多个面，也可旋转实体的某部分。

6）倾斜面：按一定角度将面倾斜，旋转方向由拾取的基点和第二点顺序决定。

7）复制面：主要用于复制实体上的一个面或多个面。

8）着色面：用于改变实体上一个面或多个面的颜色。

2. 对实体边执行压印、着色和复制操作

对实体边执行着色与面操作类似，着色边可以将三维实体边复制为直线、圆弧、圆、椭圆或样条曲线。压印是在实体面上用其他线、面域或另外的实体与之相交的轮廓印上的，附着于实体面上的线。注意：必须使压印对象与选定实体相交。调用压印命令的方法如下：

1）命令：Imprint。

2）菜单："修改"→"实体编辑"→"压印"。

3）工具栏："实体编辑"→ 按钮。

3. 对实体执行清除、分割、抽壳和检查操作

分割命令可将一个组合实体分割为几个独立的实体，分割后各实体保留原图层。

清除命令可删除实体对象上所有多余的、压印的或未使用的边。

检查命令可以检查实体对象是否为有效的三维实体。对有效三维实体进行修改不会导致产生 ACIS 失败的错误信息，若三维实体无效，则不能编辑对象。

　　抽壳是按照指定壁厚将一个实心体中间抽空，实体的各表面同时向内或向外偏移给定壁厚，并且对应相交构成与外形一致的空间。应注意实体的倒角、圆角等表面尺寸，否则会导致抽壳失败。抽壳也可以去除指定表面，即指定该面的壁厚为零。

　　图 16-27 所示的抽壳操作过程为：单击图 16-26 所示工具条中的"抽壳"按钮，单击 *AB* 边，继续单击 *C* 面，回车后，输入抽壳距离值 3 并回车，完成图形绘制。

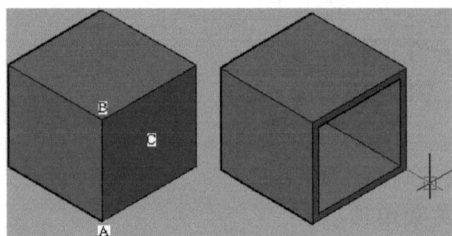

图 16-27　实体抽壳过程

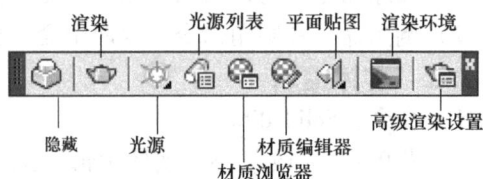

图 16-28　渲染工具条

16.2.3　三维图形的渲染

　　与线框图像或着色图像相比，渲染的图像使人更容易想象三维对象的形状与大小，使设计者更容易表达其设计思想。通过定义表面材质及其反射量，可以控制对象的外观，通过添加光源可获得所需效果。在 AutoCAD 中，调用渲染命令的方法如下：

　　1）命令：Render。

　　2）菜单："视图"→"渲染"中的各子菜单项。

　　3）工具栏："渲染"工具条（图 16-28）中的各个按钮。

1. 快速渲染

　　选择"视图"→"渲染"→"渲染"命令，或"渲染"工具栏中的 按钮，可以在打开的渲染窗口中快速渲染当前视口中的图形（图 16-29）。

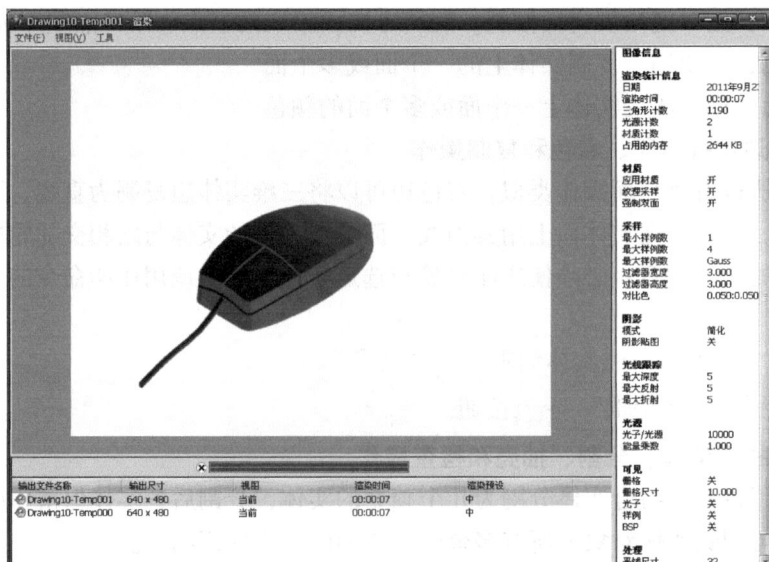

图 16-29　快速渲染窗口

2. 设置光源

在 AutoCAD 渲染过程中，光源设置对于着色三维模型和创建渲染而言非常重要。Auto-CAD 为用户提供了默认光源、自定义光源及阳光等几类光源。

默认光源又称环境光，是默认打开的。使用默认光源时，模型中所有的面均被照亮。一旦用户创建了自定义光源（提示框见图 16-30），默认光源会自动关闭。

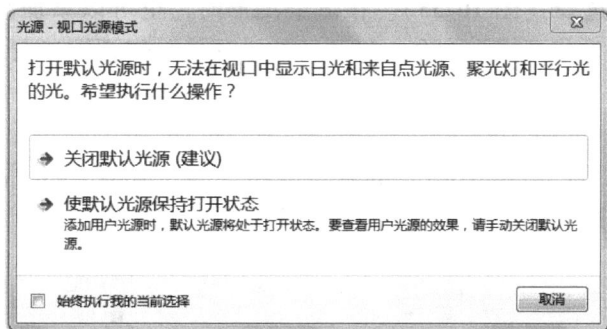

图 16-30　光源-视口光源模式对话框

自定义光源可改善场景的渲染效果，从而使物体看起来更加真实。可选择"视图"→"渲染"→"光源"菜单（图 16-31），新建自定义光源。

阳光是一种类似于平行光的特殊光源。用户为模型指定的地理位置以及指定的日期、当日时间定义了阳光的角度。可以更改阳光的强度和太阳光源的颜色。默认情况下，太阳光源是关闭的。通过选择"视图"→"渲染"→"光源"→"阳光特性"菜单，可打开"阳光特性"选项板，并对其进行设置（图 16-32）。

图 16-31　"光源"菜单

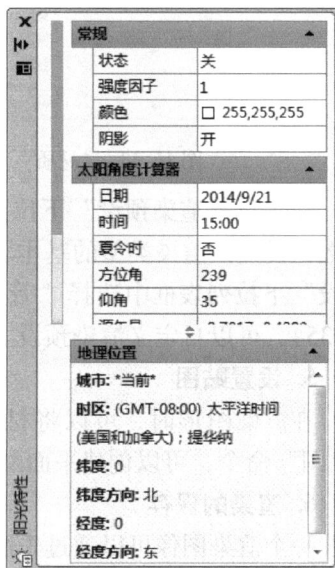

图 16-32　"阳光特性"选项板

平行光源仅向一个单一方向发射相同的平行光束。光束的强度保持恒定，不随距离而改变。使用平行光源时，光源的位置并不重要，其方向是重要的。平行光常用于均匀照亮对象或一个背景及为了得到太阳光的效果。

3. 设置渲染材质和环境

渲染对象时，可以通过为对象赋予材质来改善渲染效果，AutoCAD 提供了一些预先定义的材质库。要为对象附着材质，且该材质已定义在由系统所提供的材质库中，则需要将所需材质输入到图形中，然后才可将其附着于对象。单击"材质"按钮，可打开"材质浏览器"选项板，并进行选择（图 16-33）。在渲染图形时，也可以添加雾化效果，选择"视图"→"渲染"→"渲染环境"命令，打开"渲染环境"对话框，在该对话框中可以进行雾化设置。

4. 高级渲染设置

如图 16-34 所示，在 AutoCAD 中，选择"视图"→"渲染"→"高级设置"命令，打开"高级渲染设置"选项板，可以设置渲染高级选项。

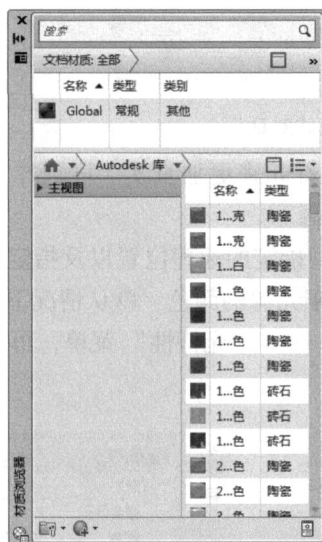

图 16-33　"材质"选项板　　　　　　　　图 16-34　"高级渲染设置"选项板

在"选择渲染预设"下拉列表框中，可以选择预设的渲染类型。选择完成后，可以在参数区设置该渲染类型的基本、光线跟踪、间接发光、诊断、处理等参数。在"选择渲染预设"下拉列表框中选择"管理渲染预设"选项，打开"渲染预设管理器"对话框（图16-35），可以自定义渲染预设。

5. 设置贴图

在渲染图形时，可以将材质映射到对象上，称为贴图。选择"视图"→"渲染"→"贴图"命令，可以创建平面贴图、长方体贴图、柱面贴图和球面贴图。

6. 渲染的保存

一个渲染图像可以通过先渲染到文件或渲染到屏幕，然后保存该图像。重新显示一个已保存的渲染图像所需的时间要远小于建立渲染所需的时间。

16.2.4　例题解析

鼠标立体图的绘制步骤如下：

1）新建文件，保存为"鼠标"，设置绘图环境（如图层、捕捉、对象追踪等）。

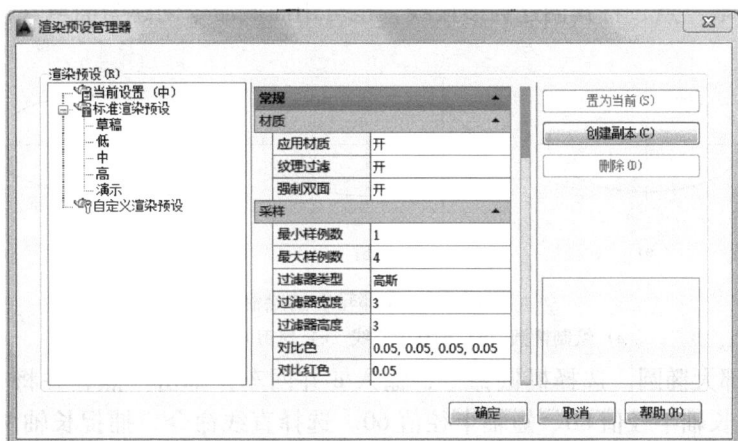

图 16-35　"渲染预设管理器"对话框

2）设置视口与视图。选择"视图"→"视口"→"新建视口"命令，系统弹出"视口"对话框（图 16-36）。在"新名称"编辑框中输入视口名称，在"标准视口"列表框中选择视口配置："四个：左"，在"设置"列表框中选择"三维"。

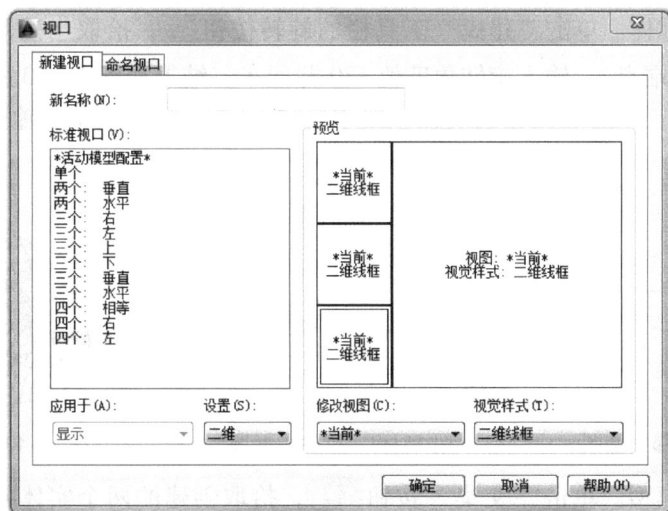

图 16-36　"视口"对话框

3）绘制小椭圆。单击左中视口，在命令行输入 Pellipse 并回车，命令行提示：

"输入 PELLIPSE 的新值 <0>"，输入 1 并回车，定义绘制的多段线为多段线。

选择椭圆命令，输入 c 并回车。单击一点，并将其作为中心点，向右追踪，输入长轴半径值 55、短轴半径值 25。选择中心线图层，选择直线命令，捕捉椭圆的四个象限点，绘制中心线（图 16-37a）。

4）绘制底部轮廓。选择偏移命令，输入偏移距离值 40，拾取短轴中心线，单击左方一点，绘制左端线。选择修剪命令，去除多余的线和椭圆弧（图 16-37b）。选择圆角命令，输入 r 并回车，输入 5 并回车，将左轮廓与椭圆进行圆滑过渡，也可用"相切—相切—半径"命令进行连接。选择"绘图"菜单中的"边界"命令，单击"新建"按钮，选择外轮廓并回车，在内部拾取一点，将其创建为多段线，也可用面域命令创建为面域（图 16-37c）。

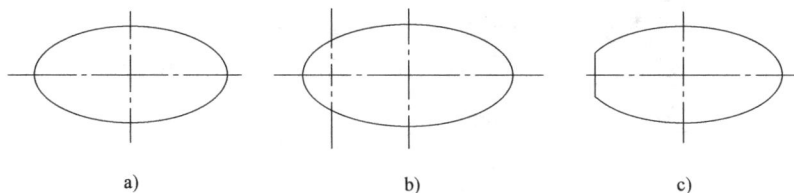

图 16-37　底部轮廓的绘制
a) 绘制椭圆　b) 偏移中心线　c) 修剪并创建为面域

5）绘制底部大椭圆。选择椭圆命令，输入 c 并回车，单击一点，并将其作为中心点，向右追踪，输入长轴半径值 80、短轴半径值 60。选择直线命令，捕捉长轴两个端点，绘制连接线。选择修剪命令，单击连接线并回车，单击上方的大椭圆。选择"边界"，单击连接线和下方椭圆弧，创建为多段线，或创建为一个面域，结果如图 16-38 所示。

6）拉伸小椭圆。单击"西南等轴测"视口。单击"建模"工具栏的拉伸按钮，拾取小椭圆面域，输入高度值 25，输入 t 并回车，输入倾斜角值 5 并回车，输入拉伸高度值 25，结果如图 16-39 所示。

7）创建半椭球体。单击"建模"工具栏的旋转按钮，拾取半椭圆面域，拾取长轴两端点（先拾取右端点），输入旋转角度值 180 并回车，结果如图 16-40 所示。单击左上视口，选择移动命令，选择刚创建的实体，拾取任意一点，向下追踪，输入 35 并回车（图 16-41）。

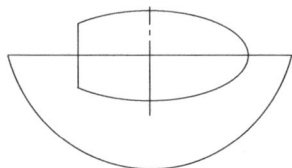

图 16-38　绘制底部大椭圆　　　　图 16-39　拉伸小椭圆　　　　图 16-40　创建半椭球体

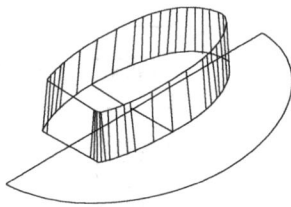

8）创建基本模型。单击"交集"按钮，拾取创建的两个实体并回车，结果如图 16-42 所示。

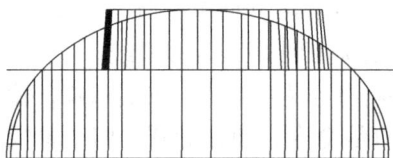

图 16-41　移动半椭球体　　　　　　　　　图 16-42　创建基本模型

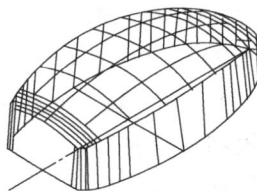

9）绘制第三个椭球体。单击左中视口，选择椭圆命令，输入 c 并回车，捕捉两中心线交点，并将其作为中心点，向右追踪，输入长轴半径值 75、短轴半径值 55。选择直线命令，捕捉长轴两个端点，绘制连接线。选择修剪命令，单击连接线并回车，单击上方的大椭圆。

选择面域命令，单击连接线和下方椭圆弧，创建为一个面域，结果如图16-43所示。

单击"建模"工具栏的旋转按钮，拾取半椭圆面域，拾取长轴两端点（先拾取右端点），输入旋转角度值180并回车，结果如图16-44所示。

10）切割鼠标壳体。单击实体编辑工具条的"抽壳"按钮，拾取内部实体，输入抽壳偏移距离值1并回车，按ESC键退出。单击"动态观察"工具栏中的约束观察按钮，调整观察实体角度，从而可以观察实体底平面。单击实体编辑工具条的"抽壳"按钮，拾取半椭球体，在底平面中心线拾取一点并回车，输入抽壳偏移距离值1并回车，按ESC键退出（图16-45）。

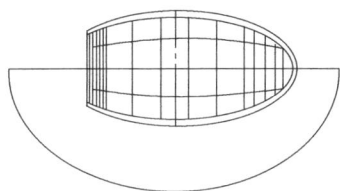

图16-43 绘制第三个椭圆   图16-44 绘制第三个椭球体   图16-45 切割鼠标壳体

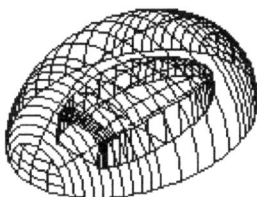

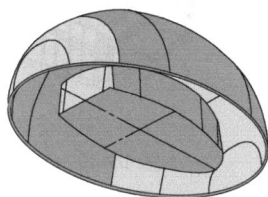

11）创建鼠标上水平槽。单击左上视口，选择移动命令，拾取半椭球体，任意单击一点作为起始点，向下追踪，输入35回车，将半椭球体向下移动35（图16-46）。选择差集命令按钮，拾取小椭球体并回车，拾取大椭球体并回车，从而切出鼠标的水平槽，结果如图16-47所示。

12）绘制辅助线和长方体。单击右视口，单击"视图"工具条的"西南等轴测"按钮，单击"建模"工具条的长方体按钮，分别绘制长为1mm、宽为60mm、高为20mm和长为40mm、宽为1mm、高为22mm的两个长方体（图16-48）。选择移动命令，选择第二个立方体并回车，拾取右上边中点，并将其作为基点，拾取第一个长方体左上边为第二点。选择复制命令，选择鼠标短轴中心线，拾取中点，并将其作为基点，输入第二点相对坐标值@ −10，0，14，绘制一条辅助线。

图16-46 移动半椭球体   图16-47 切割鼠标上水平槽   图16-48 绘制两个立方体

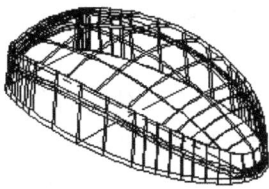

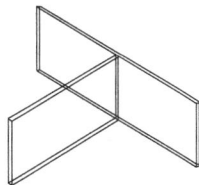

13）绘制左右键选择移动命令，选择两个长方体，单击右上边的中点，并将其作为基点，拾取辅助线中点，并将其作为目标点，定位两立方体（图16-49）。单击实体编辑工具条的"差集"按钮，选择鼠标实体，回车后分别单击两个立方体，从而切出左右键，如图16-50所示。

14）绘制鼠标线。选择直线命令，拾取左端面上下两端点，绘制一条直线。单击UCS工具条的UCS按钮，单击直线中点，并将其作为新原点。单击"样条曲线"按钮，拾取多点，绘制一条样条曲线。选择"修改"→"对象"→"多段线"命令，将样条曲线创建为多段线，如图16-51所示。单击UCS工具条的 按钮（绕Y轴旋转90°），选择圆命令，拾取原点，并将其作为圆心，输入半径值1.5并回车，绘制截面圆。单击建模工具条的拉伸命令按钮，输入p并回车，旋转路径，单击"样条曲线"，拉伸鼠标线，如图16-52所示。

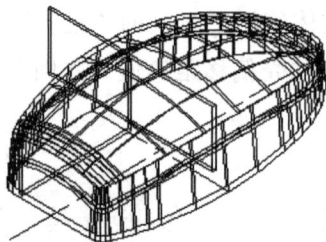

图 16-49　定位两立方体

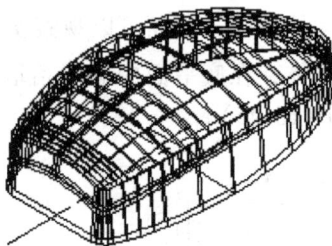

图 16-50　绘制左、右键

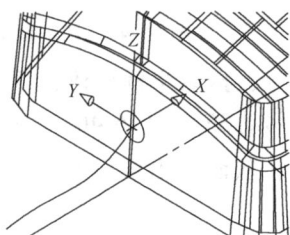

图 16-51　绘制鼠标线

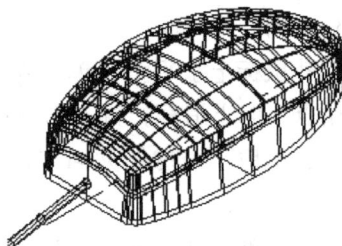

图 16-52　拉伸鼠标线

15）渲染。在鼠标下方建立一个面域或实体，并将其作为桌面。在左方和后方新建两个点光源。选择"视图"→"命名视图"命令，在对话框中打开"透视"。在"工具"→"选项"的"显示"选项卡中，把平滑度改为10。单击"渲染"工具栏的材质按钮，新建材质"桌面"和"鼠标"，桌面材质为Wood varnished，漫射贴图为"木材"，鼠标材质为Plastic，并应用到模型。单击渲染按钮，根据观察效果进行调整。渲染后的模型如图16-25所示。

在一个渲染过程中，光源和光线效果对于建立对象的真实影像是非常重要的。对象朝向光线的边必须显得亮一些，而在对象其他面的边则要显得暗一些。这种光的平滑变化生成了对象的实际图像。如果在整个表面上光的强度是均匀的，则被渲染对象看上去可能不真实。

16.2.5　习题与巩固

1. 绘制烟灰缸的三维图并加以渲染（图16-53），其中ϕ70mm圆距底面3mm，拉伸锥度为 $-5°$。

提示：拉伸75mm×75mm正方形，锥度15°→在正方形角点绘制R6mm圆，拉伸路径为棱台的一条棱线，阵列→绘制底部ϕ70mm圆，拉伸斜度 $-5°$→求差集→在上中点绘制R8mm圆，拉伸倾斜45°、阵列圆柱→作差集。

2. 根据尺寸（图16-54）绘制立体图，并进行渲染。

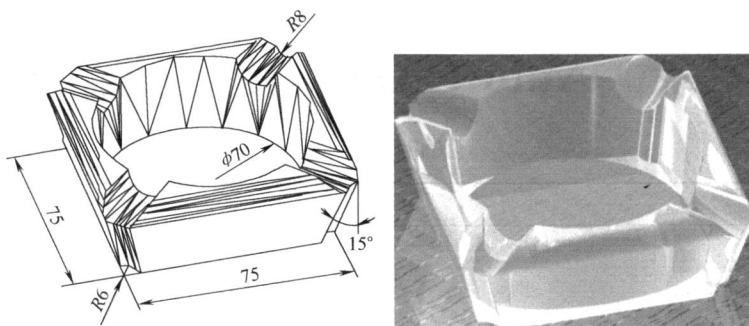

图 16-53 烟灰缸的立体图和渲染效果

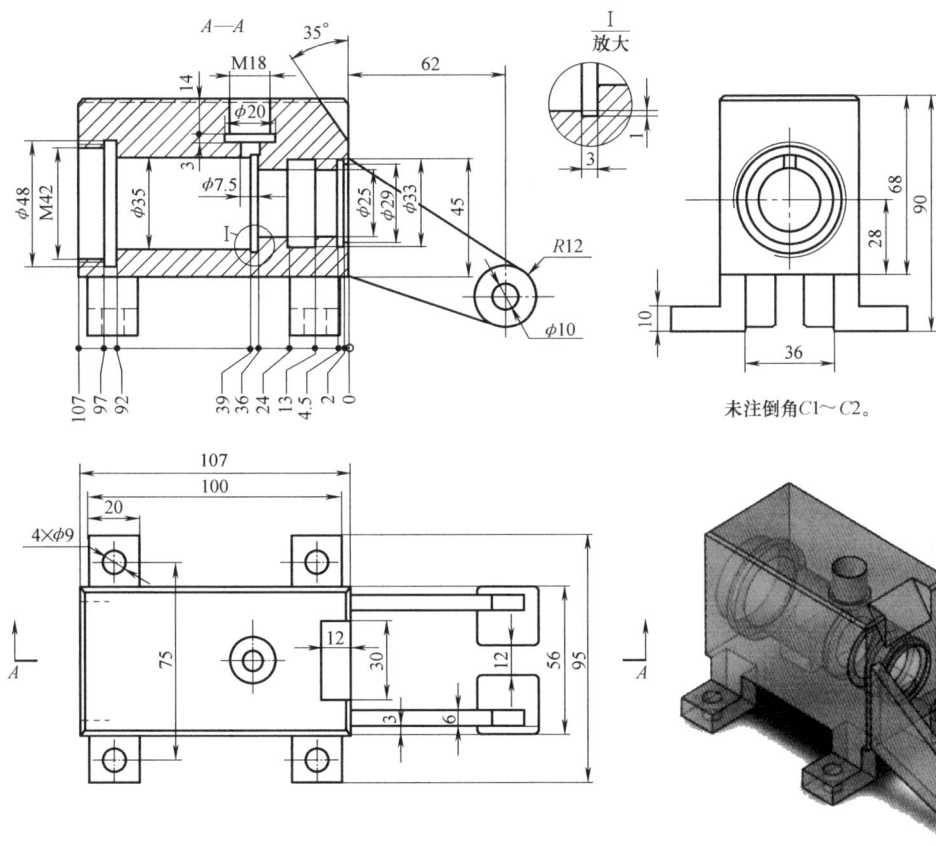

图 16-54 支架立体图和渲染效果

附录　Auto CAD 常用快捷命令

命令	说明	命令	说明
L	直线	A	圆弧
C	圆	T	多行文字
XL	射线	B	块定义
E	删除	I	块插入
H	填充	W	定义块文件
TR	修剪	CO	复制
EX	延伸	MI	镜像
PO	点	O	偏移
S	拉伸	F	倒圆角
U	返回	D	标注样式
DDI	直径标注	DLI	线性标注
DAN	角度标注	DRA	半径标注
OP	系统选项设置	OS	对象捕捉设置
M	MOVE(移动)	SC	比例缩放
P	PAN(平移)	Z	局部放大
Z + E	显示全图	Z + A	显示全屏
MA	属性匹配	AL	对齐
【CTRL】+ 1	修改特性	【CTRL】+ S	保存文件

参 考 文 献

[1] 王利军. AutoCAD 2008 中文版基础教程［M］. 北京：清华大学出版社，2008.

[2] 全国计算机信息高新技术考试教程编写委员会. 计算机辅助设计（Auto CAD 平台）AutoCAD 2002/2004 职业技能培训教程［M］. 北京：北京希望电子出版社，2005.

[3] 国家职业技能鉴定专家委员会计算机专业委员会. 计算机辅助设计（Auto CAD 平台）AutoCAD 2002/2004 试题汇编［M］. 北京：北京希望电子出版社，2004.

[4] 高贵生. AutoCAD 绘图与三维建模实例［M］. 北京：人民邮电出版社，2003.

[5] 周四新，杜守军. 中文 AutoCAD 2002/2004 综合培训教程［M］. 北京：机械工业出版社，2004.

[6] 王艳. AutoCAD 2007 机械制图基础教程［M］. 长沙：国防科技大学出版社，2008.

[7] 王征. 中文版 AutoCAD 2009 实用教程［M］. 北京：清华大学出版社，2009.

[8] 张卫. 机械 AutoCAD 应用与实例教程［M］. 北京：电子工业出版社，2010.

[9] 梁珣. AutoCAD 2007 绘图与辅助设计教程［M］. 北京：清华大学出版社，2007.

[10] 巩宁平，邓美荣，陕晋军. 建筑 CAD［M］. 3 版. 北京：机械工业出版社，2011.

[11] 赵剑波，杨金凯. AutoCAD 中文版基础教程. 北京：国防工业出版社，2012.